왠지 익숙한

나를 닮은
동물 사전

왠지 익숙한 나를 닮은 동물 사전

눈치 볼 일도,
후회할 일도 없어
태어난 김에
〈즐겁게〉 사는 존재들

THE MODERN BESTIARY

요안나 바그니에프스카 지음
제니퍼 스미스 그림 | 김은영 옮김

윌북

추천의 말

가상의 세계에서 독특한 생물을 발견하여 포획하는 게임, 포켓몬스터는 여전히 인기를 끌고 있는데, 이 게임에서 꼭 필요한 건 그들에 대한 정보가 적힌 포켓몬 도감이다. 일련번호와 함께 명칭, 모습, 크기, 몸무게, 서식지, 습성 등이 상세하게 기록된 도감을 하나씩 채워나가다 보면 어느새 어떤 경지에 오른 자신을 발견할 수 있다. 그런데 만약 현실판 포켓몬 도감이 존재한다면 어떨까? 게임이 아닌 실제로 살아 숨 쉬는 동물들의 독특한 생태와 재미있는 행동들을 마치 우화가 가득한 도감처럼 간결하고 매력적으로 정리한 책이 여기 있다. 이 책은 단순한 동물 백과사전을 넘어 다양성이 가득한 자연과 인류를 향한 따뜻한 시선을 다시금 일깨워주는 소중한 동반자가 될지도 모른다. 이제 현실 속 포켓몬스터들을 만나볼 시간이다. 대신 손에는 몬스터볼 대신 이 책이 들려있으리라.

궤도 ✕ 과학 커뮤니케이터, 『과학이 필요한 시간』, 『궤도의 과학 허세』 저자

지구에 사는 120만 종의 동물들을 모두 만나볼 수 있다면 숨이 막힐 정도로 경이롭겠지만, 그렇게 하기엔 지구는 너무 크고 우리의 지갑은 너무 얇다. 그런데 여기, 단 한 권으로 지구 곳곳에 숨어 사는 다양한 동물들을 모은 책이 탄생했다.

저자는 육지와 바다, 뼈가 있는 것들, 물렁한 것들을 종횡무진 누비며 동물들의 이상하고 기괴한 특징들을 모아 정말 눈앞에서 관찰하는 것처럼 선명하게 펼쳐놓는다. "우리가 정말 이런 것들과 살고 있구나!" 경악하며 놀라는 와중에도 묘한 동질감을 느껴 머쓱해지는 순간까지 키득거리며 견딜 수 있는 독자라면 어서 이 책을 펼치길 바란다.

갈로아(김도윤) ✕ 『만화로 배우는 멸종과 진화』 저자

세상에서 가장 기이한 동물 목록을 만들며 훌륭한 연구를 해낸 요안나 바그니에프스카가 마침내 모두가 가장 궁금해할 동물 책을 펴냈다.

커크 존슨 ✕ 스미스소니언 국립 자연사 박물관 디렉터

야생동물, 특히 환상적으로 이상하고 징그러운 야생동물을 좋아하는 사람이라면 누구나 이 훌륭한 책을 읽어야 한다.

마크 카워다인 ✕ 『이게 마지막 기회일지도 몰라』 저자

재미와 놀라움을 선사하는 장엄한 잡동사니. 악어를 울게 하는 나비부터 성기 모양 민달팽이, 해삼 밑면에 사는 물고기까지 자연계는 상상할 수 없을 정도로 낯설다.

조지 맥가빈 ✕ 곤충학자, 작가

이 책은 자연계의 경이로움에 대한 매력적이고 접근하기 쉬우며 유머러스한 통찰력을 제공한다. 야생동물의 생태, 해부학, 행동에 대한 놀라운 사실과 입이 떡 벌어지는 통찰력으로 가득 찬 이 책은 진정한 즐거움을 선사한다.

에이미 딕먼 ✕ 옥스퍼드대학교 야생동물 보호 연구 부서 책임자

자연계가 더 이상 기괴해질 수 없다고 생각했을 때, 책장을 넘기면 혼자 짝짓기를 한 후에 죽는 작은 유대류를 만나게 된다. 이 책은 우리가 웃고, 꼼지락거릴 수 있고 무엇보다도 누군가의 항문 속에서 살지 않아도 된다는 것이 얼마나 행운인지 깨닫게 해주는 즐거운 내용이 가득 담겨 있다.

유세프 라픽 ✕ 동물학자 겸 야생동물 TV 진행자

책을 그냥 한 번 열어본 것 뿐인데 끝까지 다 읽었다. 동물계의 호기심에 대한 조안나 바그니에프스카의 생생하고 전문적인 가이드는 우리가 알고 있던 종에 대해 새로운 사실을 알려준다. 끊임없이 매혹적이고 때로는 놀랍고 때로는 혐오스럽기도 하다.

존 휘트필드 ✕ 『잃어버린 동물들』 저자

100가지 동물에 대한 간결하고 재치 있는 설명! 상식을 뛰어넘어 생태와 진화에 대한 통찰력을 전한다. 자연을 사랑한다면 바그니에프스카의 다음 작품을 기대하게 될 것이다.

《퍼블리셔스 위클리》

이 책을 읽는 독자들은 동물들의 흥미로운 특징이나 생태학적 특성에 매료될 것이다. 전반적으로 흔하지 않은 종인 이 '짐승들'에 대한 흥미로운 이야기는 입장료를 지불할 만한 가치가 있다. 유쾌한 어조와 매혹적인 사실이 메리 로치를 연상시키며, 어린 독자들은 이 두 가지를 모두 좋아할 것이다.

《북리스트》

기이하고 경이로운 생물들에 대한 빛나는 도감.

《옵저버》

아주 커다란 호주 포유류
자라날 날이 기대되는 아기 새
방금 막 태어난 애벌레

그리고 우리 가족에게.

일러두기

— 주요 생물의 이름에는 영어를 병기했고, 라틴어 학명은 기울임체로 썼으나
   종과 속 외의 상위 분류군 학명에는 기울임체를 적용하지 않았다.
— 생물 분류군에서 우리말로 과명을 적을 때는 사이시옷을 표기하지 않았다.
— 본문에서 괄호 안의 설명은 저자의 것이며, 옮긴이 주는 ː로 표시했다.
— 이 책의 참고문헌은 윌북 웹사이트의 SUPPORT/자료실에서 확인할 수 있다
   (https://willbookspub.com/data/44).

시작하기 전, 이 책은 정말로 진짜 아동을 위한 책이 아니라고 경고하는 바다. 그러니 (동물에 관한 책이고 그림이 많다는 이유로) 어린 사촌동생과 조카들을 위해 이 책을 구매했다면 다음과 같은 사항에 대비하길 바란다. 외상성 수정(수컷이 매우 날카로운 성기로 암컷의 복부를 통과해 난소까지 직접 찌르는 것. 47쪽의 빈대 참고), 모체 포식, 그리고 음경 물어 뜯기에 관한 대화는 가족 간에 나누기엔 아무래도 어색할 것이다. 동물은 역겹다. 그리고 잔인하다. 또한 음란하다. 게다가 한창 형제자매를 미워하는 시기일 어린 자녀에게는 형제 살해와 같은 문제를 굳이 먼저 거론하는 것이 바람직하지 않을 수도 있다고 본다.

자, 어린이 독자를 처리했다면 이제 문제는 해결됐다.

그리고 노파심에 그럴 일은 없길 바라지만 혹여나 성인을 위한 동물 사전은 처음이라 낯을 가리는 사람들을 위해 간단한 설명부터 붙이겠다. 동물 사전이라고 부를 만한 책은 꽤 오래전부터 존재했다. 바로 중세의 우화집이다. 중세의 우화집은 짐승에 관한 책이었다. 자연사 정보(사실이든 아니든)를 포함한 생명체 모음집에다가 강한 기독교적 풍미를 가미한 교훈적인 소스를 곁들였다. 동물 이야기는 수 세기 동안 모든 문화권에서 인기가 있었지만 서양 기독교의 우화에는 매우 특별한 목표가 있었다. 3세기 학자였던 알렉산드리아의 오리겐과 같은 초기 사람들은 신이 창조를 통해 사람들에게 말씀하신다고 믿었다. 우리가 자연계에 충분히 주의를 기울인다면 창조주와 인간 본성에 대해 더 깊은 이해를 얻을 수 있을 거라 주장했다. 동물과 그들은 도덕적, 신학적 교훈을 줄 만한 완벽한 기회였고, 교훈 중 일부는 그럴듯했다.

예를 들어 개미는 공동의 이익을 위해 함께 일하는 모습으로 인간이 어떻게 협동해야 하는지를 보여준다. 그러나 다른 이야기는 대체로 완전히 헛소리다. 펠리컨이 새끼를 죽인 다음 자신 가슴을 뚫어 피를 내고 그 피를 먹여 새끼를 되살린다는 전설은 유명하다. 그렇게 펠리컨은 예수 그리스도의 사랑과 희생을 상징하게 됐다. 펠리컨이 사실 부모의 피가 아니라 물고기를 먹는다는 평범한 사실은 훌륭한 은유에 가로막혀 힘을 쓰지 못했다. 사실과 허구 사이의 경계를 더욱 모호하게 만들기 위해 우화에는 실제 동물과 함께 유니콘, 불사조, 인어와 같은 환상 속의 동물도 포함되었다.

이러한 도덕적인 짐승 모음집 중 제일 오래된 건 서기 2세기에서 4세기 사이에 아마도 알렉산드리아에서 쓴 『피지올로구스』다. 이집트, 히브리어, 인도 설화뿐만 아니라 아리스토텔레스(『동물에 관하여De animalibus』를 썼다), 대 플리니우스(『박물지Naturalis Historia』를 썼다)와 같은 자연철학자들의 작품에서 동물 이야기를 발췌해 기독교 교리를 설명하는 책이다. 원래 그리스어로 쓰였지만 유럽과 중동의 많은 언어로 번역되어 유럽 전역에서 큰 인기를 얻었다. 책 속에는 실재하는 동물, 환상 속 동물, 식물과 암석을 포함한 50여 개의 장이 나오는데 그중 '개미'나 '사자'는 아주 평범한 데 비해 '개미귀신'이라는 놀라운 동물도 나온다(영어 일반명이 antlion인 개미귀신은 실제 존재하는 생물이다. 명주잠자리과에 속하는 이 곤충은 약 2000종이 있다. 하지만 『피지올로구스』에 나오는 antlion은 사자와 개미가 교미한 결과 탄생한 사자의 얼굴과 개미의 몸을 가진 신화 속의 동물이다. 불행히도 사자 부분은 고기만 소화할 수 있고 개미 부분은 곡물만 소화할 수 있다는 설계상 결함 탓에 항상 굶어 죽는다). 이후 여러 세기에 걸쳐 더 많은 항목이 추가되다가 결국 중세 시대에 진정한 우화 붐이 일어났다.

항목마다 곁들인 삽화는 우화집의 중요한 부분이었다. 이야기 자체나 도덕적 교훈은 새롭거나 처음 보는 것이 아니었다. 삽화의 목적은 주로 글을 읽을 수 없는 사람들의 기억을 되살리는 것이었다. 그렇기에 삽화는 연상적이고 표현력이 풍부하며 교훈적이어야 했다. 불행하게도 이 그림들은 예술가들이 더 이국적인 종을 볼 기회가 많지 않았던 탓에(사실 만티코어, 그리핀, 켄타우로스의 경우에는 아예 볼 수조차 없었기에) 정확하거나 현실적인 그림은 기대할 수 없었다. 대신 이전의 삽화, 예전에 나온 책의 설명, 아니면 다른 사람의 설명을 기반으로 전해지며 조금씩 달라지는 이야기 속에서 생성된 일종의 합성 이미지를 만들고 공백은 자신의 시적 허용으로 채웠다. 결과적으로 인간과 비슷한 얼굴을 가진 사자, 독수리와 같은 날카로운 부리를 자랑하는 펠리컨, 비늘로 뒤덮인 고래와 돌고래 등 많은 동물이 본연의 모습을 잃었다. 그 이미지는 다른 형태로도 널리 퍼졌다. 옥스퍼드대학교 신학대 중정의 해시계 꼭대기에는 뭉툭한 부리로 가슴을 꿰뚫는 펠리컨 동상이 학생들을 반겨준다.

동물 우화집의 주요 기능은 과학적이라기보다는 우의적이었기 때문에 저자들은 동물학적인 관점에서 사실을 확인하기보다는 교훈적인 이야기를 반복하는 데 중점을 뒀다. 그 결과, 저자들도 분명히 백조의 목소리가 아름답지 않다거나 쥐가 흙에서 태어나지 않았다는 사실을 눈치챘을 텐데도 불구하고 일부 미신은 수 세기 동안 퍼져갔다. 사실 고슴도치가 가시에 사과를 꽂고 다닌다는 속설과도 같은 이런 이상한 개념 중 일부는 오늘날에도 여전히 남아 있다. 이 근거 없는 믿음은 아마 과수원에서 무척추동물을 찾

서문

기 위해 떨어진 과일 주변을 쿵쿵대며 돌아다니는 고슴도치로부터 유래했을 것이다. 일부 저자는 더 나아가 고슴도치가 어떻게 나무에 올라가 과일을 흔들어 따고 자신의 굴로 가져가는지를 설명했다. 이 문장의 어떤 부분도 사실이 아니다. 고슴도치는 나무에 오를 수 없고 과일을 먹지 않으며 먹이를 비축하지도 않는다. 그럼에도 동물학적으로 잘못된 정보는 대 플리니우스 시대부터 2000년 간 확인되지 않은 채 꾸준히 이어졌다.

운 좋게도 우리는 대체로 동물학 지식 면에서 더 나은 시대를 살고 있다. 풍문이 아닌 현대 연구를 바탕으로 동물계의 특별한 경이로움을 기념하는 새로운 책이 등장할 때가 되었다는 이야기다. 중세 시대의 작품과 달리 『나를 닮은 동물 사전』은 동료 검토를 거친 탄탄한 연구를 기반으로 하며, 비록 그 안에서 가끔 플리니우스와 아리스토텔레스의 인용문이 튀어나오긴 하지만 제니 스미스의 아름다운 삽화는 정확하다.

게다가 동물을 도덕 강의의 구실로 사용하기보다는(내게는 도덕을 가르칠 자격이 없다고 생각한다), 생물학적 개념을 보여주기 위한 구실로 사용했다. 어쨌든 만약 우리가 그래도 현대의 광범위한 지식 체계에 기대어 동물 행동이라는 프리즘을 통해 인간 본성을 말 그대로 해석하는 중세적 접근 방식을 시도했다면 우리는 곧 어려움에 맞닥뜨렸을 것이다. '자연'에 기반을 둔 윤리는 근친상간(242쪽의 벌을 보자)과 가스라이팅(흡충과 말벌이라는 조작의 달인들을 보시길. 152, 323쪽)을 정당화하는 수문을 열 수 있다. 같은 맥락에서, 사람들이 가끔 동물계를 갖다 붙이며 다소 부담스럽거나 정치적인 견해를 증명하려 드는 게 흥미롭다. 채식주의, 일부일처제, 동성애, 트랜스젠더, '부모님과 너무 오래 함께 사는 자식' 등등에 대해서 말이다. 이 책에서 나는 동물계를 충분히 깊이 파고들면 그러한 주장이 거의 모두 입증되거나 반증될 수 있다는 점을 보여주고 싶다. 희생적인 어머니? 당연하다. 끔찍한 엄마들? 또한 당연하다. 육아? 문제없다. 유아 살해? 어, 있다. 동성 커플? 맞다.

성별이 바뀌는 동물? 물론이다. 적응과 전략의 다양성은 놀랍다.

그리고 정말 어찌나 많은지! 동물계는 매우 다양하기 때문에 이 책을 위해 겨우 100종만 선택하는 일은 엄청나게 어려웠다. 이 작업은 매우 큰 축구팀에서 아이들을 선발하는 것과 살짝 비슷했다. 후보가 약 100만 명이라는 점을 제외한다면. 여러분은 그들 중 일부는 정말 잘 알고, 일부는 꽤 잘 알며, 일부는 전혀 모를 것이다. 몇몇은 선발대회가 거의 끝났을 때 나타나서 환상적인 축구 실력을 보인다. 게다가 여러분을 적극적으로 피해 다니는 수백만 명이 더 있다.

이 글을 쓰는 시점에, 동료 검토를 거친 과학적으로 확실한 출처로부터 정보를 수집하는 온라인 데이터베이스 '생물 카탈로그$^{Catalog of Life}$'에는 140만이 넘는 동물 종이 등록돼 있다. 이 숫자는 절대적인 수치로는 인상적이지만 우리가 모르는 것에 비하면 여전히 꽤 적다. 지구상에 존재하는 총 종수에 대한 추정치는 800만에서 1억 6300만 사이다. 목록에 있는 종 중 대다수는 절지동물(110만 종)과 거기에 포함되는 곤충(95만 종 이상)이다. 척추동물은 기재된 모든 동물 중 겨우 5퍼센트를 차지하며, 가장 카리스마 넘치는 분류군인 조류와 포유류는 각각 0.7퍼센트와 0.4퍼센트에 불과하다.

이런 통계를 꺼내는 이유는 내가 이 책에 여러분이 좋아하는 종을 포함하지 않았을 가능성이 크기 때문이다. 사과드리는 바다. 확률은 나에게 불리했다. 나는 분류학적, 개념적 폭을 모두 포괄하는 선택을 목표로 했고, 너무 포유류 중심적이지 않도록 노력했다. 제발 믿어달라! 처음에는 자신이 포유류학자라고 생각하는 사람에겐 너무 어려운 일이었지만, 글을 쓰면서 나는 지난 수년간의 생물학 교육과 연구 과정에서 내가 얼마나 많은 흥미로운 종을 놓쳤는지 깨달았다. 동료들과 이야기하면서 나만 그런 것이 아니라는 것을 알게 됐다. 과학자로서 우리는 특정 분류군, 지리적 영역, 아니면 생물학적 문제에 초점을 맞추는 경향이 있으며 동물계 전체의 동물들을 개괄적으로 살펴볼 기회(또는 이유)는 거의 얻지 못한다.

결과적으로 책을 쓰는 과정은 즐거운 발견의 여정이었다. 실제로 모든 신진 동물학자에게 이와 비슷한 훈련을 추천한다. 세상에 보여주고 싶은 100종의 목록을 선택한 뒤 각각의 타당성과 더불어 해당 종들이 진화의 나무에서 다양한 가지에 퍼져 있는지를 확인하라. 학부나 석사 과정에서 이 책을 썼다면 박사 학위를 받기 위해 포유류 연구를 선택하지 않았을 것이다. 큰 틀에서 보면 다른 분류군이 훨씬 더 재밌으니까! 포유류는 엄마, 아빠, 2.5명의 아이들과 강아지 한 마리로 구성된 전통적이고 평범한 가족과 같다. 포유류에는 특이할 게 거의 없다. 성별은 둘뿐이고 신체 구조는 일반적으로 유사하며 모두가 폐로 호흡하고 체온이 상당히 안정적이다. 반면 다른 분류군은 꽤 엉뚱한 일을 할 수 있다. 성별을 바꾸고 사지를 다시 자라게 하고 놀라운 화학 물질을 생성하고 나이를 거꾸로 먹고…. 암컷만 존재하는 종을 이루어 분류학자들을 당황하게 만드는 점박이도롱뇽(77쪽)을 생각해 보라. 아니면 개미가 과일을 흉내 내게 제압할 수 있는 개미선충(116쪽)도 좋고. 개구리를 반려동물로 키우는 거대한 거미(113쪽)도 있다. 그리고 자신을 참수한 뒤 머리만 남겨둔 채 행복하게 살아가는 갯민숭달팽이(209쪽)도 있다. 눈물을 마시려고 악어를 울게 하는 나비(287쪽)는 어떤가? 이 웅장하고 터무니없는, 그러나 연구가 부족하고 알려지지 않은 존재들은 모두 이 책에 등장한다.

문제는 대중의 관심이 척추동물, 그러니까 주로 포유류, 조류, 운이 좋은 소수의 파충류, 양서류, 어류 쪽으로 크게 기울어져 있다는 점이다. 많은 사람이 보통 해면보다 침팬지를 더 편하게 여기기 때문에 이는 이해 가능하다. 이 책에서 나는 계통수의 여러 가지를 다루려고 노력했지만, 더 먼 가지에 있는 동물은 과학적 관심이 부족하거나 접근이 어렵거나 아니면 종 자체가 희귀해서 일반적으로 덜 자세하게 연구된다는 점은 인정한다. 바로 우리와 연관 관계가 적기 때문에 그토록 흥미로울지라도 말이다. 그들은 우리가 이해할 수 없는 감각과 SF영화에서만 볼 수 있는 능력을 갖고 있고 아직 거의 탐사되지 않은 장소에 살고 있다. 그리고 이 독특한 괴짜들은 각자 자신만의 극적인 이야기를 품고 있으며 그중 일부는 내가 그들을 대신해 동물학자로서의 사명을 걸고 여기에서 풀어보려 시도했다.

그리고 이미 이쯤에서 눈치챘을 수도 있겠지만 동물학자들은 그들이 모든 대화의 분위기를 가라앉히는 능력이 있다. 『나를 닮은 동물 사전』을 작업한 지 1년이 지난 지금, 내 검색 엔진 결과에도 이 점이 반영돼 있다. 오징어의 성교부터 해삼 엉덩이, 판다 수유에 이르기까지 나는 동물들의 삶 속에서 가장 추악하고 이상한 측면을 연구하는 데 많은 시간을 보냈다. 그리고 그 일의 매 순간을 사랑했다.

이 책을 쓰는 과정을 통해 내가 배운 내용은 다음과 같다.

○ 마이크로소프트 워드의 동의어 사전은 '성관계'의 대체어를 찾기에는 너무 건전하다.
○ '방귀' 마찬가지.
○ '엉덩이' 역시 그러함.
○ '똥' 이하동문.
○ 그러나 '단공류monotreme'를 '1인극mono-drama'으로 고쳐야 한다고 주장하며 오리너구리의 예술적 능력을 재평가하게 이끌었다.
○ 종의 학명은 매우 유용하며 특히 청어의 의사소통herring communication에 관한 논문을 검색할 때 빛을 발한다. 컴퓨터 통신의 핵심 전문가는 수잔 헤링 S.C. Herring이다.
○ 이틀에 걸쳐 프레리도그의 정교한 언어에 관한 한 챕터를 작성했지만 그 연

구가 전년도에 사실이 아니라고 밝혀졌다는 사실을 발견한 사람의 좌절감과 맞먹을 만한 건 해당 연구 논문 저자들의 좌절감뿐이다.

○ 벌이 근친상간인지 여부에 대한 정보를 찾는 것은 까다로운 일이다. 모든 검색 엔진이 '벌 근친상간inces'을 '벌 곤충insect'로 바꾸기 때문이다.

○ '칼새swift+발' 이미지를 검색하면 샌들을 신은 테일러 스위프트Taylor Swift의 사진이 셀 수 없이 나온다.

○ 오랫동안 연락이 끊겼던 박쥐 연구 학자 친구들에게 오랜만에 전화해서 박쥐 생식기에 대해 자세히 물어보는 건 부끄러운 일이 아니다.

○ 역시 오랫동안 연락이 끊겼던 고대 그리스·로마 연구가인 친구들에게 전화해서 돌리코팔루스dolichophallus가 실제로 '긴 음경'으로 번역되는지 확인받는 것 또한 부끄러운 일이 아니다.

○ 동료 연구원들은 따뜻한 도움을 주었다. 지원, 설명, 자원에 대한 요청이 응답하지 않은 채 남겨진 적이 없다. 나는 캐나다의 파충류학자와 중국의 고생물학자, 그리고 폴란드의 곤충학자와 스웨덴의 진화생태학자로부터 정보를 얻었다. 나는 심지어 현장 조사하러 가는 길에 로빈슨 크루소 섬에 고립된 조류학자에게 전화를 걸기도 했다. 나는 생물 다양성 전문가로 밝혀진 새로운 지인과 함께 나방과 박쥐에 관해 친구의 파티 내내 토론했다. 그리고 나는 실제로 새예동물을 묘사하고 있다는 것을 깨닫기 전까지 부적절한 사진처럼 보이는 것들에 휩쓸렸다.

내가 이 목록이 분명하다고 생각하는 것처럼, 학문으로서의 동물학은 엄청나게 재미있다. 앞서 이 책에 어떤 동물을 포함해야 할지 선택하는 데 따르는 몇 가지 어려움을 언급한 바 있다. 결국 나는 곤도 마리에의 선택 방식에 착안했다. 설레지 않으면 버려라. 나는 각각의 종을 보고 자신에게 묻곤 했다. 이 생물에 대해 글을 쓴다고 생각하면 무진장 기쁜가? 내가 선택한 동물에 대해 글을 썼을 때와 마찬가지로 여러분 역시 내가 선택한 동물을 익히며 같은 기쁨을 경험하길 바랄 뿐이다.

이 책을 쓴 해에 또 다른 창작 과정이 일어났다. 책을 쓰던 도중 난 나만의 작은 포유류를 만들었다.

내가 애도 키우고 원고더미도 키우는 동안, 출판 당시 다섯 살이던 큰딸은 이 두 가지를 모두 도와주려고 안간힘을 썼다. 한편으로는 동생의 목욕과 기저귀 갈기를 도왔고, 다른 한편으로는 나를 위해 대필을 해주겠다 고집을 부리는가 하면("그 박쥐는 꼭 너어야 대!!!") 부지런히 삽화를 채색하며 '개선'했다. 수많은 요구사항을 내가 모두 받아들이지는 않았지만 아마존강돌고래(134쪽 참고)는 확실히 우리 딸의 아이디어였다.

이제 정말 『나를 닮은 동물 사전』을 즐겨주시길. 그렇게 해준다면 현재까지 기재된 종 수 기준으로 1만 4000권의 속편이 나올 가능성이 있다.

목차

추천의 말 4

서문 11

땅

안테키누스 26   아이아이 29   바나나민달팽이 32

큰귀여우 35   시궁쥐 38   무족영원 41   야자집게 44

빈대 47   검정수염송장벌레 50   측면얼룩도마뱀 53

굴토끼 56   모낭충 59   대왕판다 62   거대가시대벌레 65

이와사키스네일이터 68   깡충거미 71   노래기 74

점박이도롱뇽 77   산지나무땃쥐 80   말뚝망둥어 83

벌거숭이두더지쥐 86   천산갑 89   전갈붙이 92

빨간눈청개구리 95   사하라은개미 98   사이가영양 101

노예사역개미 104   슬로로리스 107   남부메뚜기쥐 110

타란툴라 113   개미선충 116   텍사스뿔도마뱀 119

우단벌레 122   웜뱃 125   송장개구리 128

물

아마존강돌고래 134   투구게 137   청줄청소놀래기 140

왕털갯지렁이 143   초롱아귀 146   오리 149   흡충 152

가리알 155   호주참갑오징어 158   물장군 161

그린란드상어 164   먹장어 167   하프해면 170

청어 173   홍해파리 176   바다이구아나 179

메리리버거북 182   흉내문어 185   동굴도롱뇽붙이 188

공작갯가재 191   숨이고기 194   피우레 197   오리너구리 200

레이싱스트라이프플랫웜 203 로빙코랄그루퍼 206

갯민숭달팽이 209 해삼 212 감투빗해파리 215

뮤렉스바다고둥 218 피파개구리 221 키모토아 엑시구아 224

물곰 227 와틀드물꿩 230 예티크랩 233 좀비벌레 236

하늘

벌 242 폭탄먼지벌레 245 부비새 248

캘리포니아덤불어치 251 카리브해암초오징어 254

채텀섬블랙로빈 257 바위비둘기 260 포투 263

유럽칼새 266 흡혈박쥐 269 잠자리 272

에메랄드는쟁이벌 275 날치 278 기아나바위새 281

벌새 284 줄리아나비 287 레이산알바트로스 290

아프리카대머리황새 293 나방 296 뉴칼레도니아까마귀 299

구세계과일박쥐 302 난초사마귀 305 파라다이스나무뱀 308

주기매미 311 꿀빨이새 314 집단베짜기새 317

뱀파이어핀치 320 배추나비고치벌 323 벵골대머리수리 326

금화조 329

마치며 333

감사의 말 336

정말 마지막으로 드리는 당부

일반적으로 인간, 특히 과학자들은 모든 것이 깔끔하고 질서정연하며 작은 상자로 분류되는 걸 좋아한다. 개념적으로 표현해서 동물을 작은 상자에 넣는 과정을 생물학에서는 분류학이라고 한다. 생물학적 분류에서 분류학적 계층 구조는 다음과 같은 순위로 나뉜다. 종species, 속genus, 과family, 목order, 강class, 문phylum, 계kingdom, 역domain. 이 모든 것이 훌륭하고 깔끔하게 들리지만, 동물은 분류학적으로 각각의 칸에 알아서 들어가지 않는 경우가 많다. 그래서 이 책에서는 때때로 더 넓은 분류군을 사용한다. 속, 과, 목, 그리고 문에서 단 하나의 종만 선택하기 어렵거나 점박이도롱뇽처럼 계통 분류가 꽤 유동적이기 때문에 종이 실제로 딱 들어맞는 개념이 아닌 경우다.

내가 하나 이상의 종을 언급한 경우, 'Antechinus spp.'는 '안테키누스속의 여러 종'을 의미한다. 반면 'Antechinus sp.'는 '안테키누스속의 불특정 단일 종'을 나타낸다.

이 책에 나오는 종들은 야생동물을 찾아볼 수 있는 요소인 땅, 물, 하늘을 기준으로 세 장에 걸쳐 알파벳순으로 배열되어 있다. 나는 많은 동물이 이러한 서식 환경 중 하나 이상에 걸쳐 있고 때로는 세 가지 서식 환경 모두에 나타날 수도 있다는 점을 알고 있다. 그러나 이 배열을 통해 나는 생리적, 행동적, 생태학적 적응을 공유하는 분류군의 다양성을 보여주고 싶었다.

안테키누스

아이아이

바나나민달팽이

큰귀여우

시궁쥐

무족영원

야자집게

빈대

검정수염송장벌레

측면얼룩도마뱀

굴토끼

모낭충

대왕판다

거대가시대벌레

이와사키스네일이터

깡충거미

노래기

점박이도롱뇽

산지나무땃쥐

말뚝망둥어

벌거숭이두더지쥐

천산갑

전갈붙이

빨간눈청개구리

사하라은개미

샤이가영양

노예사역개미

슬로로리스

남부메뚜기쥐

타란툴라

개미선충

텍사스뿔도마뱀

우단벌레

웜뱃

송장개구리

THE MODERN BESTIARY

안테키누스

학명	*Antechinus* spp.
사는 곳	호주
특징	몸의 면역 체계가 망가져 죽음에 이를 때까지 짝짓기를 멈추지 않음.

아마 몸집이 작고 꼬리가 길며, 코가 뾰족하고 구슬 같은 눈을 빛내는 안테키누스를 쥐로 착각한들 누구도 뭐라 하지 않을 것이다. 이 야생 동물이 설치류보다는 코알라에 더 가깝긴 하지만 말이다. 주머니쥐로도 알려진 안테키누스는 호주에 서식하는 유대류다. 안테키누스 속에 속한 15종의 몸무게는 16그램부터 120그램까지 다양하다. 먹이는 대부분 척추동물이지만 간혹열매를 먹기도 한다. 먹이가 부족할 땐 주머니쥐는 작은 새나 포유류를 사

냥해 먹이를 온통 헤집어 먹어 치우곤 실컷 먹어댄 중 거로 깔끔하게 뒤집은 거죽을 남긴다. 이런 오싹한 행위로도 부족하다는 듯, 안테키누스 수컷은 더 섬뜩한 방식으로 사랑에 몰두한다. 말 그대로, 죽을 때까지 짝짓기를 해대는 것이다.

그들의 목표는 단 하나, 자신의 유전자를 남기는 것이다.

　겨울이 오면 이 작은 동물은 한꺼번에 격렬한 짝짓기 시즌에 돌입한다. 이 기간 동안 수컷은 식음을 전폐하고 오로지 짝짓기에만 몰두한다. 그들의 목표는 단 하나, 자신의 유전자를 남기는 것이다. 이 목표를 향해 그들은 극도로 전념한다. 안테키누스 수컷은 낭만과는 거리가 멀고(이들에게 구애란 사실상 존재하지 않는다. 그들은 상대의 목덜미를 무는 것으로 욕망을 표현하며, 과격한 행위 때문에 안테키누스 암컷은 등의 털이 홀라당 벗겨지기 일쑤다), 일단 짝짓기를 시작하면 마치 '듀라셀 토끼'처럼 힘을 뿜어낸다. 안테키누스의 짝짓기는 최대 14시간까지 이어지는데 심지어 이건 첫 번째 짝짓기에 불과하다….

　1~3주간의 난교 끝에 수컷의 몸은 허물어지기 시작한다. 주변의 음탕한 경쟁자와 싸워가며 짝짓기를 해대는 과정이 수컷의 몸에 가하는 엄청난 압력과 온몸에 넘치는 테스토스테론으로 인해 스트레스 호르몬인 코르티코스테로이드가 증가한다. 통제할 수 없이 몰아치는 코르티코스테로이드로 몸의 면역 체계는 망가지고 혈액과 내장에 침입한 기생충과 간의 세균 감염, 위장 궤양과 내부 출혈로 인해 이 플레이보이들은 결국 죽음을 맞이한다. 수컷들이 연이어 죽어 나가는 탓에 몇 주 안에 안테키누스 무리의 개체수는 절반으로 줄어든다.

　'일회번식'(semelparity, '단 한 번'이라는 의미의 라틴어 semel과 '아비가 되다'는 의미의 pario에서 유래한 말이다)으로 알려진 이 죽음의 번식 전략은 진화적으로 의미가 크다. 대량 짝짓기가 한 번에 이뤄지기 때문에 암컷들은 먹이가 가장 풍부한 봄이나 여름에 한꺼번에 새끼를 낳을 수 있다. 게다가 수컷들이 먹이를 두고 자손들과 경쟁할 위험도 없다. 이들을 동시에 달아오르게 만드는 것은 태양, 다시 말해 일조시간의 변화다. 일조시간이 길어지면 몇 주 지나지 않아 먹이가 풍부해질 것이다. 각 안테키누스 종마다 최대로 가용할 수 있는 식량의 범위가 다르기 때문에 짝짓기 시즌도 서로 다르다. 재미있게도 여러 종이 같은 지역에 서식하는 경우, 경쟁을 피하기 위해 번식기도 시간 차이가 생긴다. 안테키누스 스와인소니*Antechinus swainsonii* 같은 더 큰 종은 안테키누스 아길리스*A. agilis*처럼 몸집이 더 작은 종보다 빨리 짝짓기를 시작한다.

안테키누스 수컷은 관계에 있어 '죽음이 우리를 갈라놓을 때까지'를 특별히 강조하지만, 암컷은 '싱글맘'으로서 두 번째, 가끔은 세 번째 새끼를 낳을 때까지 오래 살 수 있다. 6~13마리의 새끼는 아주 작고 연약한 채로 태어나고, 안테키누스의 주머니는 충분히 발달하지 못한 얇은 피부 덮개에 불과한 탓에 갓 태어난 새끼들은 어미의 젖꼭지에 조롱조롱 매달린다. 약 5주간 어미는 죽을둥살둥 새끼들을 품은 채 불편한 몸으로 이들을 끌고 다닌다. 한 달 반이 지나면 새끼들은 드디어 독립하고, 다가온 겨울에 다시 소름 끼치는 번식 게임이 시작된다.

아이아이

학명	*Daubentonia madagascariensis*
사는 곳	마다가스카
특징	알콜을 사랑하지만 어떤 동물보다 반짝이는 눈망울을 가지고 있음.

똑똑! 계십니까? 아이~ 그럼요! 아이아이. 너무 혐오스럽고 두려운 나머지 진짜 이름은 불리는 일이 없는 생명체다.

사실 다우벤토니아 마다가스카리엔시스의 일반명은 수수께끼에 싸여 있다. 다른 여우원숭이와 달리 이 녀석의 이름은 의성어가 아니다. 그러니까 동물이 내는 소리를 흉내 낸 이름이 아니란 말이다. 한 학설에 따르면 '모른다'를 의미하는 마다가스카르어 헤이헤이heh heh에서 따왔다고 한다. 아마도 이 불길한 영장류의 이름을 발음하지 않기 위해 한 말일 것이다. 아이아이는 좋지 않은 조짐이나 죽음을 이끄는 나쁜 악령이자 눈이 마주친 자에게 불운을 불러오는 존재로 여겨져 왔다.

솔직히 말하자면 아이아이를 (특히 그들이 주로 활동하는 밤에) 보게 되면 누구나 무서워 할 것이다. 털이 폭신폭신하고 귀여우며 눈에 잘 띄는 다른 여우원숭이와 달리 이 생명체를 보면 벼락 맞은 고양이가 떠오른다. 마다가스카르를 식민지로 삼은 프랑스인들은 이 '토끼의 이빨, 돼지의 털, 여우의 꼬리, 박쥐의 귀'를 가진 동물이 악마의 피조물이라 생각했다. 어찌 보면 타당하다. 설치류처럼 끊임없이 자라나는 이빨 때문에 동물학자들은 이 동물이 커다란 다람쥐류라고 믿었다. 회색빛이 도는 검은 털은 텁수룩하고 헝클어졌으며 무성한 털이 자라난 꼬리는 20센티미터에 달한다. 귀는 아주 크다. 그리고 악마의 눈, 그러니까 야행성 동물의 크고 번뜩이는 한 쌍의 눈은 어쩐지 제정신이 아닌 듯이 보인다.

그러나 아마도 가장 섬뜩한 부분은 앞발일 것이다. 이 여우원숭이의 앞발은 앞다리의 41퍼센트를 차지할 정도로, 영장류 중에서도 가장 길다. 아이아이의 네 번째 앞 발가락은 특히 길어서 앞발 전체 길이의 3분의 2 정도에 해당한다. 그렇지만 가장 기이한 부분은 세 번째 앞 발가락이다. 뼈와 거죽만 남아 마치 철사처럼 가느다란 이 발가락은 관절 덕분에 믿을 수 없을 만큼 기동성이 뛰어나다. 다른 발가락들과 따로 움직이며 발등에 직각으로 구부러질 수도 있다. 이 발가락은 너무 가늘어서 보통 네 번째 앞 발가락에 평생 교차 상태로 얽어 둔다.

특별한 세 번째 앞 발가락은 나무를 두드릴 때 쓴다. '타악기 먹이 찾기 percussive foraging'로 알려진 행위다. 깊은 어둠 속에서 아이아이는 오싹한 세 번째 앞 발가락의 발톱으로 나뭇가지나 나무줄기를 1초에 최대 8번씩 치는 속도로 두들긴다. 그러고는 박쥐 같은 귀로 나무 안의 공간에 있는 애벌레를 찾아낸다. 그다음엔 날카로운 이빨로 나무 표면을 갉아내고 만능 중지로 애벌레를 끄집어낸다. 이렇게 아이아이는 마다가스카르에 없는 딱따구리의 생태적 역할을 대신한다.

아이아이는 애벌레만 먹지 않는다. 이들은 잡식성으로 과실, 꿀, 견과류, 균류까지 먹어 치운다. 이들의 다양한 식단은 또 다른 재미에 눈을 뜨게 했다. 만약 알코올을 함유한 과실즙이 있다면 이 여우원숭이는 망설임 없이 술꾼이 된다. 아마도 여행객의 손바닥에 담긴 살짝 발효된 과실즙을 날카로운 발톱으로 콕콕 찍어 먹는 데 익숙해져서일 것이다.

마다가스카르 일부 지역의 마을에서는 아이아이가 가느다란 앞 발가락으로 사람들의 목을 베거나, 사람들을 가리키며 죽음을 예언한다고 생각한다. 그들은 이 동물이 불운을 의미한다고 여기기 때문에 불운이 마을 밖으로 빠져나가도록 보는 즉시 죽이거나 심지어 길가에 거꾸로 매달아 놓기도 한다. 슬프게도 서식지가 빠르게 줄어드는 데다 무엇보다 마을의 농장에서 키우는 망고, 사탕수수, 또는 아보카도에 끌리면서 아이아이는 점점 사람들의 마을에 가까워지고 있다.

물론 농작물 습격은 이미 혐오와 두려움으로 가득한 이 영장류의 대중적 이미지에 도움을 주진 않는다. 하지만 아이아이는 초자연적인 재앙을 몰고 오는 존재가 아니라, 그저 눈이 맛이 간 채 부스스한 상태로 안주를 찾아 헤매는 술꾼에 가깝다. 아마 이 녀석을 한밤중에 만나고 싶진 않을 것이다. 하지만 완전히 무해하다.

바나나민달팽이

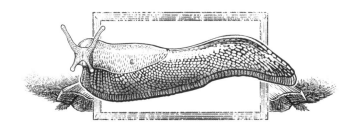

학명	*Ariolimax* spp.
사는 곳	북미 서부의 습한 해안 숲
특징	평화로운 짝짓기를 실천하나 상황이 여의치 않으면 상대의 음경을 씹어 먹음.

15~25센티미터 크기로 바나나처럼 생겼고 굉장히 미끄덩거리는 것은 뭘까? 맞다, 바나나민달팽이다! 내면의 사춘기 청소년이 다른 대답을 해버렸다고? 걱정하지 마시길. 단지 당신이 동물학자처럼 생각한다는 걸 의미할 뿐이다. 그러니까 이상한 동물의 이상한 생식기를 보는 것을 가장 행복해하는 과학자 말이다.

바나나민달팽이에는 5종이 있다. 모두 북미 서부에 서식하는데 특히 알래스카에서 캘리포니아까지 이어진 습한 해안 숲을 선호한다. 이들은 분해자로서 곰팡이, 각종 잔해, 죽은 식물, 배설물, 썩은 고기를 먹으며 미국 삼나무 생태계에서 중요한 역할을 해낸다. 바나나민달팽이들은 녹색이나 밝은 노란색에서 반점이 지다가 갈색으로 변한 뒤 거의 검은색에 이르기까지 바나나가 익은 정도에 따른 모든 색을 띤다. 바나나처럼 나이를 먹을수록 색이 변하지만, 습도, 먹이, 빛도 몸의 색에 영향을 미친다. 하지만 바나나와 달리 바나나민달팽이의 종을 분류하는 기준은 대부분 지극히 사적인 부위의 구조다.

대부분의 다른 복족류와 마찬가지로 이 과일처럼 생긴 연체동물은 동시적 자웅동체다. 각 개체는 근육질의 질과 수란관은 물론 속이 비어 있고 몸속으로 수납 가능한 음경까지 당당하게 갖고 있다. 기관이 몸길이만큼 긴 종도 있는데, 이 날씬한 바나나민달팽이는 아리올리막스 돌리코팔루스*A. dolichophallus*(직역하면 '긴 음경'이라는 뜻이다)라는 학명을 받았다. 반면, 19세기 미국의 민달팽이 연구자인 헨리 필스브리와 에드워드 밴애타는 음경이 아예 없는 이상한 신종을 발견했다고 보고한 바 있다. 이들은 창작의 고민이 전혀 보이지 않는 아팔라리온*Aphallarion*:음경 없는 아리온Arion이라는 뜻이다. Arion은 육상 민달팽이의 속 가운데 하나다이라는 이름을 붙였다. 둘은 아팔라리온이 별도의 종이 아니라 사랑을 나누다가 변고를 당했을 뿐인 평범한 바나나민달팽이라는 사실을 알아채지 못했다. 이는 바나나민달팽이의 약 5퍼센트가 겪는 일이다.

빈대나 편형동물의 공격적인 교미(47, 203쪽 참고)와 달리 바나나민달팽이의 교미는 보통 평화롭고 협동적이다. 두 마리의 민달팽이가 69자세로 마주하고, 생식기가 부풀어올라 머리의 구멍에서 튀어나올 때까지 기다린 다음(자꾸 이상한 장면이 머릿속에 떠올라도 일단 끝까지 읽어보자) 서로를 한쪽이나 양쪽의 음경으로 연결하고 정자를 교환한다. 최대 수 시간 동안 이어진 행위가 끝나면 음경은 부드럽게 풀리거나, 수많은 스트레칭과 당기기와 돌리기로 빠지거나…, 영원히 붙어 있게 된다. 이런 난감한 상황을 마주한 바나나민달팽이는 궁극적인 해결책, 즉 상대의 음경을 씹어먹는 행위 apophallation에 기댈 수밖에 없다.

민달팽이는 기본적으로 느릿느릿 행동하는 생물이기 때문에 음경을 씹어서 분리하기까지는 몇 시간이 걸린다. 당하는 쪽의 정신을 놓은 듯한 몸부림으로 판단하건대 이 과정은 엄청난 고통을 불러온다. 예상할 수 있듯이, 거세하는 쪽의 치설(줄 모양으로 늘어선 이빨이 있는 혀)로 천천히 긁히는 긴 과정을 통해 음경은 조금씩 시들기 시작한다. 마지막 토막을 잘라낸 쪽은 결국 그걸 먹게 된다. 공들여 지른 것을 그냥 버리기에는 너무 아깝긴 하다. 거세된 개체는 음경이 다시 자라지 않지만, 계속해서 암컷으로 번식하여 알 생산에 에너지를 쏟을 수 있다. '암컷' 민달팽이의 수가 늘어나면 경쟁이 줄어들 수 있으므로 이는 결국 거세시킨 쪽에 유리할 수 있다. 때로는 두 개체가 함께 안 빠지는 경우(또는, 어쩌면 앙심을 품는 경우?), 음경 분리는 상호 간에 일어난다.

민달팽이들의 구애에 가장 중요한 요소는 윤활제다. 왜냐하면 민달팽이는 교미 상대를 유혹하기 위해 점액질의 흔적 페로몬을 사용하기 때문이다. 바나나민달팽이의 윤활제 역시 물과 만나면 부피가 100배 증가하는 단백질인 뮤신이 포함된 작은 알갱이로 제공된다. 이 물질은 윤활제인 동시에 접착제이며 고체와 액체의 성질을 모두 갖고 있다. 점액은 사랑을 나눌 때뿐만 아니라 이동, 포식자에 대한 방어(입에 들어간 점액은 역겨운 맛이 나고 혀를 마비시킨다), 심지어 가뭄 기간을 버티는 데도 매우 유용하다.

이유가 민달팽이 점액의 흥미진진한 물리학 때문일지 아니면 고통을 이겨내고 번식하려는 용기 때문일지는 모르겠지만 바나나민달팽이는 캘리포니아대학교 산타크루즈 캠퍼스의 공식 마스코트로 선정됐다.

큰귀여우

학명	*Otocyon megalotis*
사는 곳	동아프리카, 남아프리카
특징	귀가 너무나도 크기 때문에 땅속의 미세한 움직임까지 파악함.

복슬복슬한 털, 네 개의 긴 다리, 덥수룩한 꼬리, 회색을 띤 미니핀 : 털이 짧은 소형견종. 도베르만을 닮았다의 얼굴, 한 쌍의 큼지막한 귀를 조합해보자. 갯과의 가장 특이한 구성원 중 하나인 큰귀여우가 탄생할 것이다.

　이 여우를 보자마자 가장 눈에 띄는 건 귀다. 귀의 길이는 11~13센티미터로 몸 높이의 3분의 1을 차지한다. 너무나도 눈에 띄는 탓에 학명에도 두 번이나 등장한다. 속명 오토키온*Otocyon*은 그리스어로 '귀'를 의미하는 otus

와 '개'를 의미하는 cyon에서 유래했고, 종명인 메갈로티스*megalotis*는 마찬가지로 '큰'을 의미하는 그리스어 Mega와 '귀'를 의미하는 otus를 합친 결과다. 귀가 아주 큰 귀 달린 개. 그나저나 이 귓구멍은 왜 그리 큰 걸까?

한 가지 이유는 체온 조절이다. 귀는 피부가 얇은 편이고 표면 근처에 많은 혈관이 지나가기 때문에 몸의 열을 발산하는 데 도움을 준다. 또 다른 이유는 (가장 적확하게 표현한 『빨간 망토』 속 늑대의 말을 빌리자면) "당신의 말을 잘 듣기 위해서"다. 큰귀여우는 흰개미를 먹고 사는데, 냄새를 맡거나 눈으로 찾는 게 아니라 먹이에 귀를 기울인다. 흰개미는 말을 하지 않지만, 큰귀여우의 귀는 땅속을 오가는 흰개미의 움직임을 포착할 만큼 민감하다.

'아기 개 덤보'의 식단은 곤충이 가득해 바삭바삭하기 때문에 꼭꼭 씹을 필요가 있다. 다행히도 큰귀여우의 입에는 대부분의 다른 포유류보다 훨씬 더 많은 수의 송곳니가 최대 50개까지 늘어서 있다. 또한 턱에는 특별히 발달한 이복근 : 턱을 벌리거나 설골을 올려 연하 작용에 관여하는 힘줄이 있어서 초당 최대 5번까지 매우 빠르게 입을 여닫을 수 있다. 곤충을 먹지 않을 때는 과실(특히 장과류)을 먹거나 도마뱀, 작은 포유류, 새끼 새 등의 척추동물을 잡아먹는다. 주변에서 사체를 발견하면 청소동물 역할도 한다.

큰귀여우에는 두 아종이 있다. 하나는 동아프리카, 다른 하나는 남아프리카에 산다. 전자는 주로 야행성이다. 다시 말하지만, 어둠 속에서 사냥하는 덴 큰 귀가 아주 유용하다. 하지만 후자는 겨울 동안 낮에 활동하는데, 아마도 흰개미가 따뜻한 시간대에 더 활발히 움직이기 때문일 것이다. 재미있게도 개미잡이챗ant-eating chat, 크라운드랩윙crowned lapwing 또는 노턴블랙코르한northern black korhaan과 같은 곤충을 먹는 여러 새들이 낮 동안 먹이를 먹는 큰귀여우에 주의를 기울인다. 새들은 여우가 곤충을 찾아낸다는 사실을 알아차리고 여우를 걸어 다니는 메뉴판으로 취급한다. 다행히도 먹이가 아주 넉넉한 덕분에 다툼은 거의 일어나지 않는다.

큰귀여우는 2마리에서 15마리가 무리를 지어 생활하는 사회적 동물이다. 보통 일부일처제 한 쌍과 다 자란 어린 개체들, 또는 수컷 한 마리와 새끼를 거느린 최대 세 마리의 암컷으로 이루어진 안정적인 가족이 대부분이다. 무리의 개체들은 먹이를 찾아다니며 함께 자고 서로 돌보고 놀아준다. 수컷들은 간호를 제외한 모든 보육 과정에 참여할 정도로 새끼 돌봄에 매우 적극적이다. 출생 후 처음 14주 동안, 아비는 굴과 새끼를 지키는 데 어미보다 훨씬 더 많은 시간을 할애한다. 큰귀여우 아빠는 아가들과 옹기종기 모여서 아가들을 깨끗하게 돌보고 운반하며 먹이 채집 중에 보호자 역할을 할 것이다. 반면에 엄마는 모유 생산량을 유지하기 위해 굴에서 벗어나 먹이를 먹으며 많은 시간을 보낸다. 이 친절하고 온화한 갯과 동물은 큼지막한 귀만큼 협동 능력도 크다.

새들은 여우가 곤충을 찾아낸다는 사실을 알아차리고 여우를 걸어 다니는 메뉴판으로 취급한다.

시궁쥐

학명	*Rattus norvegicus*
사는 곳	남극을 제외한 모든 대륙
특징	공감 능력이 매우 높음. 간혹 동료를 믿지 않고 불안해 하기도 함.

'노르웨이 쥐'라는 뜻의 학명에도 불구하고 시궁쥐는 원래 아시아, 특히 중국이나 몽골 출신일 가능성이 높다. 이들은 뛰어난 적응력 덕분에 남극 대륙을 제외한 모든 대륙에 퍼졌으며 인간이 있는 곳이라면 어디든 존재한다. 이 설치류와 우리의 관계는 복잡하다. 그들은 유해 동물이면서 삶의 동반자기도 하고, 질병의 운반자이면서 연구를 위한 실험동물이기도 하다. 주요 요리 재료이자 금기된 음식이다. 온 동네에 퍼져 있는 덕분에 전 세계 사람

들의 신화와 이야기에서 중요한 역할을 한다.

십이지에서 쥐는 첫 번째 동물이다. 전설에 따르면 동물들이 옥황상제의 잔치에 도착한 순에 따라 그 순서가 결정되었다고 한다. 소가 쥐에게 속아 자신의 등에 쥐를 태우고 갔는데, 옥황상제 앞에 도착하자마자 쥐가 뛰어내려 소보다 앞서는 바람에 1등을 차지했다. 이에 따라 설치류는 지성과 야망, 무정함의 상징이 됐다. 물론 시궁쥐가 매우 똑똑한 건 사실이지만, 설화가 전하는 내용보다 훨씬 공감 능력이 뛰어난 동물임이 밝혀졌다.

쥐의 공감 능력을 어떻게 측정할 수 있을까? 시카고대학교 연구팀은 설치류에게 작은 우리에 갇힌 친구 쥐를 구출하는 임무를 내렸다. 실험실의 쥐들은 임무와 관련된 특별한 보상이 없더라도 계속해서 덫에 걸린 친구들을 풀어줬다. 정말로, 우리 속의 친구를 풀어주거나 아니면 초콜릿 칩(쥐들이 사랑해 마지않는 간식)이 담긴 용기를 여는 선택지가 있을 때 쥐는 전자를 골랐다. 그뿐만 아니라 포상인 초콜릿도 서로 나누었다.

쥐가 더 스트레스를 받는 상황, 즉 물에 잠겨 있을 때도 비슷한 행동이 관찰됐다. 쥐들은 물에 잠기는 걸 매우 고통스러워하는데, 이 실험에서는 친구 쥐가 마른 땅으로 이어지는 문을 열어야만 수영장에서 탈출할 수 있었다. 이번에도 동료의 자유와 초콜릿 시리얼 중 하나를 선택해야 하는 상황에서 동료 돕기를 택했다. 게다가 이전에 물에 빠진 경험이 있던 구원자들은 동료를 훨씬 더 빨리 풀어주기까지 했다. 최고의 공감 능력이다!

같은 쥐들에게만 공감을 보이는 걸까? 설치류가 아닌 생물도 함정수사에서 구해낼 수 있을까? (십이지 설화를 반증하기 위해) 소를 대상으로 시도되진 않았지만, 캘리포니아대학교 샌디에이고 캠퍼스 팀은 쥐가 로봇과 친구가 될 수 있는지를 실험했다. 크기가 작고 움직이는 쥐 모양의 로봇은 '사회적'(쥐와 상호 작용하고 함께 놀며 우리에서 풀어주도록 원격으로 제어)이거나 '비사회적'(미리 입력한 프로그램을 통해 무작위로 이동)이었다. 실험용 쥐는 실제

쥐와 마찬가지로 로봇 역시 함정에서 '탈출'시켰다. 그리고 이런 행위는 사회적 로봇이 상대였을 때 훨씬 더 많이 일어났다.

쥐와 기술의 상호 작용은 로봇과의 놀이에만 국한되지 않는다. 버지니아 리치먼드대학교 연구원들은 쥐에게 작은 모형 자동차를 운전하는 방법을 가르쳤다. 쥐 전용차의 구조는 복잡하지 않다. 알루미늄 바닥에 조종용 구리 막대 세 개가 있다. 쥐 운전사가 구리 막대를 움켜쥐면 전기 회로가 닫히며 자동차 모터가 움직이기 시작한다. 왼쪽이나 오른쪽 막대를 건드리면 차의 방향을 바꿀 수 있고, 가운데 막대로는 차를 앞으로 몰 수 있다. 간식(작은 마시멜로) 덕분에 쥐는 점점 더 먼 거리를 나아가거나 차량을 돌리고 먹이 부근에 주차하는 법을 익혔다. 게다가 쥐들은 그저 숙련된 운전사일 뿐만이 아니라 운전대를 잡는 동안 매우 편안함을 느끼기까지 했다. 연구팀은 동물의 배설물을 통해 호르몬 수치, 정확히는 스트레스 호르몬인 코르티코스테론과 스트레스에 대응하는 디하이드로에피안드로스테론의 수치를 측정했다. 쥐가 운전 수업을 오래 받을수록 대변 속 디히드로에피안드로스테론의 비율이 높아졌는데, 이는 곧 스트레스에 대한 회복력이 높아졌다는 걸 나타낸다. 흥미롭게도 원격 조종 자동차의 승객이었던 쥐는 운전대를 잡은 쥐보다 더 많은 스트레스를 받는 것으로 나타났다. 불안에 떠는 조수석 잔소리꾼은 우리 종 고유의 특징이 아닌 것이 확실해졌다.

무족영원

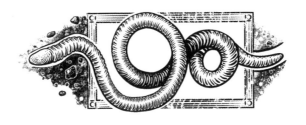

학명	order Gymnophiona
사는 곳	중남미, 아프리카, 남부 아시아의 열대지방
특징	어미가 자신의 피부를 자식의 먹이로 줄 만큼 모성애가 뛰어남.

양서류 중 가장 대중적인 동물은 개구리와 두꺼비이다. 도롱뇽도 가끔 언급된다. 하지만 양서류에 세 번째 목인 무족영원류가 있다는 사실을 아는 이는 거의 없다.

무족영원이 뭐냐고? 등뼈가 있는 초대형 지렁이를 상상해보라. 몸길이 10센티미터 정도의 가장 작은 종류는 벌레로 오해할 수도 있지만, 길이가 1.5미터에 달하는 톰슨 무족영원Thompson's caecilian과 같은 거대한 종류는 거의 뱀과 같다. 하지만 뱀과 달리 피부가 비늘로 덮여 있지 않고 매끄러 우면서도 끈적하다. 무족영원들은 길고 가느다란 체형에 맞는 신체적 특성을 공유한다. 뱀과 마찬가지로 오른쪽 폐가 왼쪽 폐보다 더 큰 것이다. 딱 하나 예외는 유일하게 폐가 없는 종인 아트레토코아나 에이셀티*Atretochoana eiselti*(음경도 뱀도 아니지만 생김새 때문에 '음경 뱀'이라고도 불린다)로 이들은 피부를 통해 직접 호흡한다.

무족영원은 중남미, 아프리카, 남부 아시아의 열대지방에 서식하며 지렁이, 흰개미, 개미와 같은 무척추동물을 먹는다. 지하나 물속에 살기 때문에 시력이 좋지 않아 아마도 어둠과 빛 정도만 구별할 수 있을 것이다. 일부 종은 눈이 거의 발달하지 않았다. 무족영원의 영어 이름은 시실리언Caecilian에는 이 특성이 잘 담겨 있는데, '눈이 멀다'라는 의미의 라틴어 caecus에서 유래했기 때문이다.

아마도 놀라겠지만, 이 눈에 띄지 않고 잘 알려지지도 않은 동물은 매우 헌신적인 어미가 될 수 있다. 무족영원은 대부분 태생 즉 새끼를 낳지만, 전체 종의 약 4분의 1은 알을 낳는 난생이다. 최근에 발견된 인도산 무족영원 치킬리드chikilids 암컷은 2~3개월 동안 알을 보호하는데 이 기간에는 아예 먹지도 않는 것으로 보인다. 다른 종들의 모성애는 한 단계 더 나아간다. 자라나는 새끼들에게 맛은 좀 떨어지지만 영양이 풍부한 메뉴, 즉 자신의 피부를 차려 주는 것이다.

새끼를 양육 중인 암컷의 피부는 두 배로 두꺼워져 포유류의 젖처럼 지방이 풍부하고 영양가 있는 이유식이 된다. 알에서 부화한 새끼 무족영원은 피부 잔칫상을 받는데, 이는 삶의 첫 몇 주 동안 얻을 수 있는 유일한 자양분일 것이다. 새끼 무족영원은 특수하게 발달한 숟가락 모양의 젖니로 피부 조각을 찢는다. 새끼들이 가장 맛난 조각을 얻기 위해 발버둥 치며 다투는 동안 어미는 침착하게 버틴다. 축제는 며칠에 한 번씩 열리기 때문에 산모의 피부는 그 틈에 재생된다. 새끼들이 자라는 동안 어미의 체중은 일주일에 15퍼센트가량 줄어든다.

'피부 영양증dermatotrophy'(그리스어로 '피부'를 의미하는 derma와 '영양'을 의미하는 trophy에서 유래한 말이다)이라 불리는 피부 공급 행위는 케냐의 타이타 아프리카 무족영원Taita African caecilian에서 처음 관찰됐다. 지구 반대편 남아메리카에 사는 다른 두 종의 무족영원도 새끼에게 거죽을 내어준다. 또한 남미 고리 무족영원South American ringed caecilian은 훨씬 더 구미가 당기는 보충제로 이 영양가 있는 식사를 보완한다. 바로 어미의 배설강(엉덩이)에서 나오는 두 가지 배설물로 하나는 물 같고 다른 하나는 더 끈적끈적하다. 자녀가 양배추가 맛없다고 투정한다면 저녁 식사 시간에 이 사실을 이야기해봐도 좋을 것이다.

무족영원의 생활방식, 서식지, 생물 특성은 가슴이 아플 정도로 거의 연구되지 않았다. 국제자연보전연맹IUCN이 2020년에 발표한 적색목록에 따르면 양서류 종의 무려 40퍼센트가 멸종 우려 상태다. 동시에 약 17퍼센트는 '정보 부족'으로 분류된다. 다시 말해 멸종 위기 등급을 평가할 정보가 충분하지 않다는 것이다. 안타깝게도 멸종으로부터 안전하다는 이야기가 아니라, 그저 그 종이 어떤 상태에 놓였는지 평가할 만큼 해당 동물에 관한 관심과 지식이 충분하지 않다는 의미다. 무족영원의 경우 정보 부족은 더욱 두드러진다. IUCN 적색목록에 있는 183종 중 52퍼센트(95종)가 정보 부족이다. 이 매력적인 동물을 더 깊이 알기 전에 그들을 멸종되게 놔두는 것은 정말 끔찍한 일이다.

THE MODERN BESTIARY

야자집게

학명	*Birgus latro*
사는 곳	인도양, 태평양의 환초
특징	찰스 다윈조차 '괴물'이라고 부른 동물. 인간의 물건을 잘 훔침.

열대 낙원에 공포를 몰고 오는 용감한 해적 이야기를 들어본 적이 있는가? 겁이 많은 사람이라면 마음의 준비를 하고 듣자.

사실 이건 무자비한 게의 이야기이다. 진짜 해적의 방식으로 위협하고 약탈하고 죽이는 게 말이다. 소개하겠다. 야자집게다. 무게 4킬로그램에 다리를 펼친 폭이 1미터가 넘는 이 거대 갑각류는 가장 큰 육상 절지동물이면서 가장 큰 육상 무척추동물이기도 하다. 서양의 과학자들은 전 세계를 오가던 중 이 생물을 접한 사략선 선장 프랜시스 드레이크를 통해 처음으로 야자집게에 대해 알게 됐다. 한편 찰스 다윈은 야자집게를 '괴물'이라고 표현했는데, 확실히 위협적이긴 하다. 이 무척추동물 세계의 천하장사들은 최대 28킬로그램까지 들어올릴 수 있고 몸집이 가장 큰 개체들이 강력한 집게발로 발휘하는 악력은 3300뉴턴으로 추정된다. 이는 하이에나가 무는 힘과 비슷한 수준이다.

야자집게는 소라게의 친척이다. 어린 야자집게는 선조들과 마찬가지로 복족류 껍데기에서 산다. 하지만 일단 완전히 성장하면 이들은 껍데기집을 떠나 단단하고 석회화된 외골격과 거대한 집게발로 몸을 보호한다. 실제로, 소라 껍데기에서 나오는 습성은 야자집게의 거대한 집게발을 설명해준다. 공간이 제한된 소라 모양의 보금자리를 떠나며 몸(집게발과 그 외 모든 것)이 인상적인 크기에 도달할 수 있다. 힘도 그러하다.

강력한 집게발은 자기방어뿐만 아니라 먹이(의 위치를 후각으로)를 찾을 때도 쓰인다. 야자집게는 그 이름에서 알 수 있듯이 야자열매를 쪼갤 수 있다. 이들은 이동도 평범하지 않다. 다리로 나무줄기를 붙잡고 올라가 야자수를 타고 다닌다. 보통 과실, 견과류, 씨앗이나 그 외 식물성 먹이를 먹지만 잡식성이라 기회만 있으면 즐겁게 고기를 뜯는다. 주변에 먹을 만한 사체가 없으면 직접 사냥한다. 야자집게가 쥐를 죽이거나 잠든 새를 공격해 치명적인 집게 힘으로 날개를 부러뜨리고 잡아먹은 기록이 있다. 이들은 집게로 붙잡고 힘차게 흔들어 가장 큰 뼈도 쉽게 부술 수 있다. 동족 포식도 딱히 거부감이 없는 것 같다.

무방비 상태의 새를 죽이지 않을 땐 이 거대 갑가류들은 약탈에 나선다. 이들을 부르는 또 다른 이름은 도둑게나 야자 도둑이다. 당연

야자집게가 쥐를 죽이거나 잠든 새를 공격해 치명적인 집게 힘으로 날개를 부러뜨리고 잡아먹은 기록이 있다.

하겠지만 인간에게서 물건을 낚아채서 가져가는 경우가 많아서다. 일단 냄비, 신발, 시계, 카메라를 훔친 것으로 알려졌다. 위스키병을 꼭 붙들었다는 이야기도 있다 정말이지 무모하면서도 용감한 짓이지만, 군인에게서 총을 빼앗았다는 '카더라'도 존재한다. 왜 그렇게 많이 훔치는지는 밝혀지지 않았다. 어쩌면 흥미로운 냄새를 풍겨대는 새로운 물건들을 먹이 후보로 조사해야 하기 때문일지도 모른다.

　도둑게는 인도양, 그리고 개체 밀도가 가장 높은 크리스마스섬을 포함한 태평양 일부 지역의 환초에 서식한다. 그들은 아마도 유일하게 바다를 떠다닐 수 있는 유충 시기에 이 외딴 섬에 도달했을 것이다. 바다에서 3~4주를 보낸 어린 야자집게는 육지로 올라간다. 일단 성장하면 수영 능력을 잃는다. 번식기 암컷은 굉장히 조심하며 만조 상태의 바다에 알을 낳아야 한다. 왜냐하면 파도에 끌려가는 순간 익사해 상어 밥이 되기 때문이다.

　이 야자 도둑들이 다른 섬에서도 악명을 얻었다는 소문이 있다. 일부 역사가들은 야자집게가 비행 중 태평양 어딘가에 추락한 유명 비행사 아멜리아 에어하트를 먹어치웠을 거라는 가설을 세웠다. 결정적인 증거는 없다. 그러나 도둑게의 해적질을 보고도 이들이 식인하지 않을 거라 단정지을 수 있는 이는 없으리라.

빈대

학명	*Cimex lectularius*
사는 곳	전 세계의 호텔, 병원, 기차
특징	인간의 혈액을 빨아들이지만 혈액 속 DNA를 60일 넘게 보관해줌.

곤충학자를 괴롭히는 가장 확실한 방법은 뭘까? 노린재목(즉 진짜 버그bugs)에 속하지 않는 곤충을 '버그'라 불러대는 것이다. 진짜 버그들의 숨길 수 없는 표식은 매우 독특한 '부리' 또는 무언가를 뚫고 빨 수 있도록 뾰족하고 길게 변형된 주둥이다. 대부분의 진짜 버그들은 이 기관을 식물 수액을 빨아올리는 용도로 쓰지만, 조류와 포유류의 피를 선호하는 느슨한 채식주의자도 일부 존재한다.

버그가 아닌데도 버그라 불리는 다른 종들(예를 들어 러브버그love bug 는 사실 파리의 한 종류이고 메이버그may bug는 딱정벌레의 일종인 왕풍뎅이다)과 달리 빈대의 이름 '베드버그bed bug'는 아주 적합하게 붙여졌다. 이들은 노린재목에 속하며 전 세계 호텔, 병원, 기차의 침대에서 쉽게 발견되곤 한다. 4000년 넘게 인간을 괴롭혀 온 이들은 아리스토텔레스와 플리니우스의 작품에도 언급된 바 있다.

이 갈색의 작고 납작한 곤충은 노린재목 특유의 부리로 숙주의 피부를 뚫는다. 가능한 한 효율적인 먹이 공급을 위해 타액에는 항응고제와 혈류 속도를 높이는 혈관 확장제가 들어 있다. 또 친절을 베풀려고… 라기보다는 찰싹 내리치는 손찌검을 피하려고 진통제도 숙주 몸에 집어넣는다.

빈대는 크게 세 가지 요소로 숙주를 찾는다. 온도(정온동물이 가장 쉽게 감지된다), (아무것도 모르는 희생양이 내쉬는 숨에서 나오는) 이산화탄소 농도, 땀이나 피지 같은 데서 나는 다양한 체취다. 다른 많은 무척추 기생동물과 달리, 빈대는 숙주의 몸에서 살지 않고 먹이를 먹는 동안만 잠깐 접촉한 다음 갑자기 짓이겨지는 비극을 피할 수 있는 안전한 은신처로 허둥지둥 도망간다. 식사 주기는 일주일에 한 번꼴이지만, 피의 만찬 후에 몸무게가 최대 세 배까지 불어나기 때문에 꽤 충분한 양이다. 극한 환경에서는 먹이 없이 약 5개월 동안 생존할 수 있다. 흥미롭게도 이들의 소름 끼치는 취향은 탐정들에게 높은 평가를 받는다. 빈대가 빨아들인 혈액 속에 보존된 인간 DNA를 최대 60일이 지난 후까지 복원할 수 있기 때문에 법의학에 유용하다.

그러나 피를 빨고 인간의 거주지에 들끓고 죽은 이의 식별을 돕는 것 정도는 이 종이 가진 가장 섬뜩한 특성이라 할 수 없다. 빈대의 성생활이 사드 후작(엽기적이고 해괴한 성관계 묘사로 유명한 작가이자 철학가)의 작품에 영감을 줄 수도 있었다는 사실이 밝혀졌다.

왜일까? 암컷 빈대는 완전한 생식 기관을 가지고 있지만, 수컷 빈대는 밀통 중에 이걸 이용하지 않는다. 대신에 그들은 (자연스럽게 주사기를 떠올릴 수밖에 없는) 매우 날카로운 성기로 암컷 복부를 통해 난소까지 바로 찔러 넣는다. 심각한 상처를 입히거나 심지어 사망에까지 이르는 이 행위는 매우 딱 맞는 용어인 '외상성 수정'이라 불린다. 암컷은 상처와 감염을 막는 방패 역할로 스퍼멀러지spermalege라는 특별한 기관을 발달시켰다. 정자는 혈림프(혈액 역할을 하는 곤충의 체액)를 통해 정자소, 다시 말해 특수한 정자 저장 장치로 이동하여 수정이 이루어질 때까지 보관된다. 암컷은 하루에 여러 개의 알을 낳으며 생애 동안 낳는 알은 수백 개다. 어미 한 마리가 벌레 청정 지역을 쉽게 감염시킬 수 있다는 의미다.

구애 행위? 그딴 건 없다! 빈대는 크기에 따라 짝을 선택한다. 암컷의 몸집이 더 큰 생물이기 때문에 수컷 빈대는 크면 장땡이다. 이는 수컷이 조건(빈대 크기이며 움직이는 것)에 맞는 무언가를 감지하면 일단 올라탄다는 사실을 의미한다. 잘 먹어 포동포동한 수컷이 우연히 동행했다가 다른 수컷의 정욕에 희생될 수도 있다. 수컷에겐 방패 역할을 할 스퍼멀러지가 없기 때문에, 불행하게도 이런 동성 결합 시도는 찔리는 쪽에게 장 손상을 일으키며 치명타를 입히는 것으로 판명됐다. 깔린 수컷은 성범죄자를 쫓아내기 위해 '강간 경보'를 발령하고 빈대 살려 페로몬을 방출할 수도 있다.

또 다른 방식으로도 빈대가 붙어먹을까? 다른 종과의 교미? 물론이다. 비록 후손을 남길 가능성은 희박하지만. 근친상간? 문제없다. 빈대는 근친교배에 매우 유연한 것으로 보이며, 짝짓기한 암컷 한 마리가 군집의 시작점인 경우도 종종 있다. 침대를 같이 쓰는 우리에겐 확실히 질척대지 않는다! 결국에는 이게 성공적인 확산 포인트 중 하나일 터다.

학명	*Nicrophorus vespilloides*
사는 곳	전 세계의 온대지방
특징	죽은 동물을 예쁜 경단으로 만들어 자식에게 줌. 그러나 자식이 말을 듣지 않으면 잡아먹음.

송장벌레는 전 세계에 약 200종이 있으며 주로 온대지방에 서식한다. 생물학적으로 실피데 패밀리Silphidae family, 다시 말해 송장벌레과에 속하지만 '절지동물계의 아담스 패밀리'라고도 불릴 만하다. 이들은 소름 끼치고 으스스하며 엄청나게 기이하다.

송장벌레 가운데 가장 잘 연구된 종 중 하나인 검정수염송장벌레는 검은색과 주황색을 띠는 길이 1~2센티미터짜리 근사한 곤충이다. 이들은 실

왠지 익숙한 나를 닮은 동물 사전

제 아담스 패밀리 구성원처럼 사망 소식에 관심이 많다. 송장벌레는 자연의 장의사로, 썩은 고기를 먹기 때문에 죽은 동물 주변에서 찾을 수 있다. 검정수염송장벌레는 곤봉 모양의 더듬이에 있는 화학수용체를 사용하여 작은 동물(보통 설치류나 조류)의 사체를 찾는다. 몇 킬로미터 떨어진 곳에 있는 죽은 지 하루가 채 지나지 않은 사체도 찾아낼 수 있다. 사체에 끌리는 습성 때문에 송장벌레는 법의학 연구에서 중요한 역할을 한다(빈대와 마찬가지다. 47쪽 참고). 유해에서 발견된 곤충들의 발달 단계를 통해 사망자가 죽은 지 얼마나 지났는지 알아낼 수 있다.

검정수염송장벌레 역시 끈끈한 가족을 이룬다. 엄마와 아빠가 힘을 합쳐 새끼를 키우는데, 보통 곤충들은 부모의 공동 양육을 기피하는 편이기에 이는 곤충 세계에서 매우 특이한 현상이다. 사실 암컷과 수컷 모두 매우 뛰어난 한 부모가 될 수 있으며, 짝이 사라진 수컷은 암컷 한 마리나 암수 한 쌍이 하는 것처럼 새끼를 키워낸다. 혼자 살든 짝을 지어 살든, 검정수염송장벌레의 양육 방식은 독특하다. 이들은 동물의 사체를 식품 저장실 겸 아이 방으로 쓴다.

사체를 발견한 부모는 사체의 크기와 분해 상태를 가늠한다. 사체가 품질 기준을 충족한다 싶으면 동족이나 다른 썩은 고기 포식자와 같은 경쟁자로부터 사체를 지킨다. 이들은 자식을 위해 사체를 손질한 후, 땅을 파서 사체를 묻어두는 한편, 털이나 깃털을 잘라내고 사체를 공 모양으로 만든다. 그 공이 땅에 묻히면 암컷은 그 주위에 알을 낳는다. 사체의 부패, 그리고 경쟁자를 부르는 공짜 냄새를 막기 위해 검정수염송장벌레는 항균 성질이 있는 입과 항문의 분비물로 사체 경단을 듬뿍 절인다. 매장은 구더기의 침입을 방지하고 화학적 보존 처리는 곰팡이와 박테리아의 분해 작용으로부터 사체를 보호한다.

유충이 부화하면 부모는 유충을 돌보며 포식자로부터 유충(과 영양 가득한 사체)을 보호한다. 이들은 유충이 더 쉽게 접근할 수 있도록 미리 준비한 썩은 고기 경단을 씹어 구멍을 내고, 유충은 끔찍한 식료품 저장고에서 직접 먹이를 먹거나 부모로부터 받아먹는다.

이들은 동물의 사체를 식품 저장실 겸 아이 방으로 쓴다.

보호자들은 먹기 편하도록 사체를 미리 소화한 뒤 게워내 어린 것들을 먹여 키운다. 유충은 다리로 부모의 입 부분을 만져 먹이를 조르는데 나이가 어릴수록 더 자주 하는 행위다. 그러나 구걸에는 대가가 따른다. 너무 많이 괴롭히면 부모에게 잡아먹힐 수 있으니까! 성체는 가능한 한 많은 수의 자손이 생존할 수 있도록 저장한 사체의 크기에 따라 새끼 수를 조절하기도 한다. 나이가 많은 유충은 생존 가능성이 더 높기 때문에 부모의 호의를 누린다. 이 전략 덕분에 어린 것들은 정직하게 신호를 보내며 정말로 배고플 때만 먹이를 조르게 된다. 아이들의 올바른 행동을 이끄는 데 아주 효율적인 방침이다.

측면얼룩
도마뱀

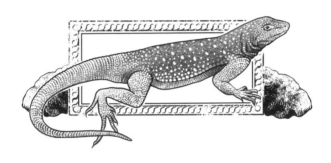

학명	*Uta stansburiana*
사는 곳	미국 서부, 멕시코 북부의 건조지역
특징	누구도 이기지 못하는 기이한 삼각 관계를 즐김.

사랑이 게임이라 할지라도, 그 게임이 가위바위보라고 생각하는 사람은 거의 없다. 그러나 미국 서부와 멕시코 북부의 건조한 지역에 서식하는 작은 파충류인 측면얼룩도마뱀의 사랑은 이와 비슷하다.

가위바위보가 흥미로운 이유는 둘씩 짝지으면 하나는 꼭 이기지만(바위는 가위를 부수고 가위는 보자기를 자르며 보자기는 바위를 감싼다) 각각의 공격마다 강점과 약점이 함께 존재하기에 모두를 이기는 유일한 승자는 없다는 것이다. 측면얼룩도마뱀 사회에도 비슷한 규칙이 적용된다. 수컷은 세 가지 변이형으로 나뉘며 목 아래의 색으로 쉽게 구별된다. 주황 목 수컷은 매우 지배적이다. 테스토스테론으로 가득 차 있고 공격적이며 넓은 영역을 호령하며 짝을 여럿 거느린다. 파란 목 수컷은 자신의 짝을 지킨다. 덜 공격적이며 더 작은 영역을 방어하고 암컷을 보호하지만, 자신의 영역을 강탈한 오렌지 마초에게 덤비지는 못 한다. 마지막으로 목에 노란색 줄무늬가 있는 수컷은 영역에 신경 쓰지 않는다. 대신 진화 생물학자 존 메이너드 스미스가 정의한 '몰래 교미자 전략sneaky fucker strategy'을 쓴다. 이들은 노란 목 암컷을 흉내 내며 다른 두 가지 색의 변이형이 지키는 땅에 슬그머니 들어가 교활한 교미를 노린다. 주황 수컷은 영역이 넓은 탓에 항상 모든 암컷을 보호할 수 없어서 불륜 장면을 맞닥뜨리기도 한다. 그러나 자신의 짝을 맹렬히 지키는 파란 목 수컷은 곧바로 몰래 교미자를 발견하고 저지한다. 결국 공격적인 주황 목 수컷은 파란 수컷의 짝을 훔치고, 파란 수호자는 노란 수컷으로부터 암컷을 보호하며, 노란 비겁자는 주황 마초의 짝들과 놀아난다.

측면얼룩도마뱀은 한 번의 짝짓기 시즌을 넘긴 후까지 살아남는 경우가 거의 없다. 진화 가위바위보의 승자는 독자적으로 생존해 번식할 수 있는 새끼를 가장 많이 낳는 존재가 되는 것이다. 신기하게도 기묘한 주황-파랑-노랑의 교착 상태는 평형을 이뤄 5년 주기로 개체군의 주된 색상이 변화한다.

이 게임에 유일한 승자는 없지만, 수컷 도마뱀들은 게임을 위해 전략까지 사용한다. 비겁한 노란 목 수컷은 일평생을 교활하게 산다. 이들은 암컷이 정자를 저장한다는 사실을 이용한다. 암컷이 품고 있는 노란 목 수컷의 정자가 다른 두 가지 색상의 정자를 이길 수 있다. 정자의 수명이 노란 목 수컷의 것이 더 길어서 유복자의 수가 더 많은 것으로 추정된다. 반면 파란 목 수호자들은 팀을 이루어('우리 파란 소년들은 함께 뭉쳐야 합니다!') 교활한 노

54

란 것들로부터 자신의 영역을 지킨다. 흥미롭게도 파랑 팀원들은 어느 정도 유전적 유사성은 공유하지만 서로 친척이 아니다. 뭉친 파랑이들은 혼자 노는 파랑이보다 아빠가 되고 성숙한 자손을 생산할 확률이 3배 더 높다. 이때, 주황 지배자는 반대 전략을 쓴다. 아빠가 될 확률을 높이려고 (그리고 경쟁은 줄이기 위해) 다른 주황이들에게서 최대한 멀리 떨어진 장소를 선택한다.

이 게임에 유일한 승자는 없지만, 수컷 도마뱀들은 게임을 위해 전략까지 사용한다.

한편, 한 번의 번식기에 여러 번 알을 낳을 수 있는 측면얼룩도마뱀 암컷들은 자신들만의 게임을 한다. 목 아래의 색은 주황과 노랑 둘 중 하나다. 주황 암컷은 작은 알을 많이 낳고 노란 암컷은 더 큰 알을 더 적게 낳는다. 전자는 더 많은 자손을 생산하기 때문에 개체 밀도가 낮을 때 인기가 높은 반면, 후자는 더 튼튼한 자손을 낳기 때문에 밀도가 높을 때 경쟁 우위를 갖고 승리한다. 암컷들의 경기는 2년 주기로 진행된다.

하지만 측면얼룩도마뱀의 모든 개체군이 세 가지 변이형을 갖는 건 아니다. 유전적 복원 결과에 따르면 가위바위보 시나리오는 수백만 년 동안 이어졌지만, 그 사이 8번 사라졌으며 이를 통해 새로운 종이나 아종이 탄생했다. 노란색 변이는 사라질 가능성이 가장 높다. 전체가 파란색이거나 주황색인 개체군은 있지만 비겁한 노란 목의 유전자는 그렇지 않다. 게임에서의 부정행위가 항상 성과를 거두지는 않는 것 같다.

THE MODERN BESTIARY

굴토끼

학명	*Oryctolagus cuniculus*
사는 곳	사막, 초원, 툰드라
특징	자식에게 관심 주는 시간은 최대 하루 5분 정도.

토끼는 크고 영구적으로 자라는 앞니가 있지만, 설치류는 아니다. 20세기 초에 이들은 산토끼, 햄스터처럼 생긴 우는토끼와 함께 토끼목으로 분류됐 다. 앞니는 인상적이지만 설치류의 앞니와는 다르다. 토끼의 앞니는 2개가 아닌 4개이고 바로 뒤에 뭉툭한 작은 이빨 2개('제2상악절치')가 있다. 이 이 빨은 토끼와 산토끼의 공통된 특징이다. 그러나 두 종류는 생식과 생존 전 략이 서로 다르다.

토끼는 약 30종, 산토끼는 32종이 있다. 생태학적으로 산토끼의 삶에서 가장 중요한 것은 스피드다. 위험에 맞닥뜨리면 긴 다리를 이용해 최대 시속 72킬로미터에 달하는 속도로 추격자를 앞지른다. 사막, 초원, 툰드라 등 탁 트인 지형에서 변변치 않은 은신처만 갖추고 살기 때문에 끊임없이 도망친다. 그래서 새끼 산토끼는 조숙한 상태, 다시 말해 아주 잘 발달된 상태로 태어난다. 털로 덮여 있고 눈을 뜰 수 있으며 스스로 움직일 수 있다. 그들은 시작부터 서둘러야 한다. 이들의 보육원은 그저 형태만 있는 움푹한 구덩이에 불과하다. 산토끼의 생존 전략은 주변으로부터 자신을 감추고, 발각되면 도망치는 것이다.

이에 비해 새끼 토끼는 털이 없고 눈도 안 보이는, 아무짝에도 쓸모없는 상태로 태어난다. 땅속의 토끼굴이나 빽빽한 덮개로 가려진 둥지에서 보호받기 때문에 그래도 괜찮다. 다리가 짧고 느릿하게 살아가는 토끼는 위험이 닥치면 도망가기보다는 몸을 숙이고 가리기 급급하다. 토끼와 산토끼 모두 자유방임주의 부모다. 아비는 어린 새끼에게 거의 관심이 없는 반면, 어미는 하루에 5분 정도만 어린 새끼들을 돌보며 영양가 있는 젖을 먹인다. 굴토끼의 경우 이 5분은 하루 동안 새끼가 어미에게 관심을 받는 유일한 순간이다. 3주간의 짧은 양육 후에 새끼들은 젖을 떼고 어미는 새로운 새끼를 낳을 준비를 한다.

번식력이 뛰어나고 가리는 먹이가 없기 때문에 굴토끼(모든 집토끼 품종의 조상)는 인간의 영역에서 문제를 일으켜 댔다. 특히 호주에서는 19세기 중반에 들여온 몇십 마리가 1926년에는 100억 마리로 늘어나며 대륙 대부분을 회색 털가죽으로 뒤덮었다. 토끼는 먹이와 서식지를 놓고 토종 야생동물과 경쟁한다. 왕성한 식욕으로 땅에서 자라난 식물을 싹 먹어 치워 토양 침식을 일으키고, 나무껍질을 갉아 먹어 어린나무를 망가뜨린다. 호주와 뉴질랜드의 토끼는 유해 동물로 분류되어 그 수를 줄이기 위한 생물학적인 조치가 취해질 정도지만(최근 이들의 수는 2억 마리 미만으로 줄었다), 흥미롭게도 IUCN의 적색 목록에서는 이 종을 음… 멸절 위기로 분류한다. 그 이유는 원산지인 이베리아반도에서 질병과 서식지 고갈로 인해 굴토끼 개체수가 급격히 감소하고 있기 때문이다. 결과적으로 토끼가 사라지면 토끼의 독점적인 포식자인 멸절 위기 동물 이베리아 스라소니에 문제가 발생한다.

그건 그렇고, 토끼 자체는 초식 동물이다. 하지만 『피터 래빗』 시리즈와 다른 고전에서는 토끼 역시 자신의 똥을 먹는 동물이라는 사실을 언급하지 않는다. 식분증은 초식 동물 사이에서 드문 일이 아니지만, 토끼의 경우 자신의 배설물을 섭취하지 않으면 영양실조가 일어난다. 이들은 사실 똥을 두 종류로 발달시켰다. 섭취한 먹이는 우선 씹을 필요가 없는 부드러운 덩어리인 '식변'으로 나오는데, 매일 고스란히 다시 섭취된다(이 부드러운 알갱이가 자주 보이지 않는 이유다). 그 다음으로 소화 기관을 통과한 먹이는 둥글고 단단하며 영양이 부족한 알갱이 형태로 배출된다. 이 똥은 토끼의 서식지 곳곳에서 찾아볼 수 있다. 토끼는 이런 과정을 통해 채식으로 최대한의 영양분을 얻을 수 있다. 같은 먹이를 두 번 먹는 건 정말이지 멋진 일이다.

모낭충

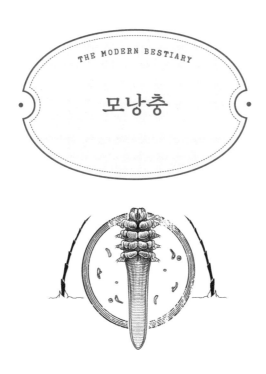

학명	*Demodex folliculorum, Demodex brevis*
사는 곳	모든 인종의 피부
특징	인간 피부에 사는 가장 크고 복잡한 유기체.

리버풀 FC 팬들은 〈넌 언제든 혼자가 아냐You'll Never Walk Alone〉를 노래한다. 그리고 이 노래의 제목은 생각하는 것보다 더 사실에 가까운 소리다.

　모낭충은 3분의 1밀리미터 크기의 거미류이며, 이름 그대로 사람의 얼굴 모낭과 그 주변에 서식한다. 그렇다고 지금 바로 이마와 코를 닦기 위해 달려가지는 마시길. 이 작은 절지동물은 리버풀 팬뿐만 아니라 우리 모두의 몸속 동물원의 지극히 정상적인 구성원 중 하나니까. 지렁이처럼 생긴 이 진드기들은 몸 앞쪽에 다리 여덟 개가 있다. 데모데쿠스 폴리쿠로룸은 모낭충 두 종 중 조금 더 크며 모낭에 무리를 지어 살아가는 반면, 방추형의 데모데쿠스 브레비스는 피지선에서 홀로 산다. 이들이 가장 좋아하는 먹이는 피지(피부 기름)와 표피 세포로, 거미처럼 생긴 입으로 먹이를 잡고 먹는다. 최고의 식당을 방문하기 위해 이들은 코, 뺨, 이마, 턱과 같이 기름진 피부에 거주한다. 그러나 더 남쪽에 있는 가슴이나 생식기에서 발견되기도 한다. 1843년 영국의 생물학자 리처드 오언이 '돼지기름'을 뜻하는 그리스어 de-mós와 '따분한 벌레'라는 의미의 dex를 조합해 만든 이름에 단서가 있다. 모낭충의 생김새와 취향을 훌륭하게 요약한 결과물이다.

　　다른 많은 동물과 마찬가지로 이 조그마한 짐승들도 야행성이며 낮에는 휴식을 취한다. 우리가 자는 동안 이들은 은신처를 떠나 시속 16밀리미터의 느긋한 속도로 시찰을 다니며 짝을 찾는다. 원하는 이를 찾으면 눈썹, 턱수염 주변, 아니면 다른 모낭 입구 근처에서 달콤한 사랑을 나눈다. 그런 다음 암컷은 피지선이 있는 안전한 곳으로 퇴각해 알을 낳고 약 60시간 이내에 알이 부화한다. 부화한 유충은 성충으로 자라기 전에 원충과 삼충 단계를 거치며, 이 작은 거미의 생애는 2주에서 2주 반 동안만 이어진다. 모낭충은 항문이 없어서 복부에 노폐물을 쌓아두는데, 이들이 피부 모공 안에서 죽어 분해될 때 평생의 대변이 한 번에 배출된다.

　　우리는 두 모낭충 종의 독점적인 숙주로서 이들과 정말이지 특별한 관계를 맺고 있다. 이들은 우리 피부에 서식하는 가장 크고 복잡한 유기체다. 대부분의 경우, 모낭충은 해를 끼치지 않으며 기생충이라기보다는 편리공생균(숙주에 해를 끼치지 않은 채 숙주의 몸에서 살아가는 생물)으로 분류된다. 다시 말해 이들은 우리 피부에 살면서 이익을 얻지만, 우리를 돕거나 우리에게 해를 끼치지 않는다는 이야기다. 그러나 기회가 맞으면 이 무고한 거미류는 기생동물로 변신한다. 건강한 사람의 경우 면역 체계가 모낭충의 수를

통제하지만, 면역 반응이 억제된 사람은 모낭 **이들은 우리 피부에**
충의 수가 더 많은 편이다. 건강한 사람보다 무 **서식하는 가장 크고**
려 10배나 더 많은 경우도 있다. 진드기 개체수 **복잡한 유기체다.**
의 증가는 주사피부염(부기를 동반한 염증이 있

고 혈관이 보이는 붉은 피부)으로 고통받는 사람들에게 특히 극심하다. 실제로
주사피부염은 진드기의 배설물에 포함된 박테리아 때문에 일어날 수 있다.
설상가상으로 주사피부염과 관련된 스트레스는 피지의 화학적 구성을 변
화시켜 진드기에게 더 영양가 높은 먹이로 바꾸고, 이로 인해 진드기의 수를
훨씬 늘리며 상태를 더욱 악화시킨다.

　　모낭충은 대단한 평등주의자로 전 세계 모든 인종의 사람들에게서 발
견된다. 이들을 데리고 다닐 가능성은 나이가 들수록 높아진다. 아이들은 진
드기가 없이 태어나 어른에게서 진드기를 얻는다. 어린 시절 항상 뽀뽀를 퍼
붓던 무서운 이모를 기억하는가? 뭐, 그녀는 여러분의 티 없는 순수함에 감
사를 표한 것이다. 성인의 경우 감염률은 20~80퍼센트이며 노인의 감염률
은 100퍼센트에 이른다. 여러분의 피부에도 있을까? 음, 아마 진득이.

대왕판다

학명	*Ailuropoda melanoleuca*
사는 곳	중국
특징	어미는 자신보다 몸집이 900배 작은 새끼를 출산함.

대왕판다는 아마도 곰과 중에서 가장 독특하고 기이한 구성원일 것이다. 다른 곰과 마찬가지로 판다는 육식동물로 분류된다. 그러나 식단이 대부분 대나무로 이루어진 식물성이기 때문에 그렇게 부르진 못할 것 같다. 이 먹이 선택은 여러 가지 이유로 번거롭다. 무엇보다 특정한 채식 선호에도 불구하고 대왕판다는 여전히 육식동물의 소화 기관을 가지고 있으며 대나무를 완전히 처리하는 데 필요한 유전자도 부족하다. 장내 미생물의 도움으로 대왕

판다는 자신이 섭취한 양의 약 17퍼센트만 소화할 수 있다. 그렇기에 필요한 에너지를 충족하기 위해 이 곰은 엄청나게 많이 먹어야 한다(매일 체중의 최대 45퍼센트씩). 이는 곰의 생활이 거의 식사를 중심으로 이루어진다는 걸 의미한다. 이들은 매일 약 14시간을 먹이를 찾는 데 쓴다. 다른 종의 곰들은 필요할 때 하루에 8000킬로칼로리에서 2만킬로칼로리까지 섭취량을 늘릴 수 있는 반면, 판다는 하루에 5000킬로칼로리만 섭취한다(그리고 그중 3500킬로칼로리를 소비한다). 그래서 동면이나 임신, 돌봄을 위해 많은 지방을 저장할 수 없다.

다음 식사에 마음을 계속 빼앗기는 상황에서 그 외 다른 행동을 할 의욕이 거의 없는 것은 당연한 일이다. 한배에서 낳는 새끼의 수가 가장 적은 곰인 대왕판다는 번식률이 낮은 편이며 사육 상태에서도 번식하기 매우 어렵다. 우선, 이들의 일정상 짝짓기 가능 시기를 맞추는 것 자체가 엄청나게 까다롭다. 암컷은 1년에 딱 한 번, 사흘 동안만 번식기를 맞는다. 반면에 수컷은 성적 행위에 시큰둥하거나 지나치게 공격적이다. 사육장에서는 자장가를 부를 준비가 된 암컷에게 여러 짝과 선을 보도록 한다. 어떤 수컷도 호감을 사지 못하면 사육사는 인공 수정에 의지할 수밖에 없다.

이러한 장애물에도 불구하고 중국과 전 세계 환경 보호 운동가들의 의지는 판다 생산에 대단한 성공을 만들어냈다. 2016년을 기점으로 이 종은 더 이상 절멸위기종이 아니다. 대왕판다가 보호 운동의 공식 상징이라는 것은 좋은 일이다. 왜냐하면 대왕판다가 훌륭한 양육의 상징이 될 가능성은 거의 없기 때문이다. 아비는 자식에게 전혀 관심이 없다. 사실 자식을 만나지도 않는다. 반면 암컷들은 무심코 새끼를 깔아뭉개 죽이는 일도 있을 정도로 무심한 어미가 된다. 100킬로그램짜리 어미에 비해 새끼들은 너무나 작다. 평균 몸무게가 약 120그램으로 햄스터만 하다. 900배의 크기 차이는 대왕판다가 모든 태반 포유동물 중 몸에 비례해 가장 작은 새끼를 낳는다는 사실을 잘 보여준다.

판다는 쌍둥이를 낳는 경우가 많지만, 냉혈한 한 자녀 정책을 채택하는 경향이 있다. 어미는 두 새끼 중 더 튼튼한 쪽을 골라 집중하고 나머지 한 마리는 무시하기 때문에 결국 약한 새끼는 죽게 된다. 어미 편에서 말하자면 대나무에 영양분이 부족해서 두 마리의 새끼를 배불리 먹일 모유를 생산하는 건 거의 불가능하다. 에너지 관점에서 볼 때 건강한 새끼 한 마리에 투자하는 것이 두 마리 모두를 잃는 것보다 더 나은 선택이다.

다행스럽게도 사육되는 판다는 사육사, 수의사, 연구원 등 고도로 전문화된 보모들의 도움을 받는다. 새끼 중 한 마리는 태어나자마자 사람의 보살핌을 받기 때문에 어미 판다는 자신의 새끼가 한 마리밖에 없다고 믿는다. 둘 다 어미의 젖을 먹을 수 있도록 새끼들은 하루에 여러 번 교체된다.

어미 판다가 양육을 포기하면 사육사가 새끼를 돌보고, 그 사이 어미는 엄마가 되는 훈련을 받는다. 교육은 실제 새끼 판다의 소변을 묻힌 장난감 판다의 조력과 새끼 판다의 녹음된 목소리를 통해 진행된다. 어떨 땐 사육사들은 어미의 모유 생산을 유지하려 애쓰는 동시에 (어미가 마침내 자신의 역할에 관심을 갖기 시작한다면) 모자가 다시 만날 수 있기를 바라며 암컷의 젖을 짜는 데 기댈 수밖에 없다. 종 보존에 대한 헌신은 끝이 없다. 100킬로그램짜리 곰의 젖을 짜는 사람이 되는 걸 상상해보시길!

거대가시대벌레

학명	*Extatosoma tiaratum*
사는 곳	오스트레일리아
특징	개미를 흉내내며 실제로 매우 비슷함. 전갈로 따라할 수 있음.

인상깊었던 제임스 본드의 장비가 있다면 하나씩 떠올려보자. 영국 비밀정보국 연구개발부서의 기발한 Q가 제공한 장비들은 곤경에 처한 007을 항상 구해준다. 그리고 본드가 Q의 뛰어난 발명품 가운데 동물 비슷한 걸 갖고 있었다면 그건 분명히 거대가시대벌레일 것이다. 잎을 먹는 이 호주산 절지동물은 어떤 특수요원도 당황시킬 만한 엄청난 능력자다.

같은 과에 속하는 구성원들과 마찬가지로 이 대벌레는 주변 환경에 녹아 들어가는 시각적 위장을 구사한다. '호주 지팡이'라고도 불리는 이들은 나뭇잎과 비슷하게 생겼다. 서식지에 따라, 대벌레의 색깔은 마른 잎 또는 (고도가 높은 곳에서는) 이끼류와 비슷하다. 이들이 오랫동안 꼼짝하지 않을 때 주변에 녹아드는 능력이 빛을 발한다. 이리저리 움직이면 조심스럽게 진화한 의상이 불필요해지기 때문이다. 그러나 그들이 흉내 내는 나뭇잎이 바람에 날리는 경우 문제가 발생한다. 배경은 움직이는데 자신은 가만히 있으면 마찬가지로 모습이 드러나기 때문이다. 다행히 거대가시대벌레는 행동 은폐를 익혔다. 강해지는 공기 움직임을 감지하면 다리를 흔들고 떨기 시작하며 더욱 생생한 나뭇잎으로 변신한다.

첩보원 전술은 성체가 구사하지만, 호주 지팡이가 가진 비밀 요원 도구 상자의 가장 큰 특징은 삶의 단계마다 딱 들어맞는 장비를 갖추고 있다는 점이다. 대벌레의 생은 어미가 나무에서 땅으로 떨군 알에서 시작된다. 참고로 스틱 레이디는 (놀랍도록 멋진 외모는 제외하고) 본드 걸과 닮지 않았다. 수컷이 주변에 없으면 암컷은 곤경에 빠지기는커녕 처녀 생식을 통해 스스로 알을 낳는다. 물론 이런 경우가 많지는 않지만, 어떤 알이든 없는 것보다는 낫다. 이 알들은 개미가 가장 사랑하는 먹이 중 하나다. 개미는 알을 둥지로 가져가 지질이 풍부한 바깥층을 먹고 나머지는 쓰레기 더미에 버린다. 그곳에서 알이 부화하는 데는 몇 달이 걸린다. 부화한 대벌레 유충은 주황색 머리, 어두운 몸, 빠른 움직임을 지녀 개미와 매우 흡사하다. 이들은 심지어 더더욱 개미처럼 보이도록 복부를 만다. 대벌레 유충의 개미시늉(개미를 흉내 내는 습성으로 깡충거미 일부에서도 찾아볼 수 있다. 71쪽 참고)은 새나 파충류와 같은 시각성 포식자를 혼란시킨다. 약충이라 불리는 갓 부화한 유충들은 성체가 되어 살 집인 나무 숙소로 빠르게 기어오르며 모습을 드러낼 때 이러한 방식으로 몸을 보호한다.

약충은 생애 첫 며칠 동안만 개미처럼 보이고 자라면서 성체 대벌레와

왠지 익숙한 나를 닮은 동물 사전

비슷해지기 시작한다. 그럼에도 이들은 초기 정찰에서 또 다른 멋진 특성을 활용한다. 갓 부화한 유충은 개미 껍데기를 뒤집어쓰는 것 외에도 활공 능력이 있고(다리 한 개 또는 여섯 개 전부가 미끄러질 때를 대비한 유용한 보험이다), 심지어 연못을 건너야 할 땐 물 위를 걸을 수도 있다.

대벌레가 탈피를 마치고 성체의 모습을 갖추게 되면 성적 이형성이 분명하게 나타난다. 성별에 따라 생김새와 방어 전략이 다르다는 말이다. 암컷은 몸길이 최대 20센티미터 정도로 몸집이 더 크다. 또한 가시가 많고 몸이 넓적하며 위험에 처하면 뒷다리를 집게발로 사용해 상대의 피를 볼 수 있다. (몸길이 최대 12센티미터로) 암컷보다 작은 수컷은 늘씬하다. 날개가 있어 위험으로부터 날아 도망가거나 경고 표시로써 불시에 휙 내보이는 데 쓴다. 또한 위협을 받으면 대벌레는 가시투성이의 복부를 위로 말아 올려 전갈인 척한다. 딸깍하는 경고음도 낸다. 무엇보다 이들은 입에서 화학적 분비물을 낼 수 있는데 그 냄새는 좀 놀랍게도… 토피, 캐러멜 과자향이다. 제임스 본드 시리즈의 다음 편에서 007이 물 위를 걷고 나무 사이를 활공하며 악당과 마주했을 때 희미한 캐러멜 향을 풍기길 바랄 뿐이다.

이와사키
스네일이터

학명	*Pareas iwasakii*
사는 곳	미국 열대지방, 일본, 동남아시아 등
특징	달팽이를 너무 좋아해 턱이 비대칭으로 발달함.

달팽이 요리 먹을 친구? 놀랄 정도로 많은 뱀이 이 질문에 손을 번쩍 들 것이다. 그러니까 손이 있다면 말이다.

연체동물을 먹는 뱀은 '구이터goo-eaters'(끈적거리는 걸 먹는 동물)로 분류된다. 그렇다, 이건 파충류학자가 사용하는 전문 용어다. 이들은 달팽이, 민달팽이, 지렁이류, 어쩔 땐 양서류알까지 끈적끈적한 모든 것을 먹는다. 점액에 예민하지 않는다면 민달팽이를 먹기 쉽지만(구이터들은 민달팽이 식사 후 입을 땅바닥에 부지런히 닦을 것이다), 달팽이는 좀 문제다. 포장된 채로 오니까. 어떤 뱀들은 달걀과 같이 껍데기가 있는 물체를 눈이 휘둥그레질 정도로 통째로 잔뜩 삼켜서 몸속에서 껍데기를 부순 뒤 뱉어내는 방식으로 처리한다. 구이터는 훨씬 더 정교하다. 그들은 껍데기를 깨지 않고 달팽이 몸만 쏙 빼내기 위해 다양한 방법을 구사한다. 손가락이 없는 생물로서는 엄청난 위업이다.

미국 열대지방의 클라우디스네일이터와 같은 일부 구이터는 달팽이 추출용으로 '걸어 빼내기' 기술을 사용한다. 이 방법은 달팽이를 마늘 버터로 조리하는 점을 제외하면 프렌치 레스토랑에서 식용 달팽이를 다루는 것과 비슷하다. 파충류는 입으로 달팽이의 머리를 단단히 붙잡은 다음 나뭇가지나 뾰족한 바위같이 연체동물을 걸 만한 적절한 물체를 찾을 때까지 질질 끌고 간다. 거는 장치는 양식집에서 요리를 제자리에 고정하기 위해 사용하는 달팽이용 집게와 같다. 그런 다음 뱀은 꼬리로 몸을 바닥에 단단히 고정하고 근육을 불룩대며 달팽이용 포크, 즉 민첩하지만 튼튼한 턱으로 달팽이 몸을 쏙 빼낸다. 짠!

일본의 이와사키스네일이터나 동남아시아의 파레이데과 뱀들은 달팽이용 포크를 한 단계 더 세련되게 만들었다. 비대칭 먹이를 효과적으로 뽑아먹기 위해 아래턱뼈를 비대칭으로 발달시킨 것이다.

사람과 마찬가지로 달팽이도 오른손잡이(덱스트랄)와 왼손잡이(시니스트랄)가 있다. 단 연체동물의 경우 오른손, 왼손은 껍데기의 나선이 감기는 방향을 나타낸다. 나선의 방향은 생식기를 비롯한 내부 장기의 위치에 영향을 주며, 이는 덱스트랄 달팽이와 시니스트랄 달팽이 사이의 생식 비호환성을 초래한다. 결과적으로 한 지역 내에서는 오른손잡이나 왼손잡이 유형 둘 중 하나가 지배적이다. 일치하는 짝을 찾으면 같은 나선 방향을 가진 달팽이가 더 많이 탄생하기 때문이다. 오른손잡이 달팽이는 전 세계에 널리 퍼져 있기 때문에 이를 먹는 뱀은 훌륭한 준비 자세를 갖추고 있다. 실제로 이 와사키스네일이터가 바로 그렇다. 오른쪽 아래턱의 이빨은 26개지만 왼쪽 에는 18개만 있다. 뱀은 이 두 개의 턱뼈를 따로따로 움직일 수 있으며, 달팽 이를 잡은 후 오른쪽과 왼쪽 아래턱을 번갈아 집어넣으며 달팽이 몸체를 껍 데기 밖으로 능숙하게 빼낸다.

이 비대칭 메커니즘은 덱스트랄 달팽이를 먹는 데는 매우 효율적이다. 하지만 시니스트랄 달팽이를 움켜잡기는 매우 어렵다. 즉 이와사키 스네일 이터가 있는 지역에서는 왼손잡이 달팽이가 유리하다는 의미다. 왼쪽-오른 쪽 전환은 단일 유전자에 의해 결정되기 때문에 오른손잡이 달팽이 포식은 진화의 동인으로 작용해 왼손잡이 달팽이를 더 증가시킨다. 실제로 동남아 시아에서는 파레이데과 뱀들이 오른손잡이 달팽이를 포식한 탓에 왼손잡 이 달팽이의 다양성이 엄청나게 높아졌다.

시니스트랄 달팽이를 만날 일이 거의 없는 이와사키스네일이터는 그 들을 빼내는 방법을 모른다. 그러나 시니스트랄 달팽이를 만날 가능성이 더 높은 파레이드과의 다른 종 뱀들은 먹잇감이 올바른 방향으로 감겨 있는지 더 빨리 판단하고, 달팽이를 빼내는 데에 들어가는 노력을 아끼기 위해 다양 한 접근 방식을 취할 수 있다. 이 모든 이야기는 달팽이 껍데기를 벗기는 방 법은 여러 가지라는 사실을 알려준다.

깡충거미

학명	*Toxeus magnus*
사는 곳	지구 곳곳
특징	개미로 위장하기 위해 앞다리를 개미 더듬이처럼 흔들며 적을 피함.

깡충거미 또는 살티시드salticid는 거미과에 속하며 6000종(전체 거미 종의 13퍼센트) 이상을 차지한다. 이들은 보통 몸길이가 1~25밀리미터로 작은 편이다. 또, 강아지 눈처럼 커다랗고 정면을 응시하는 주눈 덕분에 모든 거미 가운데 가장 귀엽게 생겼다. 귀여운 눈은 사랑받기 위해 존재하지는 않는다. 깡충거미의 시각은 무척추동물 가운데 가장 예민하다. 두 개의 주눈 외에도 말 그대로 머리 뒤에 자리 잡은 한 쌍을 포함해 6개의 눈이 더 있어서

시야가 360도로 펼쳐진다.

이렇듯 최고의 장비를 갖춘 살티시드는 믿을 수 없을 정도로 유능한 주행성 포식자이다. 그들은 먹이를 잡기 위해 거미줄을 만드는 대신 다양한 매복과 스토킹 기술을 구사하고 먹잇감을 직접 공격한다. 하지만 뛰어오를 땐 만약을 위해 안전줄로 거미줄 한 가닥을 바닥에 묶어 둔다. 이들은 몸길이의 약 50배를 뛰어오른다. 거미줄 가닥을 이용해 자신들을 의심하지 않는 먹잇감에 몸을 내릴 때도 있다. 또한 이들은 목표가 잠깐 시야에서 멀어진 후에도 복잡한 경로로 먹잇감을 계속 따라갈 수 있다.

일부 살티시드는 다른 거미와 좀 까다로운 관계다. 이들은 왕거미과에 속한 거미들처럼 줄로 집을 짓는 종의 거미줄에 들어가서 덫에 걸린 곤충을 훔칠 수 있다. 그런데 딱 거기서 멈춘다. 왜일까? 이 교활한 사냥꾼은 거미줄 위를 천천히 걸으며 마치 갇힌 곤충이 버둥대는 마냥 다리와 발톱으로 작은 진동을 일으킨다. 집주인은 저녁 식사를 위해 부지런히 달려왔다가 살티시드의 만찬이 된다.

거미줄을 자아내는 거미뿐만 아니라 다른 깡충거미도 메뉴판에 이름을 올린다. 그 때문에 일부 살티시드 종은 개미, 딱정벌레, 말벌과 같은 다른 무척추동물로 위장하는 영구적인 핼러윈 의상을 개발했다. 비록 개미 전용 사냥꾼인 깡충거미도 있긴 있지만, 개미시늉 다시 말해 개미 생김새 흉내 내기(거대가시대벌레에서도 볼 수 있는 습성이다. 65쪽 참고)는 일반적으로 포식을 피하는 데 도움이 된다. 개미의 강력한 깨물기와 화학적 방어는 이들을 위험한 먹잇감으로 만든다. 거미의 위장은 매우 실감 난다. 이들은 더 개미처럼 보이게 하는 '가짜 허리'가 있고 앞다리 쌍을 더듬이인 마냥 흔들어댄다. 그

> 이 교활한 사냥꾼은 거미줄 위를 천천히 걸으며 마치 갇힌 곤충이 버둥대는 마냥 다리와 발톱으로 작은 진동을 일으킨다.

러나 개미를 모방하는 거미 중 하나로 대만에 서식하는 톡세우스 마그누스는 완전히 다른 이유로 특별하다. 바로 새끼에게 젖을 먹인다는 것이다.

뭐, 이 젖이 포유류의 모유와 정확히 같다고 보기는 어렵다. 거미에게는 작은 젖꼭지나 젖을 빨기 위한 입술이 없으니까. 하지만 거미의 젖은 우유 단백질의 4배에 달하는 단백질을 함유한 영양 만점 물질이다. 첫 20일간 어미 거미가 둥지에 새로운 먹이를 가져오지 않는데도 갓 부화한 새끼 거미의 몸집은 그동안 3배 이상 커진다.

노르스름하고 건강에 좋은 분비물은 어미의 복부 홈(알을 낳는 데 쓰이는 복부 아랫부분의 구멍)에서 나온다. 어미는 우선 새로 부화한 새끼들이 마실 수 있도록 둥지 안에 분비물을 방울방울 흘려둔다. 새끼들이 부화한 지 일주일이 지나면 어미의 배에서 곧바로 젖을 빨아 먹는다. 생후 3주가 되면 젖을 떼도 살아남을 확률이 높지만, 부화한 첫날 모유를 먹지 못한 새끼는 생존하지 못한다. 새끼들을 끔찍이 아끼는 어미는 새끼가 다 자라고 난 후에도 한참 후까지 젖을 먹이지만, 아들은 딸보다 훨씬 일찍 떼어내고 짐을 싸서 내보낸다. 아마도 근친교배를 피하기 위한 것으로 보인다. 새끼가 어미와 함께 있는 동안 어미는 둥지를 청소하고 단장해 가족들이 기생충에 감염될 위험을 줄인다. 다 큰 자식을 돌보고 씻기기까지 한다? 살티시드는 헌신적인 모성을 새로운 경지로 끌어올린다.

노래기

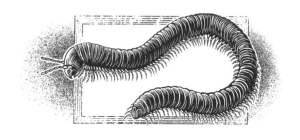

학명	class Diplopoda
사는 곳	지구 곳곳
특징	독을 내뿜을 줄 아나, 원숭이에게는 향수로 이용당함.

동물계에서 가장 다리가 많은 벌레는 다지아문에 속하는 절지동물, 노래기와 지네다. 이들의 이름은 각각 '다리 천 개Millipede'(노래기)와 '다리 백개centipede'(지네)를 의미한다. 몸이 납작하고 육식성인 지네는 종에 따라 30~382개의 다리를 갖고 있어 실제로 예상되는 다리 갯수를 초과한다(희한하게도 지네 다리 쌍의 개수는 항상 홀수다). 이와는 달리 성질이 유순하고 부식물을 먹고 사는 노래기(배각강에 속하며 약 1만 2000종이 있다)는 그에 미

치지 못해 다리 천 개라는 목표를 달성하지 못한 것으로 여겨졌다. 아마도 후자는 이중 지네bicentipedes라고 불렀어야 할 텐데, 몸의 마디가 쌍으로 융합돼 마디당 다리 수가 지네의 두 배이기 때문이다. 그러나 2021년 지구상의 다른 어떤 생물보다 많은, 1306개라는 말도 안 되는 수의 다리를 뿜내는 오스트레일리아 출신의 작은 노래기 에우밀리페스 페르세포네*Eumillipes persephone*가 발견됨으로써 노래기의 명예는 마침내 회복되었다.

노래기는 탈피함에 따라 신체 부위의 수가 늘어나는데, 이러한 과정을 개형변태anamorphosis라고 한다. 여러 체절로 이루어진 몸체와 모든 다리는 땅굴을 효율적으로 파는 데 도움이 된다. 일부 종은 체절을 모두 합친 개수가 정해져 있지만, 다른 종은 예전 노키아 휴대전화에 있던 '스네이크' 게임과 묘하게 비슷하다. 다시 말해 나이가 많을수록 체절 수도 늘어난다. 생물분류학적으로 본다면 노래기는 노키아 3310보다 훨씬 더 오래됐다 : 노키아 3310은 2000년에 출시되었다. 스코틀랜드에서 발견된 네우모데스무스 네위마니 *Pneumodesmus newmani* 화석은 약 4억 1400만 년 전인 데본기 초기 시대로 거슬러 올라간다. 노래기는 가장 오래된 공기 호흡 육상 동물 기록 보유자다.

가장 긴 노래기인 아프리카 숀고롤로의 몸길이는 33센티미터를 넘는다. 가장 짧은 종은 길이가 몇 밀리미터에 불과하다. 몸이 부드럽고 털이 보송보송한 노래기부터 타원형, 쥐며느리 모양, 길고 지렁이 같은 생김새까지 몸의 형태도 다양하다. 크루리파르키멘 바간스*Crurifarcimen vagans*라는 이름을 가진 종은 꽤 어울리게도 문자 그대로 직역하면 '방랑하는 다리 소시지'다.

다리 소시지는 이동 속도가 느리고 보통 혼자 다니긴 하지만 이름에서 예상하는 것만큼 자주 먹히진 않는다. 곤충, 새, 파충류, 양서류, 포유류의 먹이이긴 하나 많은 종이 불쾌한 화학 물질을 분비해 자신을 지킨다. 이 물질에는 알데하이드, 퀴논, 염소, 아이오딘이나 사이안화수소가 포함돼 있어 포식자 후보에게 독, 자극물, 아니면 진정제 역할을 한다. 노래기는 대부분 검은색이나 갈색이지만, 독성은 색상 경고(경계색)와 함께 나타나는 경우가 많기에 일부 종은 진분홍색이나 쨍한 빨간색 외관을 자랑한다.

이 역겨운 분비물은 소위 양날의 검이 되기도 한다. 건드리지 말라는 신호인데도 미어캣, 꼬리감는원숭이, 여우원숭이와 같은 일부 포유동물은 일부러 노래기를 야금야금 갉아먹으며 자극해 독성 물질을 내뿜도록 만든다. 그런 뒤, 다리가 여러 개 달린 로션을 쓰는 것처럼 타액과 노래기 분비물의 혼합물을 자신의 몸에 바른다. 대부분은 노래기 분비물을 약물이나 방충제로 사용한다. 그러나 검은여우원숭이와 같은 몇몇 동물은 단지 취하기 위해 이들을 씹어댈 가능성이 있다. 붉은이마여우원숭이는 짐작건대 장내 기생충을 제거하기 위해 주로 엉덩이, 생식기, 꼬리를 문지르는 데 집중함으로써 부상자를 더욱 모욕한다.

모든 동물이 다리가 긴 절지동물과 이처럼 불쾌한 관계만 맺고 있는 건 아니다. 일부 노래기 종은 개미와 긴밀한 관계를 맺는 개미동물myrmecophiles 이다. 특히 군대개미는 개미집의 흙, 곰팡이, 유기 잔해물을 먹으며 무료 청소 서비스를 제공하는 노래기 가정 도우미를 매우 좋아하는 것으로 보인다. 군대개미가 새로운 장소로 이동할 때, 노래기 떼는 행렬과 함께 이동한다. 뒤처져도 개미가 남긴 화학적 표시를 따라잡을 수 있다. 때로는 일개미가 노래기를 들어 옮기기도 한다. 셀 수 없이 많은 다리가 빠른 걸음까지 보장하지는 않는 법이다.

THE MODERN BESTIARY

점박이도롱뇽

학명	*Ambystoma* spp.
사는 곳	북아메리카
특징	오로지 암컷으로만 이루어진 종이 있음.

'남자 없는 여자는 자전거 없는 물고기와 같다.' 이 말은 이리나 던Irina Dunn
이 만든 1970년대 페미니스트 슬로건이다. 그러나 아마도 더 나은 비유는
수컷 없이 500만 년 동안 살아온 두더지 도롱뇽 계통인 점박이도롱뇽속 암
컷들일 것이다.

점박이도롱뇽은 북아메리카 출신의 도롱뇽 속으로 유명한 아흘로틀
우파루파로 잘알려져 있다를 포함해 32종이 속해 있다. 32종? 음, 뭐. 우리는 성생

활 측면에서 네발 달린 동물을 단순하게, 그러니까 괜찮은 종은 당연히 그래야 한다는 듯 모든 네발 동물이 엄마, 아빠, 자식 몇의 조합을 고수한다고 생각하는 경향이 있다. 하지만 두더지 도롱뇽은 모든 걸 엉망진창으로 만든다. 이들은 분류학자와 진화생물학자에게는 끔찍한 악몽인데 미국 오대호지역에 오로지 암컷으로만 이루어진 혈통이 서식하기 때문이다.

> 이들은 분류학자와 진화생물학자에게는 끔찍한 악몽인데 미국 오대호지역에 오로지 암컷으로만 이루어진 혈통이 서식하기 때문이다.

무엇보다 이게 가장 궁금할 것이다. 그들이 어떻게 살아남을 수 있었을까? 유성생식은 동물계 전체에 퍼져 있다. 이 방법의 가장 큰 장점은 유전적 재조합 즉 서로 다른 개체의 유전 물질을 섞어 다양한 개체군을 생성하는 것이다. 다양성은 자연 선택에 더 많은 선택지를 제시해 재난이 닥쳤을 때 적어도 일부 개체가 생존하고 새로이 적응할 가능성이 존재한다. 그렇긴 하지만 고전적인 생식 루트를 벗어나 번식하는 종들도 있다. 예를 들어 일부 동물은 무성생식을 통해 다른 유기체의 유입 없이 자신의 클론을 만든다. 하지만 모두 여성인 점박이도롱뇽 속은 이와 달리 단성이다.

80종가량의 단성 척추동물은 세 가지 번식 방식 중 하나를 택한다. 처녀생식은 수정 없이 난자 홀로 발생하는 방식이다. 자성생식은 처녀생식과 비슷하지만, 난자의 발생을 활성화하려면 정자 세포가 필요하다(정자의 유전 물질이 자손에게 기여하진 않는다). 마지막으로 혼성생식은 수정이 일어나긴 하지만 수컷의 유전자가 다음 세대로 전달되지 않는 방식이다. 단성 점박이도롱뇽은 자성생식을 한다. 이들이 난자를 생산하려면 정자가 필요하다. 이를 위해 도롱뇽들은 절취생식hybridogenesis에 기댄다. 같은 지역에 사는 다른 네 종의 도롱뇽 수컷에게서 정자를 훔친다는 이야기다. 도롱뇽 수컷은 보통 암컷이 수정용으로 사용할 작은 정자 꾸러미를 흘려 둔다. 그러

왠지 익숙한 나를 닮은 동물 사전

나 단성 점박이도롱뇽 숙녀들은 번식 기능을 활성화하기 위해 정자를 갖다 쓴 다음 버려 버리고 자신의 클론을 만들어내는 걸 선호한다. 이 과정이 좀 쉽게 느껴지는 암컷들은 유전적으로 동등한 선택과 혼합 과정을 거치며 수컷의 유전자를 자손에 전달해 매우 복잡한 게놈을 생성하기도 한다.

인간은 엄마와 아빠로부터 각각 하나씩 두 세트의 유전자를 받는 이배체다. 그러나 단성 두더지 도롱뇽은 3배체, 4배체, 심지어 5배체일 수도 있다. 또 여러 종의 이웃 수컷들로부터 받은 유전자를 하나의 난자와 결합할 수도 있다. 이는 여러분의 DNA에 엄마, 아빠의 유전자는 물론 고릴라, 침팬지, 오랑우탄의 유전자도 포함되어 있다는 사실을 밝혀낸 것과 비슷하다. 게놈 짜맞추기 방식은 전통적인 종의 개념을 산산조각 낸다.

이 단성 도롱뇽들이 죄다 별도의 네 종에 속하지 않는다는 사실을 어떻게 알 수 있을까? 단서는 미토콘드리아 DNA다. 이 DNA는 엄마로부터만 물려받기 때문에 모계 혈통을 깔끔하게 판별할 수 있다. 점박이도롱뇽의 경우 미토콘드리아 DNA는 단성 점박이도롱뇽 전체가 유사하지만, 진화적 역사의 다양한 지점에서 유전 물질을 투입한 네 가지 '부모' 종과는 다르다. 흥미롭게도 단성 도롱뇽은 매우 성공적인 생물로 일부 개체군에서는 그 수가 성적 상대를 2 대 1로 압도한다. 점박이도롱뇽이야말로 걸파워의 원조 주창자일지도?

산지나무땃쥐

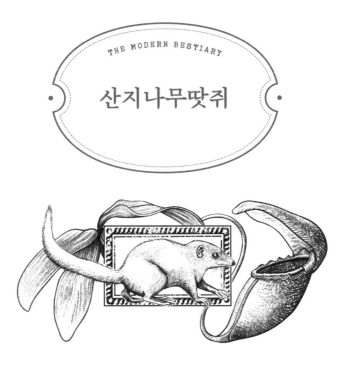

학명	*Tupaia montana*
사는 곳	동남아시아
특징	전용 변기를 가지고 있음.

나무땃쥐는 땃쥐가 아니고 모든 종이 나무에 살지도 않는다. 이들은 동남아시아에 서식하는 갈색의 작은 포유류로 코가 뾰족한 다람쥐와 비슷하게 생겼다. 분류학적으로 독특한 이 동물은 자신들로만 이루어진 목(나무땃쥐목)에 속하며 영장류의 가장 가까운 친척 중 하나다. 또한 포유류 중에서 몸 크기 대비 가장 큰 뇌를 자랑한다. 그렇다, 비율상 인간보다도 크다. 이런 특성에 더해 실험실 설치류보다 수명도 더 길기 때문에(9~12년) 나무땃쥐는 심

리사회적 스트레스, 근시, 바이러스 간염, 알츠하이머병을 파헤치는 생의학 연구에 쓰인다. 하지만 야생에서 나무땃쥐는 또 다른 책임을 지고 있다. 보르네오에 사는 나무땃쥐 종인 산지나무땃쥐는 식물과 매우 특별한 관계를 누린다.

대부분 식물과 동물의 관계는 일방적이다. 동물이 식물을 먹는 것이다. 그러나 때로는 관계가 역전될 때도 있다. 식물은 이미 시련을 겪고 있다. 생존하려면 질소나 인과 같은 원소가 필요한데 움직이지 못하기에 이런 물질을 얻기 어렵다. 특히 영양이 부족한 열대 토양에 고정돼 있다면 더더욱 그렇다. 일부 식물이 영양을 보충하기 위한 독창적인 해법을 개발하는 것은 놀랍지 않다. 예를 들어 박테리아나 곰팡이와 친교를 맺고 공생하는 식으로 말이다. 영양 만점의 푸짐한 식사를 할 기회를 늘리기 위해 몇몇 식물은 일반적으로 동물의 주특기인 묘책을 쓴다. 육식 말이다. 파리지옥은 덫과 같은 방식으로 잎 사이에 파리를 가두고 끈끈이주걱은 끈적끈적한 표면에 곤충을 찰싹 붙이며 주머니가 달린 벌레잡이풀은 변형된 잎으로 이루어진 함정으로 순진한 곤충을 포획한다. 그러나 보르네오에 자생하는 네펜테스속 벌레잡이풀들은 전혀 예상치 못한 것으로 육식 메뉴를 보강한다.

보르네오의 거대한 벌레잡이통풀 네펜테스 라야흐*Nepenthes rajah*는 미끄럽고 가벼운 일반적인 곤충 포획용 주머니 대신에 훨씬 더 크고 넓으며 견고한 용기를 발달시켰다. 거기에 더해 주머니의 '뚜껑'에서는 버터 같은 농후한 즙이 나온다. 무엇 때문일까? 곤충보다 더 큰 먹잇감을 사냥하는 걸까? 가끔은 그렇다. 네펜테스 라야흐는 포유류를 잡아먹는 것으로 알려진 세 가지 벌레잡이통풀 종 가운데 하나다. 작은 양서류와 파충류도 포획할 수 있다. 그러나 이는 독특한 적응의 주된 이유가 아니다.

보르네오의 거인은 산지나무땃쥐와 흥미로운 거래 중이다. 나무땃쥐는 잡식성으로 주로 절지동물과 과일을 먹지만 인간과 마찬가지로 달달한 것도 좋아한다. 벌레잡이통풀에서 흘러나오는 버터같이 끈적한 단물에 접근하려면 (몸무게가 150그램이 넘는 동물을 지탱할 수 있을 만큼 튼튼한) 주머니에 올라타야 한다. 먹이를 먹은 후 나무땃쥐는 배설물을 떨어뜨린다. 똥은 작은 나무땃쥐의 변기로 역할을 바꾼 주머니 안에 바로 떨어진다. 적응의 위업으로 식물은 나무땃쥐의 엉덩이 넓이와 딱 들어맞도록 진화했다. 매우 안전하고 가장자리가 넓으며 편안하다. 또한 구멍의 모양과 뚜껑의 방향으로 인해 나무땃쥐는 목표물을 정확히 조준하기 위해 주머니 위에 안착하게 된다. 식물에게는 다행스럽게도 나무땃쥐는 매우 영양가 있는 비료를 생산한다. 섭취한 먹이가 한 시간도 안 되는 시간 동안 매우 빠르게 소화 기관을 통과하는 바람에 식단에서 흡수되는 영양소가 적기 때문이다. 거래는 매우 성공적이어서 같은 방식을 사용하는 다른 종인 로우 벌레잡이통풀은 필요한 질소의 57~100퍼센트를 나무땃쥐의 배설물에서 얻는다.

나무땃쥐는 각각 선호하는 주머니 급유지가 있어 분비샘으로 찜해 둔다. 이들은 주로 낮에 방문한다. 밤이 오면 식물은 설치류인 키나발루쥐용 요강이 된다. 벌레잡이통풀은 추가 신호로 뚜껑 아래쪽을 나무땃쥐가 볼 수 있는 파란색과 녹색 파장대의 훨씬 더 밝고 대조되는 색상으로 강조해 특별한 시각 효과로 정글 휴게소를 광고한다(곤충을 먹는 벌레잡이통풀은 하지 않는 짓이다).

누군가에겐 똥이지만 다른 이에겐 보물이 될 수 있다는 말을 실제로 보여주는 이야기다.

말뚝망둥어

학명	subfamily Oxudercinae
사는 곳	열대성 맹그로브 숲
특징	물고기지만 땅 위로 올라와 앉을 수 있음.

'내 사전에 불가능은 없다.' 나폴레옹 보나파르트가 남긴 말이다. 단지 물고기라는 사실만으로 나무에 오르고 바위를 오르는 것을 주저하지는 않는 말뚝망둥어의 인생 모토이기도 하다.

　말뚝망둥어는 망둥이의 친척으로, 열대성 맹그로브 숲에 서식하는 옥수데르키나에아과의 32종을 의미한다. 말뚝망둥어의 학명은 좀 전통적으로 지어진 경향이 있다. 자이언트말뚝망둥어의 학명은 네덜란드의 의사이자 박물학자인 요한 알버트 슐로저를 기념하는 이름 페리오팔모돈 쉴로세리Periophthalmodon schlosseri이다. 퍼그헤디드말뚝망둥어의 학명은 프랑스 탐험가 루이 드 프리이시네를 딴 페리오말모돈 프레이키네티P. freycineti다. 심지어 뉴기니슬렌더말뚝망둥어의 학명 자파 콘플루엔투스Zappa confluentus는 음악가 프링크 자파가 '명확하고 현명하게 미국 수정헌법 제1조를 옹호한' 공로를 기리고자 붙은 이름이다 : 프랭크 자파는 미국 상원 청문회에 증인으로 출석해 미국 수정헌법 제1조, 표현의 자유를 지지한 바 있다.

프랭크 자파는 표현의 자유를 지지했고 말뚝망둥어 역시 그와 마찬가지로 결연하다. 그 어떤 것도 자신들을 방해하지 못하도록 할 것이다. 이들은 공기 호흡을 할 수 있고 육지에서도 버티는 '양서류형 어류' 중에서도 육지에 가장 잘 적응해 삶의 약 90퍼센트를 물 밖에서 보낼 수 있다. 폐가 없는데도? 문제없다. 이들은 커다란 아가미에 저장된 물을 통해서 숨을 쉬거나 입과 목의 내벽을 통해 직접 피부 호흡한다. 촉촉함만 유지된다면 무엇이든 가능하다.

탈수증이 일어나면? 말뚝망둥어에겐 해결책이 있다. 몸을 반질반질하게 유지하기 위해 주기적으로 진흙 속을 굴러다니는 것이다. 게다가 물에서 1분 이상 떨어져 있는 경우도 거의 없다. 활동하지 않을 때는 물이 들어찬 굴에 피신해 있는데, 이곳은 번식용으로도 쓰인다. 이들이 숙소를 지을 때 쓰는 진흙은 무산소 상태인 데다 만조에는 숙소가 몇 시간 동안 물에 잠기기 때문에 미리 산소를 비축해 놓는 말뚝망둥어도 있다. J자 모양의 굴에서 지표면과 떨어져 있는 불룩한 공간을 공기 호흡용으로 쓴다. 이들은 입 안에 외부의 신선한 공기를 채워 넣고 집 안으로 쑥 들어와 공기를 1분에 15회 이상 배출해둔다.

땅을 걸을 발이 없는데? 흥, 이 물고기는 지느러미로 걷는다고. 가슴지느러미에는 팔꿈치와 유사한 관절이 있는데, 말뚝망둥어는 이 관절을 이용해 사람이 목발을 짚고 걷는 것과 비슷한 동작으로 이동한다. 가슴지느러미가 몸통을 들어올리면 배지느러미는 몸통을 지탱한다. 배지느러미는 작은 흡착기처럼 어딘가에 달라붙거나 떨어지며 물체를 꽉 붙잡는다. 어떤 말뚝망둥어는 배지느러미로 나무를 오르기도 한다. 이 다재다능 물고기는 지느러미에 물을 거의 묻히지도 않고 물을 뛰어 건넌다. 그들은 꼬리로 수면을 쳐 뛰어올라선 나무, 바위, 아니면 또 다른 마른 땅에 도착해 가장 물고기답지 않게 앉는다.

나폴레옹이나 자파와 교감하지 않을 때 말뚝망둥어는 도널드 트럼프적 사고를 발휘하여 벽을 쌓는다. 말뚝망둥어는 엄청난 영역 동물로 3~4센티미터 높이의 칸막이를 쌓아 올려 다각형 영토의 경계선을 표시한다. 이들은 진흙 덩어리를 물고 운반해 건물을 짓는데, 하루 활동의 약 5퍼센트를 건축과 수리 작업에 할애한다. 이들의 영토는 영양가 있는 해조류 채집 장소가 되기도 한다.

다른 육식성 말뚝망둥어 종은 또 다른 난관을 마주한다. 혀가 없다는 것이다. 어쨌든 물고기는 혀에 관해서는 성공을 거둔 적이 없으며(대체 옵션에 대해서는 224쪽의 키모토아 엑시구아 참고) 보통 먹이가 들어 있는 물을 빨아들일 뿐이다. 그러나 육지에서는 음식물 조각들을 입 뒤쪽으로 밀어내 삼키게 해주는 근육질의 혀가 흡입보다 더 나은 선택지다. 그럼에도 불구하고 말뚝망둥어들은 해부학적으로 부족한 부분들을 혁신으로 보완한다. 이들은 혀가 있는 동물의 행동을 흉내 내 입에 물을 채우고 앞으로 움직여 먹이를 걸러낸 다음 다시 빨아들여 삼킨다.

말뚝망둥어의 다양한 해부학적 구조를 보면 척추동물이 물에서 육지로 올라온 과정을 조명할 수 있다. 해낸다는 태도는 육상 동물이 누리는 신체적 이점만큼 중요한 것 같다.

벌거숭이
두더지쥐

THE MODERN BESTIARY

학명	*Heterocephalus glaber*
사는 곳	동아프리카
특징	임신한 개체의 똥을 먹으면 모성애를 느낄 수 있음.

벌거숭이두더지쥐는 작은 설치류이지만 생리, 행동, 생태로 판단하건대 이들의 포부는 쥐 크기의 동물에서 기대하는 수준을 아득하게 뛰어넘는다. 지하에서 생활하는 이 동아프리카 서식종은 아마도 가장 포유류답지 않은 포유류일 것이다.

다른 이름인 모래 강아지는 너무 상냥한 표현이다. 벌거숭이두더지쥐가 흙 속에서 사는 건 맞지만, 전혀 강아지처럼 보이지 않는다. 겉보기에 이

왠지 익숙한 나를 닮은 동물 사전

설치류 동물은 인간의 성기로 오해받을 수도 있는 위풍당당 생명체 집단에 소속되어 있다. 털이 없고 피부가 쭈글쭈글하며 몸이 길쭉한 이들은 이 고상한 클럽 구성원 중 유일한 포유류이다. 벌거숭이두더지쥐와 벌거숭이 남성의 거시기의 확실한 차이점은 터널 파기에 쓰이는 구불텅하고 계속 자라나는 이빨이다. 입술 바깥쪽에 자리 잡은 이빨은 먼지가 입 안으로 들어가는 것을 방지한다.

통풍이 잘 안 되는 지하 미로는 모래 강아지에게서 독특한 특징을 갖게 했다. 이들은 체온을 일정하게 유지하는 훌륭한 포유류와 달리 열 순응성 동물이다. 파충류처럼 환경에 따라 체온이 변하고, 더 시원한 장소로 이동하거나 온기를 유지하기 위해 모이는 것 같은 행동에 따라서도 체온이 바뀐다. 하지만 옹기종기 모여 있는 것은 위험하다. 지하 방에는 산소가 부족하고 우르르 뭉친 덩어리(두더지쥐 가족 수는 300마리에 달한다)의 바닥부에서 자는 동물은 의식을 잃을 수 있다. 그럼에도 불구하고 이들은 대체로 저산소 조건에 매우 잘 적응했으며 산소 없이도 최대 30분 동안 생존할 수 있다. 이 능력은 또 다른 초능력과 연결된다. 벌거숭이두더지쥐는 통증 전달과 관련된 물질이 부족해서 특정 유형의 통증에 영향을 받지 않는다.

모래 강아지는 자신들이 작은 포유동물로서 겨우 몇 년만 살다 죽어야 한다는 사실을 잊어버린 것만 같다. 대신에 호랑이나 북극곰의 수명을 뛰어넘어 33년까지 살 수 있다. 더욱이 노화의 징후가 거의 없이 건강하게 노년기에 도달한다. 암에도 저항력이 있다.

아마도 이 설치류의 가장 흥미로운 특징은 집단생활일 것이다. 꿀벌, 개미, 그리고 얼마 안 되는 다른 무척추동물과 마찬가지로 벌거숭이두더지쥐는 진사회성eusocial('좋다', '훌륭하다'를 의미하는 그리스어 eu에서 유래) 또는 '진짜 사회적인' 동물이다. 그들은 노동 분업을 통해 아주 협동적인 생활을 한다. 다만 민주주의 사회와는 거리가 멀다. 일반 두더지쥐의 두 배 크기인 여왕은 물리적인 위협을 통해 자신이 거느린 군집을 복종시킨다. 여왕은 번식할 수 있는 유일한 암컷으로 소수의 번식 가능한 수컷과 교미한다. 나머지 구성원들은 생식 능력이 없으며, 먹이를 찾고 터널을 뚫고 새끼를 돌보며 군집 살림을 돕는다. 여왕이 죽으면 피비린내 나는 전투로 후계자를 결정하는데 가장 사나운 암컷이 왕좌를 이어받는다. 한편 이 종이 (군집이 모두 혈연으로 이루어져 있고 여왕이 자신의 형제나 아들의 새끼를 낳을 가능성이 높다는 점을 고려하면) 아무리 근친교배에 관대할지언정 특수한 '분산자disperser' 변이에 속하는 수컷도 일부 존재한다. 분산자는 몸에 지방 조직이 더 많고 야행성인 데다 굴을 떠나는 경향이 있다. 이들은 짝짓기 기회가 있는 새로운 군집을 찾기 위해 최대 2킬로미터까지 이동한다.

　벌거숭이두더지쥐 여왕은 포유류 가운데 한배로 품는 새끼 수가 가장 많은 동물로 한 번에 최대 28마리까지 낳을 수 있다. 그래도 새끼를 돌보는 일은 크게 부담스럽지 않다. 한 달 동안의 양육이 끝나면 어미는 자식들을 손위 형제들에게 넘긴다. 이들은 동생들에게 (물론 형동생 관계로) 똥을 먹인다. 모래 강아지는 영양분을 최대한 얻기 위해서는 여러 번 소화해야 하는 식물 뿌리와 덩이줄기를 먹기 때문에 식분증, 다시 말해 똥을 먹는 습성은 이들에게 특이한 일이 아니다(다른 동물들도 같은 행위를 한다. 56쪽 굴토끼 참고). 여왕은 군집의 육아도우미를 조종하는 수단으로도 배설물 만찬을 쓴다. 여왕이 임신하면 배설물에 포함된 호르몬이 여왕의 똥을 먹는 나머지 무리에게 모성 본능을 불러일으킨다. 괴롭힘과 쓰레기 같은 식사의 조합은 지하 조직을 통치하는 매우 효과적인 방법인 것 같다.

왠지 익숙한　나를 닮은 동물 사전

천산갑

학명	order Pholidota
사는 곳	아시아, 아프리카
특징	길이가 40cm인 혀는 골반부터 이어져 있음.

겁 많고 온순한 천산갑은 2020년, 이들이 코로나19 바이러스의 중간 숙주일 가능성이 있으며 중국에서 광범위하게 일어나는 야생동물 불법 거래가 코로나19 대유행의 원인이라는 중국 광저우 연구자들의 발표로 국제적인 악명을 얻게 됐다. 천산갑과 사람의 코로나19 바이러스를 비교한 후 전자는 무죄로 판명났지만, 먹거리와 전통 의료용으로 이루어지는 야생동물 거래는 여전히 동물 매개 질병의 주요 원인이자 생물 다양성 손실의 가장 큰 이유

중 하나다. 천산갑은 세계에서 가장 많이 밀매되는 생물이라는 슬픈 기록을 가지고 있는데 2000년에서 2013년 사이에만 전 세계에서 약 100만 마리가 밀매됐다. 밀매는 지금까지도 계속되는 것 같다.

천산갑은 유린목의 유일한 구성원으로 아시아에 사는 4종과 아프리카에 사는 4종이 있다. 몸길이는 40센티미터인 긴꼬리천산갑부터 140센티미터짜리 큰천산갑까지 다양하다. 이들은 포유류 중 유일하게 온몸이 케라틴 성분의 비늘로 덮여 있는데, 아시아 전통 의료의 핵심 성분 중 하나로 쓰이는 이 비늘이 멸종의 주요 원인이다. 생화학적 관점에서 보면 천산갑은 발톱으로 뒤덮인 것과 다를 바 없지만, 비늘은 젖의 양을 늘리고 부종을 줄이며 류머티즘과 천식을 치료하는 것으로 알려졌다. 더욱이 천산갑 고기는 별미이자 사회적 지위의 상징으로 소비된다.

아프리카 전역에서도 마찬가지로 천산갑을 의약, 영적, 요리 목적으로 쓰지만, 아시아에 사는 천산갑의 수가 급감하면서 중국과 베트남으로 수출되는 양이 늘고 있다. 동남아시아에 가까울수록 종을 향한 위협은 더 커진다. 귀천산갑, 팔라완천산갑, 말레이천산갑은 절멸 위급에 처한 것으로 분류되고 인도천산갑과 두 종의 아프리카 서식종은 절멸 위기 상황이며 나머지 두 아프리카 종은 취약으로 분류된다. 하지만 아프리카의 천산갑이 대규모로 수출되고 있고 나이지리아가 가장 큰 밀매 허브 중 하나로 부상하고 있는 탓에 이 지역의 천산갑도 야생에서 사라지기까지는 그리 오래 걸리지는 않을 것이다. 나이지리아에서만 2010년부터 2021년 사이에 천산갑 80만 마리분의 비늘이 압수됐다(그리고 이건 그저 적발된 양에 불과하다). 설상가상으로 미국에서 무늬가 있는 카우보이 부츠를 만들기 위해 역사적으로 꾸준히 이어진 천산갑 가죽의 수요가 천산갑의 감소에 더욱 박차를 가했다.

그렇다면 천산갑 자체는 어떨까? 갑옷 아래에 있는 그들의 긴 주둥이에는 어리둥절하고 약간 긴장한 듯은 하지만 마음만은 따뜻한 순수한 표정이 담겨 있다. 이 야행성이고 홀로 사는 내향형 동물은 위협을 받으면 몸을 공 모양으로 돌돌 만다. 이 과정을 과학 용어로는 볼바시옹volvation, 말레이어로는 뼁굴링pengguling(천산갑의 영어 이름 Pangolin의 어원)이라고 한다. 강하고 날카로운 비늘은 사자나 하이에나만 한 크기의 포식자로부터 그들을 보호하지만, 비늘 달린 축구공을 포상금 가방에 던져넣는 밀렵꾼으로부터는 보호해주지 못한다. 또한 아프리카에 서식하는 사바나천산갑은 목장 주변에 설치된 전기 울타리 때문에 감전 사고의 위협에 처했다. 전기는 볼바시옹에 영향을 받지 않으니 말이다.

몸을 말지 않을 때는 먹이를 찾는다. 이들은 거의 개미와 흰개미만 먹고 사는데, 앞발의 큼지막한 발톱으로 땅을 판 뒤 끈끈한 타액으로 뒤덮인 길고 가느다란 혀로 먹이를 퍼낸다. 만약 천산갑이 겉보기에 이상하다고 생각한다면, 속은 훨씬 더 이상하다. 길이가 40센티미터에 이르는 혀는 직관에 반해 줄자처럼 돌돌 말리지 않고 몸통을 지나 골반에 붙어 있다. 천산갑은 이빨이 없기 때문에 새와 마찬가지로 일종의 모래주머니로 먹이를 갈아 먹는다. 천산갑 위장의 두껍고 근육질인 부분 안에는 음식을 짓이기는 데 도움이 되는 작은 돌인 위석이 있다. 게다가 말레이천산갑과 귀천산갑의 위장에는 소화 작용을 더 수월하게 해주는 비늘 모양의 각질화된 가시인 '유문치pyloric teeth'가 늘어섰다. 외부와 내부 모두 비늘이 있는 셈이다.

천산갑의 생태는 거의 연구되지 않았고 그 어느 종도 사육 상태에서는 제대로 번식하지 않기 때문에 천산갑의 사생활은 여전히 수수께끼에 싸여 있다. 이 고고한 별종들에 대한 더 많은 연구와 더 나은 인식이 이루어져야 이들이 비늘 더미가 아닌 생명체로서 제대로 평가받을 수 있을 것이다.

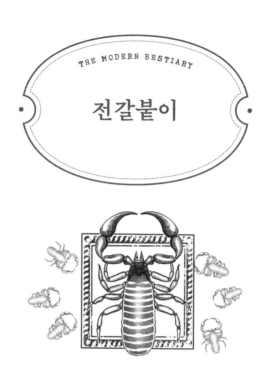

THE MODERN BESTIARY

전갈붙이

학명	*Paratemnoides nidificator*
사는 곳	캐나다, 호주, 열대지방
특징	장거리 이동 시에는 히치하이킹을 함.

뚜렷한 집게발 때문에 전갈붙이는 더 크고 더 잘 알려진 사촌인 전갈의 미니
버전처럼 보인다. 이들은 또 다른 사촌인 거미와 마찬가지로 거미줄을 생산
할 수 있다. 전갈붙이는 몸집이 작은(길이 2~8밀리미터) 거미류다. 이들은 나
무껍질, 돌이나 나뭇잎 아래에 살지만 사람들의 집, 특히 오래된 책에서 발
견될 수도 있어 '책 전갈'이라는 별명을 얻었다. 만약 집에서 마주쳐도 당황
하지 마시길. 인간에게 해를 끼치지 않는다. 오히려 옷좀나방의 유충을 잡

아먹기에 옷을 사랑하는 멋쟁이들의 아군이다.

전갈붙이는 기재된 것만 3400종이 넘는다. 캐나다에서 호주까지 매우 광범위하게 서식하고 열대지방에서 가장 다양성이 높다. 이들은 아주 작아서 장거리를 이동하는 데 어려움을 겪는다. 하지만 이 작은 거미류는 교통편을 알고 있다. 바로 얻어타기다. 이런 히치하이킹을 전문 용어로 편승 phoresy이라 하는데, 작은 동물이 큰 동물에 달라붙어 무임 승차하는 행위를 말한다.

전갈붙이의 운송 수단은 대개 딱정벌레, 노린재, 집게벌레 등의 곤충이며 일등석은 다리와 더듬이에 있다. 홀로 여행길에 오를 수도 있고 2~7마리가 무리 지어 여행하기도 한다. 곤충의 경우 승객을 태우면 이점이 있다. 전갈붙이는 일종의 식당차 체험 중 성가신 기생 진드기를 맞나게 먹는다. 그런 다음 자그마한 밀항자는 곤충이 마지막을 맞을 때까지 매달려 다닐 것이다. 운송 수단이 죽으면 남은 부분은 먹음직한 종착지 뷔페가 된다.

대부분의 전갈붙이는 비사교적인 편이며 무단 침입한 경쟁자를 만나면 보통 싸움을 선택한다. 그러한 싸움은 식사로 끝난다. 진 쪽이 만찬 메뉴가 된다는 이야기다. 책 전갈은 탐욕스러운 포식자다. 그들은 모든 크기의 무척추동물을 사냥하고 동족 포식에 굴복한다. 그렇지만 남아메리카 서식종인 파라템노이데스 니디피카토르를 비롯한 일부 종은 사회적이다. 함께 모여 살고 공동으로 사냥하며 먹이를 공유한다. 이들은 약충이라고 불리는 어린 새끼들과 성체를 모두 포함한 200마리 이상의 개체가 공동 둥지를 틀고 산다. 약충들은 힘을 합쳐 공동 탈피실을 만드는 반면, 성체 암컷은 알과 함께 휴식을 취할 개별 육아방을 만든다. 두 공간 모두 거미줄로 이루어져 있어 꽤 편안해 보인다. 단독으로 살든 사회생활을 하든 전갈붙이는 배아와 약충에게 먹이를 먹이고 돌보는 매우 좋은 어미다. 암컷은 약충이 모습을 드러낼 때까지 육아방에 머물며, 그 후 작은 가족은 거미줄 주택을 떠나 무리의 다른 성체가 잡은 먹이를 먹으러 간다. 수컷과 비생식 암컷은 자신의 먹이를 동생들과 자손들에게 나눠준다.

동물 개체는 일반적으로 자신보다 작거나 자신만 한 먹이를 먹지만 파라템노이데스 니디피카토르는 공동 사냥을 통해 몸 크기가 몇 배에 달하는 곤충을 쓰러뜨릴 수 있다. 무리를 지어 사냥한다는 것은 딱정벌레, 노린재, 개미, 거미와 같은 먹이를 추적하고 공격하고 제압하는 데 더 많은 능력이 있다는 의미다. 전갈붙이는 집게로 희생자를 붙잡거나 관절에 독을 주입한다. 그러나 모두 집게손을 하나로 모아 돕는 건 아니다. 누군가는 공격하고 누군가는 구경만 하며 누군가는 그저 먹이를 먹기 위해 나타나는 부당 이득자다. 그렇지만 마지막 축제는 평화롭고 질서정연하다. 사냥꾼과 구경꾼이 먼저 먹이를 먹는다. 배고픈 약충들에게 길을 터주긴 하겠지만 말이다. 게으른 부당 이득자는 찌꺼기를 가져간다.

굶주린 시기에는 상황이 더욱 흥미롭고도 과격해진다. 약충에게 먹일 먹잇감이 없는 어미 전갈붙이는 최후의 희생을 치른다. 어미는 둥지를 떠나 집게발 같은 촉수를 들어 올리고 새끼들에게 자신을… 먹이로 내준다. 약충이 공격해도 어미는 가만히 서서 꼼짝도 하지 않을 것이다. 새끼들은 외골격이 가장 얇은 관절을 노리고 문자 그대로 어미를 쪽쪽 빨아먹는다. 텅 빈 껍데기만 남은 어미는 버려지고, 식사로 활력을 얻은 어린 약충들은 힘을 합쳐 사냥하러 모험을 떠난다. 모체포식matriphagy이라 알려진 이 현상은 약충의 생존을 보장하고 자손들 사이에서 동족 포식을 줄이기 위한 수단이다. 어미 전갈붙이가 동물계에서 가장 헌신적이고 희생적인 부모 중 하나라는 점은 확실하다.

빨간눈청개구리

학명	*Agalychnis callidryas*
사는 곳	중앙아메리카 열대우림
특징	뱀이 알을 먹으려고 다가오면 알이 5분 안에 바로 부화함.

중앙아메리카의 열대우림에 서식하는 빨간눈청개구리는 정말이지 굉장한 미형이다. 날씬한 몸은 쨍한 녹색이고 옆구리에는 파란색과 노란색 줄무늬가 있으며 배는 흰색에 발은 생생한 주황색, 눈은 눈에 띄는 빨간색이다. 개구리의 종명인 칼리드리아스*callidryas*는 멋진 외모를 반영한다. 그리스어로 kalos는 '아름답다', dryas는 숲의 정령인 '드리아드'를 의미한다.

열대 개구리인데 심지어 밝은 색이라니. 독성이 있다는 뜻일까? 사실 그렇지 않다. 생생한 색상은 (경고하는) 경계색이 아니다. 그 대신 빨간눈청개구리는 눈에 띄지 않도록 위장한다. 이런 위장이 먹히는 유일한 장소는 광대 대회뿐인 것처럼 보이겠지만, 청개구리는 쉬고 있을 때 몸이 안 보이도록 숨길 수 있다. 파란색 옆면을 다리로 덮고 주황색 발을 몸 아래로 집어넣고 빨간 눈을 감는 것이다. 포식자가 접근하면 갑자기 밝은 눈을 번쩍 떠 상대방을 깜짝 놀라게 하고 도망칠 몇 초의 시간을 번다. 포식자를 산만하게 하거나 겁먹게 만들어 탈출하는 행동의 한 예다.

청개구리는 위험이 다가오는 걸 어떻게 알까? 이 양서류들은 야행성으로 낮에는 휴식을 취한다. 눈꺼풀에 해당하는 순막은 반투명하며 중동의 베일을 떠올리게 하는 섬세한 금색 문양으로 아름답게 덮여 있다. 이러한 특별한 눈꺼풀을 통해 개구리는 빛의 변화를 감지하고 원치 않는 방문객이 근처에 있을 때 바로 반응할 수 있다.

경보기가 내장된 건 성체 개구리뿐만이 아니다. 어린 빨간눈청개구리는 알 속에 있는 동안에도 위험을 감지하고 이에 따라 반응할 수 있다. 이러한 조기 경보 시스템은 개구리의 생활사에 따라 좌우된다. 청개구리는 연못 위의 초목에 탱글탱글한 점액으로 덮인 알을 낳는다. 부화한 새끼는 물에 뛰어들어 올챙이로서의 삶을 시작한다. 그러나 올챙이가 성장하기 전에 먼저 땅이나 공중, 그 다음 물속에서 다양한 잠재적인 위협을 마주한다. 잎이 무성한 아이 방 주변에 그 어떤 방해도 없다면, 연못에 있는 물고기나 민물새우에게 잡아먹히는 일을 피하기 위해 가능한 한 오랫동안 잎에서 알 상태로 자라는 것이 가장 이치에 맞다. 하지만 개구리가 아직 나뭇잎에 붙은 알 속에 있을 때 위험이 닥치면 어떻게 될까?

이 문제에 대한 해결책은 부화 과정을 최

어린 빨간눈청개구리는 알 속에 있는 동안에도 위험을 감지하고 이에 따라 반응할 수 있다.

대한 빨리 해치우는 것이다. 방해받지 않으면 알이 부화하는 데 약 일주일이 걸린다. 그러나 알 무더기가 뱀이나 말벌의 공격을 받게 되면, 배아는 빠르면 4일 만에도 부화할 수 있다. 포식자 방지 반응은 엄청난 속도로 일어난다. 뱀의 공격이 시작되고 평균 16초 후에 반응이 일어나 5분 이내에 모든 배아가 부화한다(또는 먹힌다). 포식으로 인해 알 무더기에 번지기 때문에 가능한 일이다.

조기 부화는 생명을 구할 수 있지만, 덜 발달한 올챙이는 물속에서 잡아먹힐 위험이 크기에 허위 경보가 울리기라도 하면 너무 큰 대가를 치를 수도 있다. 다행히 빨간눈청개구리 배아는 젤라틴 알을 통해 전달되는 진동이 뱀에 의한 것인지, 아니면 저기, 비 때문인지 가늠할 수 있다. 이들은 진동의 지속 시간, 간격, 빈도를 바탕으로 부화해야 할지 말지를 결정하며 폭풍우가 치는 동안 조기 부화하는 경우는 거의 없다. 아름다운 드리아드들은 잘생긴 데다 똑똑하기까지 하다.

THE MODERN BESTIARY

사하라은개미

학명	*Cataglyphis bombycina*
사는 곳	사하라사막
특징	사막에서 열사병으로 죽은 동물의 사체가 주식.

사하라사막은 생명이 살아남기에 가혹한 곳이다. 하루 중 가장 더운 시간대에는 표면 온도가 섭씨 60도를 넘기 일쑤다. 물은 극도로 부족하고 먹이를 구하기도 어렵다. 부드러운 모래는 걷는 걸 방해한다. 뜨거운 태양, 맑은 하늘 아래에 풀과 나무는 매우 적다. 물론 그늘도 거의 없다. 대부분의 곤충은 과열과 건조함에 노출된 극한 환경에서 오그라들어 죽는다.

　분별력 있는 사막 동물들은 낮 동안 굴속이나 바위 아래에 숨어 스스로를 지키다가 서늘해지는 밤에 나타난다. 그러나 사하라은개미는 그렇지 않다. 절대로. 이 개미는 다른 생물이 감히 사막으로 발 딛지 못하는 하루 중 가장 덥고 위험한 시간대에 활동한다.

은개미는 두 가지 방법으로 다른 동물의 연약함을 이용한다. 첫째로 이들은 호열성(열을 좋아하는 습성) 청소동물로 열사병으로 쓰러진 절지동물의 사체를 먹는다. 둘째, 이들은 잡아먹히지 않기 위해 자신들의 주요 포식자인 뒤메릴프린지핑거도마뱀이 너무 더워서 밖에 있을 수 없다고 판단하고 굴로 들어간 뒤에야 둥지를 떠난다.

개미는 매일 약 10분 동안만 사막 표면에서 활동하며, 태양이 가장 이글이글 타오를 때인 오후 1시 무렵에 나타난다. 개미 몸높이의 기온이 섭씨 46.5도에 도달할 때쯤 군집의 사냥꾼들은 단 몇 분 동안 한꺼번에 우르르 모습을 드러낸다. 은개미는 체온이 최대 53.6도까지 치솟을 때까지 견딜 수 있어 온몸이 튀겨지기 전 주어진 매우 짧은 시간 동안 먹이를 찾아야 한다. 땅에서 몇 센티미터만 올라가도 온도가 낮아지기 때문에 돌이나 마른 풀 위로 올라가면 몸을 좀 식힐 수 있다. 그러나 둥지로 돌아가는 시간이 지체되면 치명적인 결과가 발생할 수 있기에 은개미는 재빨리 이동하고 주변을 잘 탐색해야 한다.

그리고 이들은 확실히 그렇다. 사하라은개미는 초속 85.5센티미터의 속도를 달성할 수 있는 가장 빠른 육상 생물 중 하나다. 길이가 1센티미터 미만이라는 점을 제외하면 이들의 걸음 속도는 인간과 비슷하다. 신체 크기로 보자면 키 180센티미터인 사람이 같은 위업을 얻기 위해선 시속 720킬로미터의 속도로 달려야 한다. 은개미가 성공을 거둔 핵심적인 이유는 초당 40걸음이 넘는 보폭 속도로, 이는 이들의 다리 긴 사촌인 사하라사막개미를 능가한다. 게다가 보폭을 늘리고 까다로운 모래 언덕을 오를 수 있도록 이들은 사지동물이 질주하는 것과 비슷하게 움직인다.

두 개미 종 모두 길 찾기 능력이 탁월하다. 구불구불한 먹이 찾기 경로를 되짚는 대신 직선으로 둥지에 돌아갈 수 있다. 이처럼 효율적으로 집에 도착하려면 두 가지 정보가 필요하다. 어느 방향으로 모험을 떠났는지, 그리고 얼마나 멀리 걸어왔는지다. 이들은 방향을 계산하기 위해 햇빛의 편광각을 재는 태양광 나침반을 이용하는 것으로 보인다. 걸어온 거리는 내장된 만보기로 알아낸다. 만보기에 대한 의존도는 사하라사막개미를 통해 연구된 바 있다. 다리에 죽마를 부착해 걸음 수를 늘린 개미는 둥지까지의 거리를 넘어섰다.

사하라은개미는 몸을 식히기 위한 비장의 기술들을 더 갖고 있다. 이들은 몸을 보호하기 위한 열충격 단백질 : 고온에 노출됐을 때 열에 의한 세포의 단백질 변형을 막기 위해 세균이나 포유류의 몸에서 만들어지는 단백질을 몸속에서 합성하고 축적한다. 이 과정에서 다른 동물들과 다른 점이 있다면 열에 반응할 때가 아니라 미리 만들어 둔다는 것이다. 열에 노출되기 전에 이러한 단백질을 생성해두면 열이 날 정도로 체온이 올라갔을 때 피해를 줄일 수 있다.

성공적인 냉각 시스템이 하나 더 있다. 사하라은개미는 태양열을 반사해 분산시키는 삼각형 단면의 털로 덮여 있다. 털을 제거한 실험에서 털이 없는 개미는 털이 있는 개미보다 체온이 5~10도 더 높아졌다. 제모는 서늘함을 유지하는 것이 필수인 환경에서 잠재적으로 치명적인 단점이다.

사이가영양

학명	*Saiga tatarica*
사는 곳	중앙아시아의 반건조 사막
특징	사망률이 높지만 암컷 대다수가 매년 쌍둥이를 낳아 개체수를 유지.

어엿한 영양 총각에겐 여자친구가 몇이나 있어야 할까? 사이가영양처럼 일부다처제형 번식을 하는 유제류의 경우 이는 단순히 남성의 권리 자랑이 아니라 종의 생존 문제일 수 있다.

사이가는 수천 마리가 무리 지어 카자흐스탄, 몽골, 러시아 등 중앙아시아의 반건조 사막을 건너 이동하는 저먼셰퍼드'셰퍼드'라고 알려진 독일 원산지의 대형견으로 주로 군견이나 경찰견으로 활약한다 크기의 유목 영양이다. 가장 눈에 띄는 특징인 둥그스름하고 늘어진 코는 혹독한 대초원 날씨에 맞서 체온을 조절하는 역할도 한다. 겨울에는 대초원의 추운 공기가 몸을 파고들기 전에 주먹코가 이를 데운다. 여름에는 반대로 공기를 식힌다.

초원 생활은 가혹하다. 영양은 새끼의 생존 가능성을 극대화하기 위해 대량으로 모여 한꺼번에 새끼를 낳는다. 일주일 안에 수만, 심지어 수십만 마리가 모여서 출산한다. 이 방식은 두 가지 면에서 도움이 된다. 이처럼 엄청난 수가 한 지역을 뒤덮어버리면 늑대의 먹이가 되곤 하는 각 개체의 생존 확률이 높아진다. 다른 한편으로, 짧은 출산 기간을 통해 새끼들은 금세 자라서 억세지기 전의 보드라운 풀을 최대한으로 섭취할 수 있다.

새끼 사이가는 조숙아다(56쪽의 굴토끼 참고). 그들은 비례적으로 모든 야생 유제류 새끼들 가운데 가장 크며, 태어난 지 며칠만 지나면 포식자보다 빨리 달릴 수 있다. 그럼에도 불구하고 이렇게 잘 자란 새끼를 품고 낳는 일은 어미에게 많은 부담을 줘 임신과 출산 동안 특히 질병에 취약하게 만든다. 2015년에는 전 세계 사이가 개체수의 절반 이상에 해당하는 20만 마리가 보통은 양성인 파스테우렐라 물토키다*Pasteurella multocida* 박테리아에 의해 죽었다. 가성우역 : 염소, 양 등의 가축이나 야생 반추동물 사이에 퍼지는 바이러스성 급성 전염병. 우리나라에서는 제1종 가축전염병으로 분류 바이러스나 기타 질병으로 인한 대량 폐사도 드문 일이 아니며, 사이가의 개체수는 수십 년에 걸쳐 변동하는 편이다. 사망률이 극도로 높아질 수 있음에도 다행히 암컷 대다수가 매년 쌍둥이를 낳는 높은 번식력으로 균형을 이룬다.

사이가는 일부다처제를 실천한다. 수컷은 많은 암컷과 짝을 짓지만, 암컷은 단 한 마리의 수컷과 짝을 이룬다. 암컷이 육아의 대가를 치르는 반면, 수컷은 짝을 두고 경쟁한다. 이는 곧 더 커져야 한다는 선택압으로 이어진다. 몸이 크다는 것은 경쟁자와 더 잘 싸우고 더 큰 암컷 무리를 거느리며 번식에 성공할 가능성이 더 크다는 것을 의미한다. 결과적으로, 대부분의 다른 일부다처 종과 마찬가지로 사이가도 성적으로 이형이다. 수컷은 더 크고 (암컷 크기의 약 1.5배) 약간 반투명한 두꺼운 뿔을 자랑한다. 바로 이 뿔이 이들을 곤경에 빠뜨린다.

불행하게도 사이가의 뿔은 중국 전통 의학에서 매우 중요하다. 이 뿔은 동일한 치유력을 가지고 있다고 여겨지는 코뿔소 뿔의 대체품으로 쓰인다. 사이가를 보호하고 상업적 사냥을 규제하는 역할을 제대로 해냈던 소련이 붕괴한 후 중국과 그 외 국가와의 무역이 개방됐다. 그러고는 2000년대 초반, 불법 포획과 밀렵으로 인해 사이가는 거의 멸종될 뻔했다. 뿔에 대한 높은 수요를 충족시키기 위해 표적이 된 수컷이 주로 희생됐다.

정상적인 환경에서는 사이가 수컷 한 마리가 암컷 네다섯 마리를 거느린다. 그러나 성별에 따른 밀렵이 증가하면 이 비율이 달라진다. 수컷 대 암컷 비율이 낮다는 사실은 단순히 매우 바쁘고 흥겨운 수컷이 적다는 것을 의미한다고 생각할 수도 있겠지만, 그 이상의 의미가 있다. 환경보전 과학자 엘리노어 제인 밀러 걸랜드는 개체군에 수컷이 5퍼센트만 있어도 사이가가 번성할 수 있지만, 그 비율이 2.5퍼센트 미만이면 개체군이 붕괴한다는 사실을 발견했다. 비율이 암컷 106마리에 수컷 1마리(개체군 내 수컷의 0.9퍼센트) 수준으로 낮아지자 암컷의 번식력은 떨어졌다. 단순히 수정을 시킬 수 있는 수컷이 충분하지 않았기 때문이다. 구애 행동이 역전되는 지점에 도달한 셈이고, 실제로도 암컷들이 수컷을 얻기 위해 경쟁하고 있었다. 나이가 많고 지배력이 더 강한 암컷이 어린 암컷을 막는 바람에 결과적으로 임신에 실패했다.

대량 폐사를 유발하는 질병과 수컷 선택적 밀렵 사이에서 사이가가 심각한 멸종 위기에 처해 있다는 사실은 놀라운 일이 아니다. 뿔 달린 영양으로 사는 것은 위험한 일이다.

노예사역개미

학명	*Temnothorax americanus*
사는 곳	뉴잉글랜드 삼림지대
특징	먹이 찾기, 양육, 거주 공간 만들기 등 모든 것을 다른 개미에게 의존함.

뉴잉글랜드 삼림 지대는 평온한 산책을 위한 이상적인 장소처럼 보일 것이다. 하지만 숲 바닥의 몇 제곱미터 안에서 전투, 함정, 사회적 몰락과 노예 제도의 해악을 모두 목격할 수 있다는 사실을 일요일의 산책객들은 모를 것이다. 가해자와 피해자 모두 개미이기에 모든 것은 미시적이다.

개미는 무게(육상에 사는 모든 동물의 최대 20퍼센트로 추정)와 종의 수(약 1만 4000종) 양면으로 번성했지만 이중 약 50종만이 다른 동물을 노예로 삼는다. 바이킹과 마찬가지로, 이 개미들은 '노예'를 뜻하는 그리스어 dulos에서 유래한 노예기생dulosis이라는 과정을 통해 인근 군체를 약탈한다. 그들은 다른 종의 군집을 제압하는 임무에 생물학적으로 적응했다. 이들은 사회적 기생동물social parasites : 개미, 흰개미 등 진사회성 동물 사회의 구성원 간 상호작용을 이용하는 기생동물로서 먹이를 찾고 새끼를 돌보며 집을 지키는 모든 행위를 다른 개미에게 의존한다. 노예사냥개미Amazon ant와 같은 일부 종은 노예의 도움 없이는 먹이조차 먹을 수 없으며 직접 먹여주지 않으면 먹이가 뻔히 있는데도 굶어 죽는다. 게다가 이들의 단검 같은 아래턱은 다른 개미를 공포에 떨게 만드는 데에는 탁월하지만, 육아에는 쓸모가 없다.

노예사냥개미는 수천 마리의 전사가 참여하는 대규모 습격 작전을 펼치는 반면, 2~3밀리미터 길이의 또 다른 개미 종 템노토락스 아메리카누스는 훨씬 작은 규모로 약탈에 나선다. 이들의 희생자는 세 친척 종인 템노토락스 롱기스피노수스*T. longispinosus*, 템노토락스 쿠르비스피노수스*T. curvispinosus*, 템노토락스 암비구우스*T. ambiguus* 중 하나에 속한다. 이들 희생자는 속이 빈 도토리 한 알이나 나뭇가지 하나에 딱 맞는 작은 집에 살고 있으며, 이 때문에 별것 아닌 규모의 습격에도 생존에 심각한 타격을 입을 수 있다.

노예기생 군집은 새로이 교미를 마친 여왕개미에 의해 시작된다. 여왕개미는 기생할 군체를 침입해 원래 있던 여왕개미와 성체 일개미를 쫓아내거나 죽이고 번데기만 남긴다. 그런 다음 여왕은 번데기가 우화할 때까지 기다리고, 깨어난 일개미들은 여왕을 위해 일한다. 먹이를 모으고 여왕을 보호하며 새끼를 돌보는 일 말이다. 여왕개미는 군집이 생겨난 첫해에 알을 2개만 낳는데(이후 그 수는 약 10개로 늘어난다) 이렇게 태어난 딸들의 유일한 임무이자 능력은 더 많은 노예를 모으는 일이다.

이 해적 딸들은 약탈할 새로운 군체를 정찰하는 탐험에 나설 것이다.

완벽한 목표물의 위치를 파악하면 단독으로 공격에 나서거나 집으로 돌아가 동종(동일 종의 구성원)과 노예 일꾼으로 이루어진 기습 부대를 조직한다. 이 군대는 희생자의 군체에 번데기가 있는 시기와 일치하도록 정확히 타이밍을 맞춰 군체에 침입한 뒤 원래 거주하던 일개미와 여왕개미를 죽이거나 내보내고 번데기와 성장한 애벌레를 납치한다. 그런 다음 어린 것들은 좀도둑의 군체로 끌려가 노예 대열에 합류한다. 이들의 집은 크게 붐비지 않는다. 여왕개미 한 마리, 일개미 몇몇, 그리고 노예 수십 마리 정도로만 이루어져 있다. 그래도 정기적인 충원은 필요하다.

약탈 행위에는 대가가 따른다. 침입당한 개미는 자신들을 지키려 노력하기에 침입자들의 약 5분의 1이 포위 공격 중 목숨을 잃는다(노예사역여왕개미 중 단 7퍼센트만이 첫 번째로 노린 군체를 성공적으로 접수한다). 공격받은 곤충들만 싸움을 벌이는 것은 아니다. 노예들 역시 새로운 군체에 통합된 뒤 보복하는 방법을 알아낸 것으로 밝혀졌다.

개미 반군의 방법은 바로 포획자의 번식 능력을 방해하는 것이다. 노예들은 노예사역개미 애벌레를 부지런히 돌보다가도 번데기 단계에 이르면 돌봄 노동을 포기한다. 실제로 약탈자의 번데기 중 3분의 2 이상이 의도적으로 살해되거나(말 그대로 노예 노동자에 의해 갈가리 찢긴다) 방치로 인해 죽게 된다. 어린 여왕개미는 사망률이 80퍼센트 이상이다. 수컷은 노예 습격에 참여하지 않기 때문에 살아남는다. 이 반란은 노예가 된 개미들 자신에게는 도움이 되지 않겠지만, 미래의 습격 가능성을 줄여 다른 군체에 있는 이들의 자매들을 보호한다. 그야말로 전면적인 진화 전쟁이다. 그리고 이 모든 일은 우리의 발밑 덤불에서 일어나고 있다.

THE MODERN BESTIARY

슬로로리스

학명	*Nycticebus* spp.
사는 곳	방글라데시, 인도네시아의 숲
특징	인간의 욕심으로 엄청난 고통을 받고 있음.

에드워드 리어의 시에 나오는 부엉이와 고양이 : 19세기 영국 시인 에드워드 리어의
넌센스 시 〈The Owl And The Pussy Cat〉의 두 등장인물에게 사생아가 있었다면, 그 아
이는 아마도 작고 털이 북슬북슬하며 나무에 잘 오르는 몸과 둥근 머리에 눈
이 커다란, 그리고 부모처럼 야행성인 슬로로리스와 비슷할 것이다. 슬프게
도 슬로로리스의 이야기는 전혀 동시 같지 않다. 반대로 인간의 탐욕, 이기
심, 어리석음이 길어 올린 공포물이다.

1장   땅

107

슬로로리스는 니크티케부스속에 속하는 8종의 영장류로 방글라데시부터 인도네시아까지 걸쳐 숲에서 서식한다. 고도로 움직이는 관절, 유연한 척추, 무언가를 잘 잡는 발 덕분에 나무 위 생활에 매우 잘 적응했다. 이 독실한 나무 거주자들은 꿀, 수액, 과실, 무척추동물을 먹으며 혼농임업 농민에게 수분受粉과 살충 서비스를 제공한다. 불행하게도, 숲 가장자리에서 살 수 있는데도 불구하고 이들 개체군은 삼림 벌채로 고통받고 있다. 왜냐하면 이들은 멀리뛰기를 할 수 없어서 한 서식지에서 다른 서식지로 옮겨갈 때 나무나 덩굴 식물, 열대산 칡에 의존하기 때문이다.

로리스는 동남아시아의 민간 신앙과 전통 의학에서 두드러지는 존재다. 동물 그 자체나 여러 부위는 산후 질환과 복통부터 부러진 뼈와 성병에 이르기까지 100가지가 넘는 질병을 치료한다고 여겨진다. 이들은 건조되기도 하고 알약이나 연고로 만들어진다. 심지어 약효를 높이기 위해 산 채로 구워진 채 시장에서 널리 판매된다.

의약적 가치에 대한 믿음 외에도 또 하나의 요인이 로리스의 운명을 결정지었다. 바로 치명적인 귀여움이다. 근심 어린 표정을 지은 이 크고 아름다운 눈망울을 가진 느릿느릿한 영장류는 서식지 전역에서 여행 기념 사진의 인기 소품이 되었다. 이들은 또한 이국적인 애완동물로 유럽, 일본, 러시아에 수출된다. 물론 독이 있는 유일한 영장류인 로리스에게 절대로 어울리지 않는 역할이다. 위협을 받을 때 앞발로 얼굴을 가리기 때문에 보르네오에서 '부끄럼쟁이'로 알려졌음에도 불구하고, 엄청난 통증을 일으키는 독성 액체를 선사할 수 있다. 이들은 '부끄럼 타는' 방어 자세를 통해 팔꿈치 근처에서 나오는 상완선brachial gland 분비물과 타액을 섞을 수 있다. 이 혼합물은 조직 괴사, 아나필락시스 쇼크, 심지어 사망까지 초래할 수 있을 만큼 강력한 독소를 만들어낸다.

관광 산업과 애완동물 무역에 사용되는 동물은 야생에서 포획되므로

(사육 시에는 쉽게 번식하지 못한다) 사람 손을 타려면 '안전'하게 가꿔져야 한다. 그 때문에 날카로운 이빨을 뽑거나 손톱깎이로 자르는 과정에서 통증과 출혈이 발생하고 사망에까지 이르곤 한다. 사육되는 로리스는 부적절한 먹이를 먹고 자연스러운 등반 행동을 할 수 없다. 또한 사람들은 보통 낮에 일하고 이는 로리스에게 더 많은 고통을 준다. 밝은 빛은 그들의 민감한 큰 눈을 아프게 하고, 태양은 그들의 망막을 태운다. 구조되더라도 영구적인 부상으로 인해 다시 야생으로 돌아갈 수 없다.

길들인 새끼 고양이, 강아지, 집토끼가 가득한 세상에서 순전히 즐거움을 위해 멸종 위기에 처한 동물을 서식지에서 데려오는 짓은 불가해할 정도로 무의미하고 이기적인 행위처럼 보인다. 그러나 이러한 영장류에 대한 수요는 소셜미디어 때문에 증가하곤 한다. 이들을 포획하고 거래하는 행위가 불법이라는 사실에도 불구하고, 간지럼을 타고 옷을 입고 팝콘을 먹는 사육 로리스의 비디오는 이들을 향한 욕구를 자극하는 경향이 있다. 결국 영장류 연구자 안나 네카리스는 슬로로리스의 유튜브 동영상에 '동물 학대'나 '보존 위협' 태그를 지정하거나, 더 나아가 아예 해당 동영상을 모두 삭제할 것을 제안했다. 2015년 인식 전환 캠페인 '간지럼은 고문'을 통해 슬로로리스 사육에 대한 태도가 잠시 바뀌긴 했지만 안타깝게도 지속 효과는 없었던 것 같다.

이제 인스타그램에 올릴 만한 애완동물이나 적어도 사랑스러운 영장류와 함께 사진을 찍고 싶은 욕구가 그 과정에 참여하는 동물들이 치르는 대가보다 더 크다. 안타깝게도 사육되는 야생 동물의 영상을 그저 순수한 마음으로 소셜미디어에 공유하는 듯한 행위조차도 업계에 활력을 불어넣는다.

리어의 시에서 부엉이와 고양이는 마지막에 '손에 손을 잡고, 모래 가장자리에서' 달빛을 받으며 춤을 춘다. 수많은 포토제닉 희생양들의 운명과는 비극적으로 거리가 먼 목가적인 장면이다.

남부메뚜기쥐

학명	*Onychomys torridus*
사는 곳	멕시코, 미국 남서주 사막과 초원
특징	전갈의 강력한 독을 진통제로 사용함.

멕시코와 미국 남서부의 사막과 초원을 배회하는 서부 무법자의 정체가 궁금하지 않은가? 모든 규칙을 뛰어넘고 모든 이들이 두려워하지만 자신은 그 누구도 두려워하지 않는 진정한 악당 말이다. 그의 키가 연필만 하다는 점은 제외하자. 바로 쥐다.

남부메뚜기쥐는 미국 서부에서, 아니 어쩌면 세상에서 가장 나쁜 쥐라고 불릴 만하다. 집쥐나 대부분의 다른 설치류와는 달리 사실상 육식성이다. 전갈, 딱정벌레, 메뚜기, 심지어 다른 생쥐까지 길을 가로막는 모든 걸 공격하고 죽이고 먹는다. 메뚜기쥐는 믿을 수 없을 만큼 능력이 뛰어나고 무기까지 제대로 갖춘 암살자다. 턱은 무는 힘이 특히 강력하고 앞발톱은 갈고리발톱과 비슷하며(속명 오니코미스는 '발톱 달린 쥐'라는 의미다) 수많은 기술로 다양한 먹잇감을 사냥한다. 번개 같은 속도로 잽싼 메뚜기의 머리를 물어뜯고 유독물질을 뿌려대는 노린재의 복부를 땅에 처박아 방어용 분비물이 퍼지는 것을 막는다. 설치류 두개골의 끝부분을 재빨리 물어 척수를 끊어 죽일 수도 있다. 하지만 뭐니 뭐니해도 가장 흥미로운 싸움은 메뚜기쥐와 전갈의 대전이다.

메뚜기쥐는 믿을 수 없을 만큼 능력이 뛰어나고 무기까지 제대로 갖춘 암살자다.

전갈은 상대를 제지하고 탈출 시간을 벌기 위한 수단인 따끔한 독침으로 자신을 방어한다. 메뚜기쥐의 식단에 이름을 올린 나무껍질 전갈Bark scorpion은 극심한 고통을 선사할 뿐 아니라 독으로 인간 아이를 죽일 수도 있다. 이 전갈에 물린 사람들은 그 감각을 뜨거운 쇠붙이로 낙인찍히는 것과 비교했다. 만약 집쥐가 전갈의 공격을 받았다면 오랜 시간 동안 욱신거리는 상처를 계속 핥을 것이다. 하지만 메뚜기쥐는 쏘인 상처를 겨우 몇 초 동안 핥짝거린 후 바로 공격에 들어간다. 얼굴에 여러 방 쏘여도 식사를 미루진 않는다. 사실, 이 용맹하기 짝이 없는 전사들은 전갈의 독을 비틀어 활용하는 방법을 발전시켰다. 그들은 전갈 독에 포함된 독소로 통증 전달을 차단해 세계에서 가장 고통스러운 독침 중 하나를 진통제로 사용한다.

모든 이단자들이 그러하듯 메뚜기쥐 역시 야행성으로 성체들은 자신의 존재를 알리기 위해 달빛 아래에서 울부짖는다. 눈에 띄고 높은 장소를 찾아 뒷다리로 서고 꼬리로 몸을 지탱한 채 머리를 높이 쳐들고 입을 크게 벌려 긴 고음을 내는 것이다. 이 울부짖는 소리는 최대 100미터 떨어진 사람에게도 들린다. 그리고 틀림없이 다른 쥐들의 귀에도 들릴 것이다. 몸집이 큰 개체일수록 목소리가 더 굵다. 사냥 전에 이런 식으로 울부짖는 메뚜기쥐가 관찰된 바 있는데 어쩌면 그 울음소리는 전투를 알리는 함성일지도 모른다. 아니면 호출자 대다수가 생식 활동이 활발한 수컷인 점을 미루어 '늑대의 울부짖음'은 야심한 시각, 유혹의 연락으로 해석할 수도 있다. 번식기 외에는 넓게 퍼져 사는, 사회성이 부족한 특징을 생각한다면 밤에 울부짖는 소리를 내어 영토를 표시한다는 설명도 가능하다.

한 쌍의 부모와 이들의 새끼로 이루어진 가족 무리는 서로 긴밀하며 부모 둘 다 새끼를 돌본다. 암컷은 출산하고 첫 사흘간 작은 동지들을 둥지에서 공격적으로 밀어내는 편이지만, 열정적인 아비는 일단 새끼가 다시 들어올 수 있게 되면 이들을 돌보고 핥아주며 껴안고 보호한다. 예상과는 조금 다르다고 생각할 수 있지만, 새끼 메뚜기쥐는 자신들을 애지중지하는 아비로부터 공격적인 행동을 배우기에 미혼모가 낳은 새끼들이 더 유순하다. 마찬가지로 온순한 종인 흰발생쥐white footed mice가 대리로 키운 메뚜기쥐는 훨씬 덜 호전적인 것으로 밝혀졌다.

무모함과 폭력성과 무자비함을 모두 갖춘 이 깡패 쥐에게 부족한 것은 리볼버 권총(과 이를 잡을 수 있는 크기의 엄지손가락)뿐이다.

타란툴라

학명	family Theraphosidae
사는 곳	지구 곳곳
특징	개구리를 애완동물로 기를 수 있음.

행복해 보이는 가족이 집을 떠나고 있다. 활기 넘치는 반려동물 몇 마리가 앞서고 아이들이 뒤를 따르며 행렬의 끝은 엄마다. 즐거운 풍경이다. 그러므로 이 전원적인 장면이 타란툴라 무리라는 것을 알게 되면 좀 놀랄 수도 있을 것이다.

　타란툴라는 일반적으로 덩치가 크고 털이 많은 거미로 대형열대거미과에 속하는 약 1000종을 말한다. 이들의 이름은 살짝 잘못됐는데 원조 '타란툴라'(리코사 타란툴라*Lycosa tarantula*)는 전혀 관련이 없는 종이기 때문이다. 원조는 이탈리아의 도시 타란토에 서식하는 2~3센티미터 길이의 늑대거미다. 그러나 시간이 지나면서 크기가 크고 무서운 거미는 모두 '타란툴라'가 되었고, 결국 이 용어는 늑대거미보다 훨씬 더 크고 털도 더 많은 대형 열대거미를 가리키게 되었다.

타란툴라는 가장 무겁고 몸통이 가장 긴 거미 분야의 기록을 보유한 생물이다. 골리앗 버드이터*goliath birdeater*는 몸길이 13센티미터, 몸무게 175그램(생후 일주일 된 새끼 고양이 정도), 다리 길이 30센티미터다. 타란툴라는 또한 집어넣을 수 있는 등반용 발톱이 달린 아주 귀엽고 털이 폭신폭신한 고양이 같은 발이 있다.

새끼 고양이와의 유사점은 또 있다. 고양이처럼 타란툴라는 따뜻한 곳을 좋아한다. 유럽 북부, 아시아, 북미를 제외한 전 세계에서 발견된다. 고양이처럼 꽉 물 수도 있다. 송곳니 길이는 4센티미터 남짓이다. 또한 고양이와 마찬가지로 몸집이 큰 타란툴라는 설치류, 박쥐, 파충류, 조류를 잡아먹을 수 있다. 그렇지만 양서류, 절지동물, 벌레를 더 선호한다. 그러나 고양잇과 동물과는 달리 타란툴라의 시력은 처참하며 촉감으로 사냥하는 편이다. 이 거미는 매복 포식자로 가만히 앉아서 기다리다가 지나가는 동물의 진동을 감지하면 달려들어 죽인다. 이들의 이런 사냥 방식은 자신보다 작은 먹이를 식별하는 데 어려움을 겪게 한다. 이들이 더 큰 먹이를 찾는 이유다.

놀라운 크기와 사나운 생김새에도 불구하고 타란툴라는 다른 동물의 먹이가 되는 경우가 많은데 가장 주된 이유는 단백질 함량이 63퍼센트(척추동물의 3배 이상)나 될 정도로 엄청난 단백질 덩어리기 때문이다. 일부 뱀의 주식인 한편, 코아티*coati*와 같은 포유류나 닭을 비롯한 조류도 타란툴라를 매우 좋아한다. 거미는 자신을 지키기 위해 몸의 양 끝을 사용한다. 앞쪽 끝에는 독을 품은 눈에 띄는 송곳니 두 개가 있다(이 독은 인간에게 치명적이지는 않으나 통증과 불편을 겪게 할 수 있다). 신세계타란툴라new world tarantulas는 반대쪽 끝인 등, 복부의 킬러 헤어스타일, 즉 날카로운 털들을 뽑낸다. 이 털은 가시가 돋은 가늘고 뻣뻣한 강모로, 공격자 방향으로 휘두르면 눈, 코나 기도를 자극한다. 털은 영구적인 눈 손상을 일으킬 수 있고 작은 동물에게는 치명적일 수도 있다.

하지만 귀여움을 듬뿍 받는 반려동물처럼 행동하며 타란툴라와 완벽하게 화합해 사는 생물도 있다. 사나운 거미는 작고 입이 뾰족한 맹꽁이과 microhylidae 개구리와 한집에서 함께 사는 것을 즐긴다. 타란툴라는 일반적으로 개구리 요리라면 사족을 못 쓰지만, (대부분 몸길이 1~2센티미터로) 주머니에 쏙 들어갈 만한 이 특별한 양서류는 굴속에서 안전하게 지낸다. 개구리와 거미로 이루어진 가족 전체가 먹이를 찾아 집 앞으로 평화롭게 나갔다가 집 안으로 돌아와 휴식을 취한다. 거미가 어쩌다 부딪혔을 때도 개구리에게 정체를 알리는 느낌을 주고 놓아준다. 식별은 개구리의 피부 분비물을 통해 이루어질 것이다. 위험에 처했을 땐 조그마한 양서류는 뱀과 같은 포식자로부터 자신을 지켜주는 좀 더 늠름한 동거인에게 달려가 그의 몸 아래에 숨을 수 있다. 이러한 타란툴라-맹꽁이 연합은 전 세계의 다양한 종에 걸쳐 보고되었다. 개구리는 타란툴라의 거처에서 피난처와 완벽한 미소 서식처microhabitat를 찾는 반면, 거미는 알과 어린 거미에게 위협이 될 수 있는 개미와 파리 유충과 같은 작은 해충을 먹는 양서류의 능력 덕분에 이득을 보는 것으로 추정된다. 몇몇 거미는 자신의 굴속에 최대 22마리의 반려 양서류를 키우며 복작복작하지만 행복하고 화목하게 살아간다.

개미선충

학명	*Myrmeconema neotropicum*
사는 곳	중남미 전역
특징	개미 안에 들어가 새들이 개미 엉덩이를 열매로 착각하게 만들어 잡아 먹게 함.

아, 개미. 무척추동물 세계의 슈퍼스타. 절지동물은 그들이 되기를 원하고 (65쪽의 거대가시대벌레와 71쪽의 깡충거미 참고) 기생충은 그들 안에 있기를 원한다. 세심한 집안 관리 규칙으로 미루어 개미가 감염될 일은 없다고 여길 수도 있지만, 겉보기에 철옹성 같은 요새는 상당한 규모의 생물 무리의 급습을 당하고 있다. 적군은 선충이다.

회충이라고도 알려진 선충은 일반적으로 길이 2밀리미터 미만인 작고 가느다란 동물이다. 이 작디작은 크기에도 불구하고 이들은 소화기, 신경계, 생식 기관을 갖고 있다. 선충문phylum Nematoda은 가장 번성한 분류군 중 하나이며 지구상에 존재하는 모든 동물 개체의 80퍼센트를 차지하는 것으로 여겨진다. 기재된 건 약 2만 5000종이지만 선충 다양성은 무려 1000만 종으로 추정된다.

회충은 다양한 생활방식을 선도한다. 독립생활을 할 수도, 기생할 수도 있다. 하나 이상의 숙주를 포함하는 복잡한 생활주기를 가진 기생 선충은 삶에 한 가지 주된 목표가 있다. 한 동물 셋방에서 다른 동물 셋방으로 성공적으로 이사하는 것이다. 보통 중간 숙주에게 먹히면 성공이다. 숙주가 방어 기능이 있다면? 회충은 그 기능을 꺼버릴 것이다. 평소에도 빠르고 잡기 힘들다면? 선충은 그들을 느림보로 만들고 탈출 반응을 해제할 것이다. 아니면 더 눈에 띄도록 색상을 바꿔 버리거나. 이쯤이면 상황이 이해 갈 것이다. 그리고 여기, 해리포터식 능력을 발휘하는 선충이 있다. 그러니까 개미를… 열매로 바꾸는 것이다.

2005년, 파나마의 연구팀은 다른 검은색 동료들과 다르게 몸통 뒤쪽이 뚜렷한 붉은색을 띤 다수의 케팔로테스 아트라투스Cephalotes atratus 일개미를 목격했다. 연구자들은 처음에 이 개미들이 다른 종이라고 생각했다. 그러나 자세히 조사한 결과 개미의 불룩한 복부인 가스터에 작은 선충을 품은 알이 가득 찬 것으로 밝혀졌다. 이들의 이야기는 기생충에 감염된 새들이 선충의 알을 배설하며 시작된다. 개미는 알을 모아 애벌레에게 먹이고, 회충의 유충은 개미 번데기에서 자란다. 성체가 된 지 얼마 안 된 젊은 개미 안에는 주로 짝짓기 중인 회충이 들어 있으며(암컷은 길이가 1밀리미터이고 수컷은 그보다 약간 더 작다), 수컷이 죽은 후에는 성숙한 알을 품은 암컷만이 개미의 가스터에 남게 된다. 먹이가 과일인 새가 선충을 먹으면 주기가 완료된다. 선충이 개미 엉덩이를 꽤 그럴듯해 보이는 장과류 열매로 바꾸는 이유다.

감염된 개미는 그렇지 않은 개미보다 몸무게가 약 40퍼센트가량 더 나가고, 행동도 더 어설프고 느리며 덜 공격적이다. 이들은 더 이상 깨물지 않으며 경보 페로몬 생산이 차단된다. 가장 중요한 것은 개미 엉덩이의 외골격이 더 얇아지고 반투명해지면서 안에 있는 노란 회충 알과의 조합으로 밝은 빨간색을 띤다는 점이다. 이제 고분고분한 개미는 맛있는 장과류 열매와 비슷하다. 더욱이 이들은 배를 빳빳하게 쳐들고 과일 식단에 관심이 있는 모든 동물에게 선충으로 숙성 처리된 가스터를 소개하며 걸어 다닌다. 마지막으로 감염으로 인해 개미의 엉덩이와 다른 부위 사이의 접합부는 건강한 개체에 비해 93퍼센트가량 약해진다. 결과적으로, 배고픈 새는 개미의 나머지 부분이 아직 바닥에 붙어 있는 동안 엉덩이 장과류를 쉽게 따먹을 수 있다.

개미선충은 전체 서식지, 다시 말해 중남미 전역에 걸쳐 숙주 개미를 감염시키는 것으로 보인다. 게다가 이러한 유형의 숙주-기생충 상호작용은 약 2000만에서 3000만 년 동안 존재해 왔기에 새로울 게 없다. 가장 오래된 증거는 복부에 새가 뚫은 듯한 구멍이 있고 선충의 알로 둘러싸인 개미를 품은 도미니카산 호박에 있다. 회충은 엉덩이 장과류 기술을 완성하는 데 분명 많은 공을 들였으리라.

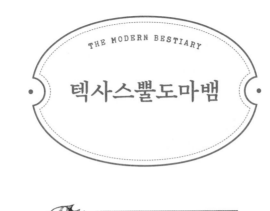

텍사스뿔도마뱀

THE MODERN BESTIARY

학명	*Phrynosoma cornutum*
사는 곳	미국 남부의 사막과 반건조 지대
특징	포식자에게 먹히지 않기 위해 눈에서 피를 발사함.

안전을 유지하려면 만전을 기하는 것이 좋다. 텍사스뿔도마뱀은 이 마음가짐이 십만백만천만전 수준이라 할 수 있다. 이들은 모험에는 전혀 관심이 없는 파충류다.

미국 남부의 사막과 반건조 지대가 원산지인 텍사스뿔도마뱀은 '뿔두꺼비'라고도 불린다(학명은 '뿔 달린 두꺼비 몸'이라는 뜻이다). 실제로도 두꺼비와 비슷하다. 이들은 납작한 원형이며 넓적한 입에 불만스러운 표정을 띠고 있다. 그러나 두꺼비와는 달리 뾰족뾰족하다.

몸길이가 약 7센티미터인 이 가시투성이 파충류는 뱀, 새, 코요테, 심지어 메뚜기쥐까지 포함해 많은 사막 포식자들에게 유혹적인 간식거리다 (110쪽 참고). 그러나 몸집이 작은 데다 커다란 동물이 접근할 때도 도망가기를 꺼리지만 뿔두꺼비는 확실히 만만한 먹잇감이 아니다. 이들은 진짜배기 보안 전문가다.

첫 번째 방어선은 위장이다. 붉은색, 노란색, 회색 등 이들이 사는 건조한 서식지를 닮은 몸 색과 울퉁불퉁한 피부는 꼼짝하지 않는 생활방식과 더불어 주변 환경에 녹아드는 데 도움을 준다. 위장이 발각되면 뿔두꺼비는 (접시에 쏙 들어갈 만한 동물이 할 수 있는 한도 내에서) 자신을 커다랗고 무우섭게 만든다. 이들은 몸집을 원래 크기의 두 배로 부풀린다. 무장한 팬케이크는 뾰족한 풍선으로 변하며 공격자의 삼키는 능력을 쓸모없게 만든다.

몸집 늘리기를 보여줘도 포식자가 꼼짝하지 않는다면 뿔과 가시가 그 역할을 할 것이다. 가시는 변형된 비늘이지만 뿔은 도마뱀의 두개골에서 돌출된 진짜 뼈다. 피할 수 없는 상황이 닥치면 고개를 숙이고 뿔을 드러내 육식동물의 식사를 최대한 지옥으로 만든다. 이 방법은 효과가 있다. 로드러너 성체들이 뿔도마뱀을 토해내거나 호기롭게 맞선 어린 새 한 마리가 도마뱀의 뿔이 목 안쪽을 뚫고 들어가는 바람에 질식사했다는 기록이 있다. 마찬가지로 뿔도마뱀의 가시가 몸 안에서 체벽을 찌른 탓에 종말을 맞이한 새끼 방울뱀의 사례도 보고된 바 있다.

더 큰 육식동물, 특히 갯과 동물이 대상일 경우 도마뱀은 반사출혈autohaemorrhaging이라는 특별한 억제 수단을 쓴다. 다시 말해 눈에서 피를 분사하는 것이다. 머리 주변의 혈압을

머리 주변의 혈압을 높여 혈관이 파열되고, 그 결과 약 1미터 떨어진 거리까지 닿을 정도로 안구에서 피가 강하게 발사된다.

높여 혈관이 파열되고, 그 결과 약 1미터 떨어진 거리까지 닿을 정도로 안구에서 피가 강하게 발사된다. 이 혈액은 갯과의 입에 맞지 않기 때문에 여우나 코요테, 들개는 먹으려 들다가도 망설이게 된다.

혈액에 포함된 불쾌한 화합물은 뿔도마뱀의 식단에서 비롯한 것으로 보인다. 도마뱀의 주식은 독성이 매우 강한 수확개미이며 그 외에도 딱정벌레와 흰개미가 있다. 뿔도마뱀의 혈장은 수확개미의 독을 해독할 수 있지만, 그 피는 결국 개들에게 고약한 맛을 낸다. 인간에게는 확실히 괜찮은 것 같지만 과도한 살충제 사용과 남아메리카에서 유입된 매우 공격적이고 침략적인 불개미의 확산으로 인해 도마뱀의 먹이가 줄어들고 있다.

뿔두꺼비는 물로 개미를 씻어낸다. 이들의 서식지에서 물은 매우 부족한 자원이지만 이들에게는 나름의 빗물 수집 비법이 있다. 도마뱀은 등을 아치형으로 휘어 우산 모양으로 만들고, 오돌토돌한 피부는 비늘 사이의 모세관 현상을 이용해 물을 입으로 직접 흘려준다. 비가 오든 날이 맑든, 로드러너든 여우든, 땅딸막한 작은 파충류는 모든 상황에 대비한다.

우단벌레

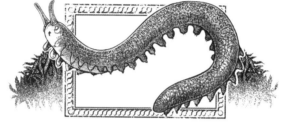

학명	phylum Onychophora
사는 곳	열대지방
특징	몸 안이 액체로 채워져 있으며, 분속 4센티미터의 속도로 움직임.

우단벌레는 동물이라면 누구나 열광할 만한 능력을 가졌다. 먹잇감이 움직이지 못하도록 그물 같은 접착제를 발사하는 것이다. 슬프게도 모든 소망이 의도한 대로 이루어지지는 않는다. 우단벌레는 민첩하고 강력한 스파이더맨을 닮았다기보다 낡은 글루건에 더 가깝다.

우단벌레는 자신들만으로 이루어진 문phylum인 유조동물문에 속하며 캄브리아기 초기 이후로 거의 변한 게 없다. 계통발생 측면에서는 절지동물과 완보동물(77쪽 참고) 사이에 위치하지만, 모양과 크기 쪽을 보자면 더듬이가 달린 애벌레와 비슷하다. 최소 13쌍, 최대 43쌍의 뭉툭한 다리가 달려 있으며 그 수는 종마다, 그리고 종 내에서도 서로 다르다. 몸체는 체절로 나뉘어 있지만 단단한 외골격은 없고 오로지 액체로 채워진 유체역학적인 존재다. 이들은 또한 분속 4센티미터로 움직이는 고통스러울 만큼 느린 생물이다.

속도가 너무 느려서 작은 곤충, 쥐며느리, 달팽이, 거미 등의 먹잇감을 사냥할 때 눈에 띄지 않게 먹이 위로 기어 올라갈 수 있을 뿐만 아니라, 더듬이로 조심스럽게 먹잇감을 살펴볼 수 있을 만큼 안정적으로 움직인다. 먹잇감이 필요한 조건을 모두 갖추었다면 공격이 시작된다. 특수하게 발달한 설유두oral papillae가 단백질이 풍부한 접착제를 찍 쏜다. 글루건처럼 말이다. 아울러 스파이더맨과는 달리 우단벌레는 최대 몇 센티미터의 단거리까지만 접착제를 발사할 수 있다. 일반적으로 한 번 발사하면 작은 먹이는 충분히 고정되지만, 더 큰 동물은 다리 주위에 몇 개의 끈적끈적한 가닥을 추가로 받을 수 있고 거미는 독니를 명중 당한다. 일단 접착제를 뿌리면 우단벌레는 먹이에 말 그대로 달라붙는다. 그들은 고정된 생물을 더듬거리며 부드러운 지점을 찾고 턱으로 타액을 주입해 먹이를 죽인 뒤 외부 소화 과정을 시작한다. 소화 효소가 정식을 끓이는 동안, 우단벌레는 사냥 중에 생산했던 고열량의 마른 접착제를 먹어 치워 범죄 현장을 알아서 정리한다. 피해자의 살을 섭취하는 데는 몇 시간이 걸리며, 푸짐한 식사 한 번으로 1~4주 동안 살아갈 수 있다.

우단벌레는 육상에서만 사는 유일한 동물문이다. 이들의 몸은 말라붙기 쉽고 습도가 높은 서식지를 필요로 한다는 점에서 놀라운 일이다. 이들은 혼자 살기도 하고 무리를 짓기도 한다. 사회적 종 가운데 하나인 에우페리파토이데스 로웰리Euperipatoides rowelli는 무리를 이끄는 암컷 아래 최대

15마리의 개체가 모여 생활하며, 각 집단은 자신들이 서식하는 썩은 통나무를 보호한다. 이 우단벌레는 떼지어 사냥하며, 리더인 암컷이 먼저 먹이를 먹는다. 리더가 홀로 1시간가량 식사를 한 후 그 외의 암컷, 수컷, 새끼가 남은 음식 먹기를 허락받는다. 부하들은 물기, 추격, 발차기를 보여주며 자신이 어떤 벌레인지 똑똑히 확인시킨다.

두 세계의 장점을 모두 원하는 이들은 난태생이다. 어미는 알을 자궁에 품어 키우지만, 그에 필요한 영양은 노른자에서 얻는다.

우단벌레의 번식은 다채로운 경험이 삶을 얼마나 즐겁고 풍요롭게 만드는지 증명한다. 일부 종은 난생, 즉 알을 낳는다. 일부는 태생, 다시 말해 새끼를 낳는다. 두 세계의 장점을 모두 원하는 이들은 난태생이다. 어미는 알을 자궁에 품어 키우지만, 그에 필요한 영양은 노른자에서 얻는다. 심지어 처녀생식 종도 있다. 특정 우단벌레 수컷은 짝을 유혹하는 가장 독특한 방법을 시전한다. 냄새나는 발을 바로 갖다 대는 게 아니라 차선책으로 다리의 대퇴샘crural gland에서 방출되는 페로몬을 사용하는 것이다. 더욱 기이하게도 일부 종은 말 그대로 머리로 정자 꾸러미(정포spermatophore)를 전달하는데, 음경 대신 머리에 전달을 위한 전용 구조(돌기, 보조개, 표창)가 있다. 아마도 가장 특이한 점은 일부 우단벌레 암컷의 경우 굳이 지정된 하차 장소로 정자를 받을 필요가 없다는 것이다. 정포는 그저 피부에 얹힐 뿐이며, 이는 반응을 촉발한다. 암컷의 특수한 혈액 세포는 큐티클과 정자 꾸러미의 외피를 분해해 정자가 체강을 거쳐 난소로 바로 들어가도록 한다. 우단벌레가 얼마나 느린지를 생각하면 아마도 작업은 간단할수록 좋을 것이다.

THE MODERN BESTIARY

웜뱃

학명	family Vombatidae
사는 곳	오스트레일리아
특징	정육면체 모양 똥을 쌈.

30킬로그램짜리 대형 기니피그와 흡사한 오스트레일리아의 유대류 웜뱃은 애기웜뱃, 남부털코웜뱃, 북부털코웜뱃의 세 종류로 나뉜다. 절멸 위기에 처한 마지막 종은 현재 퀸즈랜드의 에핑 포레스트 국립공원의 3제곱킬로미터 범위에서만 볼 수 있다. 세 웜뱃 종은 모두 초식이다. 이들은 지하에 살며 채굴에 뛰어나다. 새끼들의 삶을 더 편히 만들기 위해 암컷의 주머니는 뒤쪽으로 열려 있는데 이는 어미가 굴을 팔 때 주머니에 담긴 새끼들의 입에

흙이 튀는 걸 막는다.

당연하게도 이렇게 큰 동물의 터널은 초대받지 않은 방문객까지 끌어들일 수 있다. 하지만 여우나 들개와 같은 포식자에 의해 굴로 쫓긴 웜뱃은 매우 효율적인 무기인 방패 같은 엉덩이를 휘두른다. 궁지에 몰린 웜뱃은 터널에 머리부터 밀고 들어가 터널을 틀어막고 엉덩이만 적에게 노출한다. 엉덩이는 4개의 뼈가 연결되고 연골로 덮인 단단한 판, 단단한 지방층, 두꺼운 피부, 그리고 마지막으로 촘촘하고 거친 강모로 이루어져 내부 장기를 보호할 수 있다. 딩고ː오스트레일리아의 들개나 태즈메이니아데블ː오스트레일리아의 유대류는 외부의 열린 공간에서 웜뱃을 사냥할 수 있지만, 지하에서 이런 방어용 엉덩이 장갑을 뚫는 건 고통스러운 일이다. 그동안 웜뱃은 얌전히 먹히길 기다리지 않는다. 상대에게 강한 발차기를 선물할 뿐만 아니라 방탄 엉덩이로 포식자를 터널 벽이나 천장에 후려친다. 이 과정에서 상대의 두개골을 부수거나 질식시킨 기록이 있다. 사육사 업무 규칙에서는 웜뱃의 엉덩이와 단단한 물체 사이에 팔을 밀어 넣지 말라고 경고한다.

아마도 웜뱃의 가장 잘 알려진 특징은 정육면체 모양의 똥을 만들어내는 독특한 능력일 것이다. 생산 과정은 수십 년 동안 과학자들을 당황케 했는데, 무엇보다 웜뱃의 항문이 정사각형과는 거리가 멀기 때문이다. 하지만 최근 미스터리의 장막이 걷혔다. 이 문제를 해결하기 위해 호주 태즈메이니아대학교와 미국 애틀랜타에 있는 조지아 공과대학교 연구원들 간의 국제적 협력이 필요했다. 해부하는 동안 과학자팀은 두 가지를 알아냈다. 첫째, 웜뱃의 결장은 인간의 평균치인 1.6미터보다도 훨씬 긴 6미터에 달한다. 이는 배설물이 결장 끝에 도달할 때쯤엔 매우 건조하다는 사실을 의미한다. (평균 약 40~80시간 동안 이어지는) 장을 통과하는 기나긴 여정과 그에 따른 똥의 건조로 똥 모양이 더 잘 유지될 수 있다. 둘째, 대변의 기하학적 모양이 이전에 의심했던 것처럼 배변 중에 나타나는 것이 아니라 그 전인 결장에 있는 동안 생긴다는 것이 명백해졌다. 웜뱃의 장은 탄력성과 두께가 일정하지 않다. 웜뱃 내장은 더 부드러운 조각과 더 단단한 조각, 더 두꺼운 조각과 더 얇은 조각이 함께 모여 이루어진다. 인장 테스트와 수학적 모델을 곁들여 더 많은 해부를 진행한 뒤 연구팀은 똥이 더 단단한 부분은 더 빠른 수축을 통해 지나가고, 더 부드러운 부분은 느리게 통과하면서 벽이 평평해지고 가장자리가 날카로워진다는 결론에 도달했다. 딱 들어맞는 이름의 저널 〈소프트 매터Soft Matter〉에 게재된 이 연구는 과학자들에게 2019년 이그노벨 물리학상을 안겨줬다. 일종의 괴짜 노벨상인 이그노벨상은 '사람들을 웃게 하고 생각하게 만드는' 과학 연구에 수여된다. 이게 무슨 똥 싸는 소리 같은 연구인가 하겠지만, 사실 웜뱃 똥 연구 결과는 제조 공정이나 임상 병리학에 응용될 수 있다.

아마도 웜뱃의 가장 잘 알려진 특징은 정육면체 모양의 똥을 생성하는 독특한 능력일 것이다.

웜뱃의 경우, 각진 똥은 지정한 위치에서 굴러갈 가능성이 적기에 이상한 모양의 배설물이 영역 표시에 도움이 될지도 모른다. 이 통통한 유대류는 하루에 약 80~100개의 작은 정육면체를 생산할 수 있다.

송장개구리

학명	*Rana sylvatica, Lithobates sylvaticus*
사는 곳	알래스카, 북극권의 삼림지대
특징	1년 중 7개월을 냉동상태로 지냄.

한적한 알래스카의 겨울 숲, 나무들 사이로 얼음 연못이 보인다. 그 옆에는 얇은 나뭇잎 담요와 두꺼운 눈 이불 아래 한 손에 잡힐 정도로 작은 갈색 개구리가 있다. 개구리는 움직이지 않는다. 꽁꽁 얼어붙어 있으니까. 심장이 뛰지 않고 피도 흐르지 않으며 폐는 공기를 들이마시지 않는다. 그러나 봄이 오면 개구리는 녹아서 함께 겨울을 보낸 작은 연못으로 뛰어들 것이다. 마치, 아무 일도 없었다는 양.

까무러치게 멋진 이 양서류는 송장개구리로 미국 중서부부터 캐나다를 가로질러 알래스카 전역과 북극권에 걸쳐 삼림 지대에 서식한다. 영하의 기온이 지속되고 최저 기온이 영하 22도에 이르는 북부 서식지에서는 1년 중 7개월을 얼어붙은 채 지낸다. 만약 인간이 이 위업에 도전한다면 매우 높은 확률로 얼음 결정이 세포와 조직을 터뜨릴 것이다. 하지만 송장개구리에게는 다 방법이 있다.

영하의 기온이 지속되고 최저 기온이 영하 22도에 이르는 북부 서식지에서는 1년 중 7개월을 얼어붙은 채 지낸다.

송장개구리에겐 자체 부동액 시스템이 있다. 이들은 두 가지 물질을 동결 방지제로 사용해 얼음이 어는 걸 막고 막과 거대 분자를 온전하게 보전한다. 첫 번째 물질인 요소尿素는 신진대사를 추가로 억제한다. 다른 하나는 포도당으로 주요 역할은 세포 내의 수분을 유지하는 것이다. 포도당 함량이 높아지면, 세포 내부가 얼지 않는 시럽 용액으로 바뀌고 탈수도 막을 수 있다. 동시에 세포 외부의 수분이 적다는 것은 세포 주변의 얼음이 적다는 의미이므로 조직 파열과 손상도 줄어든다. 이 두 가지 보호 화합물 덕분에 개구리는 몸속 수분의 3분의 2가 얼더라도 다행히 살아남을 수 있다.

물론 이 개구리가 갑자기 얼음덩이로 변하는 건 아니다. 9월이나 10월 몇 주 동안, 밤에는 얼고 낮에는 녹으며 준비 기간을 가진다. 이렇듯 반복적인 냉동 해동 주기는 아마도 체내 부동액의 양을 늘리는 데 도움이 될 것이다. 이 개구리는 혈당 수치가 250배나 상승해도 당뇨병에 걸리지 않는다.

하지만 설탕을 잔뜩 품은 양서류가 달콤하게 구는 것은 아니다. 어린 시절에는 특히 더 그렇다. 송장개구리는 이른 봄에 짝을 짓는다. 이들은 비버가 만든 웅덩이를 비롯해 한시적인 습지에서 번식하길 좋아한다. 수명이 짧은 수원은 큰 이점이 있다. 알을 먹을 물고기 주민이 없다는 것이다. 그러나 포식자로부터의 안전은 대가가 따르는데, 임시 연못은 쉽게 말라버리기 때문에 알이나 올챙이도 함께 건조해진다. 게다가 웅덩이가 마르면서 그 안에 남은 먹이도 줄어드는 데다 모든 올챙이 주민들이 사방에서 노폐물을 배설해대며 물이 계속 오염된다. 이제 개구리 유생에게 성장은 경쟁이다. 물이 다 말라붙거나 너무 더러워지기 전에 성장할 수 있을 것인가?

이들의 부모는 가능한 한 빨리 알을 낳아 자식들의 조금 더 빠른 시작을 이끌어 줄 수 있고, 이는 발달 시간을 좀 더 벌어 준다. 송장개구리는 커다란 공동 산란 장소 한 곳에 알을 낳기 때문에 덩어리 중앙에 있는 알이 유리할 수 있다. 온도가 약간 높아 성장 속도가 더 빨라지고, 외부의 위험으로부터도 더 잘 보호받는다. 그런데도 올챙이는 싸움에서 우위를 차지하고 점점 좁아지는 집에서 살아남기 위해 시도할 수 있는 가장 무자비한 방법으로 경쟁에 대처할 수 있다. 바로 동족 포식이다. 최적의 생활환경에서는 다른 올챙이를 우걱우걱 먹지는 않지만, (계속 증가하는 올챙이 배설물에서 나오는 화학적 신호를 통해) 웅덩이가 점점 더 붐비고 있음을 감지하면 주저하지 않고 동종 친구들을 게걸스레 집어삼킬 것이다. 개구리가 개구리를 잡아먹는 이 세계에서 자신보다 더 작은 올챙이나 알을 공격하는 것은 보통 가장 나이가 많고 가장 발달한 올챙이다. 그야말로 냉혈한 살해 사건의 전형이라 할 수 있다.

아마존강돌고래   레이싱스트라이프플랫웜
투구게   로빙코랄그루퍼
청줄청소놀래기   갯민숭달팽이
왕털갯지렁이   해삼
초롱아귀   감투빗해파리
오리   뮤렉스바다고둥
흡충   피파개구리
가리알   키모토아 엑시구아
호주참갑오징어   물곰
물장군   와틀드물꿩
그린란드상어   예티크랩
먹장어   좀비벌레
하프해면
청어
홍해파리
바다이구아나
메리리버거북
흉내문어
동굴도롱뇽붙이
공작갯가재
숨이고기
피우레
오리너구리

아마존강돌고래

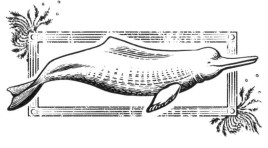

학명	*Inia geoffrensis*
사는 곳	남아메리카 곳곳의 강
특징	아름다운 외모에 어울리는 편견 없는 연애를 지향함.

아마존강돌고래는 어린이가 가장 좋아하는 생물종 목록에서 꽤 상위를 차지할 것이다. 돌고래이고 분홍색이다. 그러나 바비 인형 같은 생김새보다 훨씬 더 대단한 녀석들이다.

아마존강돌고래는 브라질과 에콰도르부터 베네수엘라와 볼리비아에 이르기까지 남아메리카의 여러 강에서 찾아볼 수 있다. 그들이 서식하는 강물은 탁한 편이기에 이들은 먹이를 탐색하고 그 위치를 알아내기 위해 음파 탐지를 사용한다. 자신들이 내보낸 소리가 물체에 튕겨 나오는 데까지 걸리는 시간을 재는 것이다. 봉긋하게 솟은 머리에는 음파 탐지 시 초점을 맞추는 음향 렌즈 역할의 커다란 지방 덩어리인 멜론이 들어 있다. 멜론의 모양을 근육으로 조절할 수 있기 때문에, 아마존강돌고래의 음파 탐지기는 방향을 찾는 데 뛰어나다. 동시에 이들이 내보내는 소리는 바다에 사는 돌고래만큼 강하지 않은데, 아마도 이들의 환경이 훨씬 더 어수선하기 때문일 것이다.

강에 사는 돌고래들은 먹이도 흥미롭다. 이들은 피라냐를 먹는다! 또 다양한 물고기와 더불어 강 거북과 게도 잡아먹으며, 진흙 속에서 먹이를 더 쉽게 탐지하기 위해 주둥이의 강모를 사용한다. 이 돌고래들은 눈이 한없이 작아 보일지언정 시력 또한 물 안팎에서 모두 뛰어나다. 비록 이들의 수영 속도가 아주 빠르진 않고(보통 시속 2~5킬로미터) 모양새도 어딘가 어설퍼 보이지만, 쉽게 몸을 비틀고 회전하는 능력 덕분에 방향 전환이 자유자재인 데다 엄청나게 유연하다. 이런 능력은 좁아지는 개울, 작은 수로와 여울을 통해 이동할 때 힘을 발휘한다. 건기 동안 돌고래들은 깊은 호수에 갇히겠지만, 강물이 차오르면 이들은 물고기를 쫓아 물에 잠긴 지역으로 나가는 모험을 감행하고 가끔은 물에 잠긴 나무들 사이에서 헤엄치기도 한다.

아마존강돌고래는 모든 강돌고래 중 가장 크다. 몸길이가 약 2.5미터이고 몸무게가 200킬로그램에 이른다. 수컷의 몸집이 암컷보다 최대 55퍼센트가량 더 큰데, 고래목(돌고래와 고래류)에서는 드문 일이다. 몸 색깔은 수컷이 더 빨리 분홍색을 띤다. 아마존강돌고래는 회색으로 태어나 점차 색이 변하며, 피부의 흉터 때문에 분홍색이 된다. 암컷보다 더 공격적인 수컷은 거의 전신이 흉터로 덮이기도 하는데 이 때문에 몸 색깔이 장밋빛이다.

연구자들이 암수의 크기 차이를 확실히 알아내기 전까지는 아마존강돌고래는 일부일처제로 알려졌다. 그러나 성별이 구분되면서 이들이 훨씬 더 다양한 형태의 연애를 즐긴다는 사실이 명백해졌다. 일부다처제, 난혼, 자위(암수 모두), 동성애가 보고된 바 있으며 심지어 수컷이 다른 수컷의 분수공에 삽입하려 시도한 기록도 있다. 돌고래들은 30~90초마다 (분수공으로) 호흡해야 하기에 아마도 흔한 일은 아니었을 것이다. 이런 일은 분홍 동물을 좋아하는 어린 이들에게 굳이 알려주지 않아도 될 것 같다.

> 아마존 사람들은 돌고래들이 인간의 모습으로 남자들을 유혹하고 여자들을 임신시키는 황홀경의 변신수라고 믿는다.

다양한 성행위는 아마존강돌고래와 관련된 신화를 떠올리게 한다. 아마존 사람들은 돌고래들이 인간의 모습으로 남자들을 유혹하고 여자들을 임신시키는 황홀경의 변신수라고 믿는다. 신성한 동물을 건방지게 위협해 대는 이들은 거의 없었기 때문에, 이러한 믿음은 분홍 돌고래들을 어느 정도 보호해줬다. 그러나 최근에는 수질 오염과 강의 댐 공사로 인해 절멸 위기 목록에 올라 있다. 이들은 낚시 도구에 얽힐 뿐만 아니라 미끼용으로도 죽임당한다. 아마존강돌고래들은 자신들이 먹던 물고기의 미끼로 쓰이는 운명의 장난 같은 일을 겪게 된 것이다.

THE MODERN BESTIARY

투구게

학명	*Limulus polyphemus*
사는 곳	아시아, 북아메리카 해안
특징	2억 년 동안 한결 같은 외모 유지 중.

고귀한 '블루 블러드'이며 4억 년 동안 존재해 온 이는 대체 누구일까? 영국 왕실 귀족? 아니다. 답은 투구게다.

혼란스럽게도 투구게는 게가 아니다. 갑각류도 아니다. 바다에 살고 있지만 게나 바닷가재보다는 거미나 전갈에 더 가깝다. 투구게에는 4종이 있다. 3종은 아시아에 서식하고, 1종은 북아메리카 동부 해안에서 발견되는 대서양 투구게다. 이 해양 절지동물은 2억 년이 넘는 시간 동안 거의 모습이 변하지 않은 채 이어져 왔기 때문에 '살아있는 화석'이라고 불린다. 그렇지만 유사 종에 대한 최초의 화석 기록이 4억 8000만 년 전으로 거슬러 올라가는, 공룡보다 오래된 생물이다.

인간의 눈에 투구게는 신체 설계가 완전히 틀려먹은 생물처럼 보일지도 모른다. 투구게는 턱 자리에 다리가 있고 아가미에 생식기가 있고 다리 사이에 입이 있고 사방에 눈이 있다. 대서양 종의 학명을 따온 그리스 신화 속 폴리페무스는 눈이 하나만 있는 거인이다. 그러나 투구게의 눈은 최소 아홉 개다. 등딱지 위에는 한 쌍의 겹눈, 한 쌍의 중앙 눈, 여기에 더해 세 개의 원시 눈이 있다. 바닥 쪽에는 입 근처에 두 개의 배 쪽 눈이 있다(물속에서 배영으로 이동하기 때문에 헤엄치는 동안 주변을 탐색하기 위한 것으로 추정된다). 이걸로도 충분하지 않다면 꼬리를 따라 빛을 감지하는 기관도 있다.

대서양 투구게의 눈은 그저 그런 오래된 눈이 아니다. 과학을 발전시키는 눈이다. 1967년, 핼던 케퍼 하틀라인은 시각 신경생리학 연구로 노벨상을 받았다. 그의 연구는 이 해양 무척추동물의 눈, 특히 커다란 광수용체를 주력으로 다루었다. 그러나 이것이 생물 의학 연구에 대한 이 종의 유일한 업적은 아니다. 이들의 가치를 더 크게 높여준 특징은 바로 피 색깔이 푸른색이라는 것이다.

투구게의 혈액에 있는 산소 결합 물질은 헤모글로빈이 아니라 구리를 함유한 헤모시아닌으로, 산소가 공급되면 파랗게 변한다. 그러나 약학적 관점에서 볼 때 제왕의 피가 가진 더 유용한 특징은 엔도톡신※ 그람음성균의 세포벽에 있다가 균이 죽거나 세포가 파괴되면 유리되며, 혈중에 퍼지면 발열이나 쇼크를 일으키는 독성 물질을 탐지하는 능력이다. 엔도톡신은 세균의 외막에 있는 분자로, 투구게의 혈액 세포인 아메보카이트amebocytes의 즉각적인 반응을 불러일으킨다. 따라서 아메보카이트는 상업적인 엔도톡신 검출에 딱 맞는 방법이 되었으며 약물, 백신, 임플란트는 물론 환경 요인의 품질 보증에도 쓰이고 있다.

이 필수 물질을 얻기 위해 연간 약 50만 마리의 대서양 투구게를 바다에서 채집한 뒤 실험실로 가져가서 피를 빼낸다. 게들은 야생으로 다시 방류되기 전에 각각 혈액의 약 30퍼센트를 기증한다. 이는 거대한 생의학적 이익을 위한 작은 희생처럼 들릴 수도 있지만, 채집 직후 사망률은 10~30퍼센트에 달하며 이는 장기 모니터링을 포함하지 않은 수치다. 잡힌 동물들은 스트레스, 부상, 과다 출혈, 저산소증으로 고통받는다. 더욱이 혈액 채취는 암컷의 번식 능력을 감소시킨다. 산란기 동안 채집이 자주 이루어지기 때문에 그 영향은 더 클 것이다. 설상가상으로 투구게는 물레고둥과 장어의 미끼로 어업에서도 쓰인다.

투구게의 감소가 다른 동물에게도 영향을 미치기 때문에 환경 보호 활동가들은 종의 운명에 대해 점점 더 우려하고 있다. 붉은가슴도요와 같은 도요새, 물떼새류의 철새들은 이동하는 중간중간 단백질이 풍부한 투구게 알을 먹으며 에너지를 보충한다. 유충과 유생은 새우, 물고기, 게의 먹이가 되고 성체는 바다거북의 먹이다.

어떻게 하면 생의학과 어업 분야의 이익과 종의 보존에 모두 이득이 되는 방향으로 종을 관리할 수 있을지 결정을 내려야 하는 상황이 왔다. 몇몇 대체 엔도톡신 테스트가 개발되긴 했지만, 우려되는 점은 여전히 있다. 제약 산업의 수요를 억제할 경우 현재 어업을 제한하고 있는 보호 조치가 약화돼 투구게는 그야말로 법적 난국에 빠질 수 있다.

청줄청소놀래기

THE MODERN BESTIARY

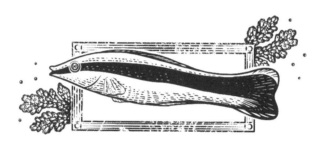

학명	_Labroides dimidiatus_
사는 곳	태평양, 인도양
특징	전 세계에서 가장 양심 없는 청소 업체 운영 중.

복잡하고 다차원적인 수중 사회에는 매우 부지런하고 열심히 일하는 서비스 제공 계층이 있다. 여러분이 원한다면 말이지만 바다의 소금, 청소 물고기다. 많은 종이 청소 업무에 종사하고 있지만 가장 잘 연구된 종은 태평양과 인도양의 산호초에 사는 청줄청소놀래기다. 몸길이 약 10센티미터인 이 작은 물고기는 '클리닝 스테이션': 해양 생물들이 청소 물고기의 도움을 받아 몸을 청소하는 장소에 기반을 두고 있으며 청소부의 먹이인 피부 기생충이나 죽은 조직

왜지 익숙한 나를 닮은 동물 사전

을 제거하기 위해 찾아오는 자신보다 큰 몸집의 물고기 고객을 돌본다. 이들은 물고기에게만 서비스하지 않는다. 바다거북, 문어, 랍스터, 바닷새가 나타나면 같은 일을 기꺼이 수행한다.

청소놀래기는 쉽게 눈에 띈다. 파란색이나 흰색 몸통에 이에 대조되는 검은색 줄무늬가 가로지른다. 그들은 또한 꼬리지느러미를 펼치고 등을 흔드는 춤을 추며 열심히 자신을 홍보한다. 이렇게 초청받은 고객은 클리닝 스테이션에 접근해 청소부가 지느러미, 아가미, 입, 그 외 신체 부위에 자유롭게 접근할 수 있도록 자세를 취한다. 청소 사업은 청소부 한 마리가 하루에 2000건이 넘는 의뢰를 받을 정도로 엄청나게 성공했다. 그러니 몇몇 물고기 종이 놀래기의 외모와 행동을 흉내 내는 것은 놀라운 일이 아니다. 가짜 청소 물고기false cleaner fish는 밝은색과 특징적인 검은 줄무늬를 모방한다. '클리닝 스테이션에 오신 것을 환영합니다' 댄스도 출 것이다. 하지만 가짜 청소 물고기는 지느러미를 먹는 동물이며 고객이 대자로 누운 틈을 타 몸을 청소하는 대신 물어 버린다. 또 다른 공격적인 모방자 청줄배도라치 bluestriped fangblenny는 실제로 고객에게 마약성 진통제가 포함된 독을 주사해 고객은 물린 느낌을 느끼지 못하고 방향 감각마저 잃어 범인을 추적할 수 없다.

놀래기들은 친절하고 도움이 되며 모방은 불쾌하고 착취적이라는 결론을 내릴 수도 있을 것이다. 하지만 그렇게 간단하지는 않다. 청소놀래기는 주로 기생충을 먹지만, 사실 그들이 진짜 좋아하는 먹이는 다른 물고기의 맛있고 영양이 풍부한 비늘과 점액이다. 고객은 조금씩 갉아 먹히는 것을 좋아하지 않기 때문에 갉아먹는 이를 쫓거나 학대 위험이 있는 클리닝 스테이션을 방문하려 들지 않을 것이다. 결국 놀래기들은 딜레마에 부딪힌다. 맛있는 점액 조각을 먹고 사업이 망할 위험을 무릅쓰거나, 차선책인 기생충 식사에 만족하고 고객의 방문량을 일정하게 유지하거나.

청소부가 고객을 속인다는 사실은 매우 명백하다. 아프게 물린 상대가 눈에 띄게 요동치기 때문이다. 다른 물고기들도 있는 장소에서 청소가 진행되기에 이러한 움직임은 '조심하세요. 청소부가 관절을 물어요!'라는 신호가 될 수 있으며, 잘근잘근 물어대는 청소놀래기는 나쁜 평판을 얻고 고객을 잃게 된다. 결과적으로 다른 물고기가 지켜보는 데서 일을 하는 청소부들은 미래의 고객을 권장하기 위해 최선의 행동을 취하는 경향이 있다. 대신, 아무도 보지 않을 땐 더 많이 물어댄다. 또한 유혹을 이기지 못하면서 손님도 놓치고 싶지 않은 물어대기 선수들은 실수를 만회하는 의미로 지느러미로 등 마사지를 해 준다(동시에 구경꾼들에게 추가 서비스를 자랑한다).

다른 클리닝 스테이션도 이용할 수 있는 방문 고객은 선택의 여지가 없는 지역 거주 고객보다 환대를 받는다. 방문하는 고객은 찰나의 식량 공급원을 의미하며 청소놀래기들은 무언가가 사라지기 전에 이를 활용하는 방법을 재빨리 익힌다. 실제로 동물계의 천재들인 카푸친, 침팬지, 오랑우탄과 같은 영장류와 먹이 섭취를 극대화하는 과제(일시적인 먹이를 먼저 먹고 난 뒤 영구적인 먹이를 먹어야 추가 보상을 받는다)로 대결했을 때 놀래기들은 매우 빠르게 학습했지만, 영장류 대부분은 연구자들이 예상한 수치를 뛰어넘지 못했다. 이 프로젝트의 수석연구원인 레두안 비샤리는 재미 삼아 임시 접시와 영구 접시에 각각 M&M 초콜릿을 담고 4살짜리 딸을 대상으로 일종의 '섭식 테스트'를 시행했다. 안타깝게도 아이는 100번의 시도에도 임시 접시를 우선시해야 한다는 사실을 절대 깨닫지 못했다.

왕털갯지렁이

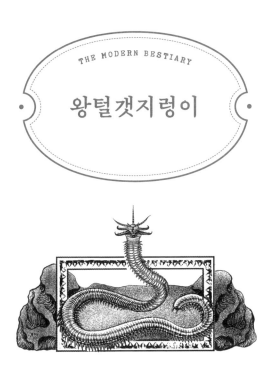

학명	*Eunice aphroditois*
사는 곳	대서양, 인도 태평양
특징	잠복 수사가 취미. 인내심이 좋음.

바다의 요정 유니스Unice와 그리스의 사랑과 미의 여신 아프로디테Aphrodite 의 이름을 따 에우니케 아프로디토이스라는 학명을 받으면 확실히 외적인 부분에서 부담을 느낄 수밖에 없을 것이다. 하지만 이 우아한 이름의 소유 자는 부끄러워하지 않는다. 그는 모든 공포 영화에 등장한 외계인의 합성처 럼 보인다. 이건 거대하고 온몸이 체절로 나뉜 육식 지렁이다. 아프로디테 라는 이름을 설명할 수 있는 유일한 장점은 몸에 감도는 아주 예쁜 무지갯빛

광택이다. 괴물 같은 생김새만 못 본 척해 준다면 아름답다.

    이 동물의 영문 일반명인 보빗웜bobbit worm은 이들의 포식하는 특징에 잘 어울린다. 1993년 전 세계의 신문 헤드라인을 장식했던 존 보빗과 로레나 보빗 사건을 기념하는 이름이다. 로레나는 자신을 학대하던 남편이 자는 동안 조각칼로 그의 성기를 잘라 버렸다. 물론 왕털갯지렁이가 서로의 음경을 자르진 않는다. 아마도 자를 외부 생식기가 없기 때문일 것이다. 그들은 생식체를 물에 직접 방출하니까. 그러나 이들은 매우 갑작스러운 공격을 가한다.

    왕털갯지렁이는 환형동물문(몸이 체절로 나뉜 웜)에 속하는 갯지렁이, 또는 다모류다. 겸허한 지렁이의 거대하고 전투적인 해양성 사촌이라는 이야기다. 길이는 보통 약 1미터지만 가장 큰 개체는 3배 더 크고 몸 두께는 약 2.5센티미터다. 에우니케속의 정확한 분류는 좀 혼란스러운 편으로, 지금은 대서양과 인도 태평양 전역의 따뜻한 바다에서 서식하는 거대하고 악몽 같은 다모류는 모두 왕털갯지렁이라 여기는 듯하다.

    모래 공격수라고도 알려진 이 포식자는 점액으로 둘러친 은신처의 퇴적물에 몸을 묻은 채 시간을 보낸다. 튀어나온 유일한 신체 부위는 머리뿐이며 이는 기습 공격용으로 완벽하게 무장되어 있다. 줄무늬가 새겨진 5개의 더듬이는 기뢰의 폭발용 뿔처럼 작동한다. 물고기가 벌레 같은 움직임에 유인되거나 불운한 우연으로 인해 헤엄치다 이 더듬이를 스치면 갯지렁이가 물고기를 잡아채 굴 속으로 끌어당긴다. 먹잇감을 기다리는 동안 몸보다 넓은, 강하고 날카로운 턱은 스프링이 달린 덫처럼 열려 있다. 목표물을 획득하면 격렬하게 닫혀 먹이가 반으로 잘릴 수 있다. 주변에 먹잇감이 없을 땐 모래 공격수는 한 쌍의 눈을 사용하여 먹이 후보를 찾기도 한다. 밤이 되면 갯지렁이는 활동적인 사냥 전략을 선택해 해저에서 튀어나와 지나가는 물고기를 낚아챈다.

피터스단안경실꼬리돔peters' monocle bream과 같은 몇몇 물고기는 모래 공격수에 맞서는 법을 배웠다. 갯지렁이가 발견되면 물고기들은 갯지렁이가 지하로 후퇴할 때까지 그 방향으로 물줄기를 불어 몰아낸다. 모빙mobbing : 피식자가 자신의 영역에 들어온 포식자를 쫓아내는 행위은 여러 목적으로 쓰인다. 다모류에 대한 즉각적인 위협 외에도, 해당 지역에 있는 다른 물고기에게 갯지렁이의 출현을 알리는 한편 분명한 경고도 보낸다. '너 딱 걸렸어! 딴데로 꺼져!'

이동에 대해 말하자면… 생의 초기 단계의 왕털갯지렁이는 부유 생물로 쉽게 돌아다니다가 마침내 바위나 산호의 구석구석으로 휘청휘청 들어간다. 이 때문에 특히 야생에서 수집된 물건과 함께 수족관에 들어가는 경우가 있다. 모래 공격수는 발각되지 않은 채 수조에서 수년을 보낼 수 있으며, 수족관 관리자는 귀한 수족관 주민이 실종되었을 때 비로소 이들의 존재를 알게 된다. 공포 영화의 오프닝을 상상할 수 있을 것이다. 고요한 수조에서 이따금 물고기가 사라져가지만 아무도 그 이유를 모른다. 어느 날 밤, 거대하고 외계인 같은 수중 벌레가 추악한 머리를 치켜세우고 나타나기 전까진… 덥석!

THE MODERN BESTIARY

초롱아귀

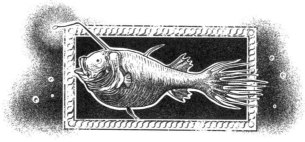

학명	suborder Ceratioidei
사는 곳	수심 300미터 아래의 심해
특징	짝 찾기에 성공하면 말 그대로 '둘이 하나'가 됨.

우린 모두 이런 커플을 알고 있다. 성공적이고 독립적이며 아주 매력적인 여자. 남자는 전혀 무매력. 아귀 커플은 모른 척 할 이야기다.

초롱아귀는 초롱아귀아목에 속하는 168종을 말하는데, 수심 300미터가 넘는 깊이의 바다에서 서식한다. 여기에는 풋볼피쉬, 바늘방석아귀 또는 무사마귀, 채찍코아귀, 가시 바다 악마 등 가장 괴이한 생김새와 더불어 이름과 딱 들어맞는 물고기들이 속한다. 아귀는 위협적으로 뾰족한 이빨이 달린 거대한 입, 칙칙한 회갈색 몸, 머리에서 뻗어 나온 낚싯대로 이루어져 있다. 그 낚싯대(변형된 등지느러미 가시)에는 에스카*esca*라고 불리는 매혹적인 발광 미끼가 들어 있는데, 이는 벌어진 아귀의 턱으로 먹이를 곧장 유인하는 데 쓰인다. 에스카를 빛나게 만드는 것은 공생 박테리아로 아귀에게 피난처를 받는 대가로 빛을 제공한다.

언뜻 보기에 빛나는 미끼는 이상한 선택처럼 보일 수 있다. '물고기는 야광봉에 끌리지 않는데?' '물속에서 빛을 내는 존재가 있어?' 하지만 진짜 던져야 할 질문은 '누가 빛을 내지 않지?'이다. 해양에 서식하는 유기체의 약 4분의 3이 생물발광을 하기 때문이다. 빛나는 미끼는 먹잇감을 매혹할 뿐만 아니라 짝을 찾는 데도 유용하다.

빛을 내고 먹이를 유인하는 일은 몸집이 크고 근면한 암컷들만 한다. 이에 비해 수컷은 작고 별 특징이 없다. 실제로, 포토코리누스 스피니케프스*Photocorynus spiniceps*의 성체 수컷은 몸길이 6~10밀리미터로 작아도 너무 작아 세계에서 가장 작은 척추동물 중 하나로 여겨진다(암컷의 길이는 50밀리미터 이상이다). 성별 간의 가장 뚜렷한 차이는 케라티아스 홀보엘리*Ceratias holboelli*에서 나타나는데 암컷의 몸무게가 무려 수컷의 50만 배에 달한다.

그러나 어둡고 깊은 바다에서 짝을 찾는 일은 암컷이 박테리아 조명 시스템으로 빛을 받더라도 쉽지 않다. 수컷 아귀는 짝짓기 기회를 최대한 늘리기 위해 특별한 선택을 했다. 수컷은 매우 커다란 눈뿐만 아니라 유혹적인 페로몬을 잡아낼 수 있는 드넓은 콧구멍으로 짝을 찾는다. 예상하듯이 운명의 상대를 찾은 수컷은 상대를 그냥 가게 두지 않는다. 수컷의 이빨은 암컷을 붙잡는 데 특화된 집게발 모양의 뼈로 대체됐다. 일시적으로 달라붙는 종도 있지만, 다른 종들은 한 단계 더 나아가 짝에게 평생 달라붙는다. 이 단계에서 암컷은 '짝'이라기 보다는 숙주라고 봐야 할 텐데, 수컷의 행동은 성적 기생이라 불리기 때문이다. '네 건 내 거' 기조에 따라, 수컷의 몸은 암컷의 몸과 융합되고 피부 조직이 연결되며 순환계는 통합되고 눈과 콧구멍은 퇴화해 죽음이 둘을 갈라놓을 때까지 영양학적으로 암컷에게 의존하게 된다. 자유롭게 생활하는 독신 케라티아스 홀보엘리*C.holboelli* 수컷은 성체가 된 뒤엔 스스로 먹이를 먹지 않고 이전에 간에 저장해 둔 모든 에너지를 짝을 찾는 데만 쓴다. 이 시점부터 그들은 자신의 슈거맘 ː 젊은이들에게 물질을 지원해주는 대신 이들과 시간을 보내거나 성관계를 맺는 중년 여성. 남성의 경우는 슈거대디에게 들러붙어 영양분을 얻는다.

1922년에 이 이상한 현상을 기술한 아이슬란드 연구자 비야르니 자에 문손은 붙어 있던 수컷이 새끼 물고기라고 확신했다. 실제로는 아니었다. 수컷은 암컷에게 달라붙지 않으면 성숙하지 못한다. 운 나쁘게도 몇 개월 안에 짝을 찾지 못한 수컷은 죽는다. 암컷은 성적으로 성숙하기 전에 성적 기생을 당할 수 있다. 암컷 입장에서는 딱 들어맞는 상대가 아니더라도 주머니에 쏙 들어갈 만한 수컷을 가까이 두는 쪽이 실용적이다. 자손을 생성할 준비가 될 때마다 수컷이 주변에 있으니 말이다. 그리고 그들은 함께 이상한 자웅동체 자가 수정 키메라 ː 한 개체 내에 서로 다른 유전적 성질을 가지는 동종의 조직이 함께 존재하는 현상를 형성한다.

서로 다른 두 유기체가 하나가 되려면 면역학 측면에서 신체(그리고 아마도 정신)적으로 서로 죽이지 않아야 한다. 수혜자의 면역 체계가 장기 이식에 대해 민감하게 반응하는 경우 장기 이식이 실패한다는 점을 고려하면 이는 쉬운 일이 아니다. 아귀는 면역 반응을 완전히 제거하여 문제를 피해 버렸다. 짝이 일시적으로 결합하는 종은 면역 반응이 어느 정도 줄어들 뿐이지만, 영구적인 융합을 하는 종의 경우 척추동물에 필수적인 면역 반응도 완전히 잃어버린다. 수컷 아귀가 자신은 영원히 당신의 것이라 맹세하는 말은 정말 말 그대로, 진심이다.

THE MODERN BESTIARY

오리

학명	family Anatidae
사는곳	지구 곳곳
특징	암수간의 갈등의 역사가 신체에 반영됨.

우리 모두 오리가 뭔지 안다. 여기서 '모두'는 분류학자를 제외한 사람들이다. 오리는 거위, 백조와 함께 오리과에 속하는데, 어디까지나 분류학적으로는 그렇다. 오리 자체는 단계통군을 이루지 않는다. 다시 말해 단일 공통 조상의 후손들끼리 묶어 분류한 것이 아니다. 대신에 그들은 생김새와 행동에 따라 분류된 그룹인 '형태 분류군form taxon'이다. 기본적으로 분류학자 대부분은 훌륭한 과거의 귀추법에 따라 '오리처럼 보이고, 오리처럼 헤엄치

고, 오리처럼 꽥꽥거린다면 아마도 오리일 것이다'로 무엇이 오리고 무엇이 오리가 아닌지 분류한다.

설상가상으로 오리는 서로 다른 종끼리 혼합되기도 쉽다. 청둥오리는 절멸 위기에 처한 하와이청둥오리를 비롯해 40종 이상의 다른 종과 교미한다. 붉은꼬리물오리는 절멸 위기에 처한 흰꼬리오리에게 홀딱 반했다. 대략 400개 이상의 종간 잡종이 기록됐다. 이는 특히 토종 오리 개체수가 적은 섬에서는 종의 보존에 심각한 문제를 일으킨다. 종들 사이의 유전적 구성과 행동이 비슷한 데다 이들이 같은 서식지를 공유하기 때문에 잡종은 매우 자주 탄생한다. 또 다른 기여 요소로 추측되는 것에도 주목해보자. 오리는 수컷이 외부 생식기를 가진 3퍼센트의 조류에 속한다는 점이다.

대부분의 새는 비교적 순결하다. 성기가 없기 때문에 '총배설강 접문'으로 번식한다. 벌거벗은 켄과 바비처럼 정자가 수컷에서 암컷의 총배설강으로 이동할 때까지 몇 초 동안 서로의 은밀한 부위를 누르기만 하면 된다. 짜잔, 이게 바로 새끼 새가 탄생하는 과정이다. 새끼 오리를 제외하고 말이다. 새끼 오리는 생식 진화 전쟁의 산물이다.

오리는 일반적으로 (적어도 한 계절 동안은) 일부일처제로 여겨지지만 실제로는 수많은 혼외정사에 뛰어들어 치열한 정자 경쟁을 벌인다. 경쟁이 격렬할수록 오리의 음경도 커진다. 아르헨티나푸른부리오리는 조류 중 가장 긴 남근을 자랑한다. 참고로 가장 긴 음경으로 기록된 길이는 42.5센티미터로 몸 크기 대비 척추동물 중 가장 커다란 음경이기도 하다. 게다가 가시로 덮여 암컷의 생식 기관에서 선행자의 정자를 제거하는 데 도움이 될 것이다. 오리의 성교는 그야말로 폭발적이다. 머스코비오리는 20센티미터 길이의 코르크 따개 모양 기관을 초속 1.6미터로 암컷의 총배설강에 박아넣는다. 이들에게 강제 교미가 드문 일이 아니기 때문에 암컷은 상대를 우롱하는 구석구석 갈라진 틈과 막다른 골목을 통해 믿을 수 없을 정도로 질을 복잡하게 발달시켜 자신을 수정시키는 존재를 통제하려고 한다. 이러한 내부 미로는 시계 방향으로 나선을 그리기에 시계 반대 방향으로 꼬인 음경은 목적지에 도달하기 어렵다. 질 속의 주름이 협력이 아닌 성적 갈등의 결과라는 이야기다.

암컷 오리가 수컷을 경계하는 건 놀라운 일이 아니다. 수오리는 암오리든 수오리든, 그리고 살았든 죽었든 그 어떤 상대에게도 자신을 밀어붙인다고 알려져 있다. 2001년 교미 시도가 75분 동안 이어진 청둥오리의 동성 시간屍奸 건이 보고된 바 있으며, 이는 이 종의 동성애나 사체애호증에 대한 유일한 기록이 아니다.

이렇듯 자극적인 애욕의 시간을 보내느라 새끼를 돌볼 시간이 많지 않다. 검은머리오리는 둥지를 지을 생각조차 하지 않고 뻐꾸기처럼 알을 낳아 다른 새가 품게 한다. 신기하게도, 그리고 숙주(물닭, 갈매기, 심지어 아주 무례하게도 맹금류까지!)에게는 다행히 새끼 오리는 조숙한 상태로 태어나 부화한 지 하루 안에 의붓형제들에게 해를 끼치지 않고 둥지를 떠난다.

때로는 위탁 보호가 예상치 못한 결과를 부르기도 한다. 사람 손을 탄 호주 사향오리는 지루한 '꽥' 소리를 넘어 보컬 레퍼토리를 확장하는 방법을 익혔다. 이 종은 태평양검둥오리의 울음과 문이 쾅 닫히는 소리를 따라할 수 있을 뿐만 아니라, 리퍼Ripper라는 수컷 사향오리가 사육사를 흉내 내 '바보 같은 자식!'이라고 말한 기록도 남아 있다. 오리가 물새 중에서 입이 가장 험하다는 사실을 증명한다.

학명	*Microphallus* spp.
사는 곳	물이 있는 모든 곳
특징	삶의 모든 과정을 다른 존재에게 의존하기로 철저하게 계획함.

아무리 궁금해도 이 동물의 이미지를 직장에서 검색하지 말길 바란다! 속명 미크로팔루스('작은 음경'을 의미하는 그리스어에서 유래)는 이 동물의 생김새를 애써 상상해야 할 필요가 없는 친절한 이름이다. 모든 흡충과 마찬가지로 미크로팔루스 흡충 역시 더 잘 알려진 촌충과 먼 친척 관계에 있는 기생 흡충류다. 그들은 길고 편평하며 크기는 1밀리미터부터 7센티미터까지 다양하다. 신체 표면에서 바로 기체 교환이 가능하므로 호흡 시스템이 필요

왠지 익숙한 나를 닮은 동물 사전

없다. 마찬가지로 엉덩이도 쓸모없는 존재로 여긴다. 먹이는 섭취되고 소화된 뒤 마지막으로 원래 들어왔던 구멍을 통해 배설된다. 입이 항문 역할도 겸하는 것이다.

흡충은 소화기와 호흡기의 모자란 부분을 생식 전략으로 보완한다. 이들은 자웅동체이며, 각각의 개체는 두 개의 고환과 하나의 난소가 있다. 또한 동료 흡충과 교미할 수도, 자신의 알을 스스로 수정시킬 수도 있다. 심지어 유성생식과 무성생식 모두 가능하다(그리고 보통 그리한다). 무엇보다 흡충류 생활사의 복잡성은 인간을 원시적인 존재로 보이게 만든다.

모든 것은 알에서 시작된다. 엄마 아빠 흡충이 서로를 매우 사랑하면 (또는 반대로, 오히려 이쪽일 경우가 많지만, 외로운 흡충이 자기 자신을 충분히 사랑하면), 이들은 찾을 수 있는 가장 아늑한 장소에 알을 낳는다. 보통은 순진한 척추동물의 소화 기관 안이다. 일반적으로 조류인 이 척추동물을 일차 숙주 또는 최종 숙주라고 한다. 흡충의 관점에서 보자면 숙주의 임무는 성충에게 좋은 환경을 마련해주고 알을 똥으로 배출해 드넓은 바깥 세계로 풀어주는 것이다. 이들이 이상적으로 꼽는 드넓은 바깥 세계는 물 근처기 때문에 물을 좋아하는 새가 최종 숙주가 되곤 한다. 그곳에서 흡충은 다음 희생자인 중간 숙주를 찾을 수 있다. 이 아무것도 모르는 생물은 보통 고둥이나 다른 연체동물이다. 알은 고둥에게 먹히거나, 물속에서 발달해 유충 형태로 물에 퍼진 후 숙주를 감염시키고 무성생식으로 번식할 수 있다. (미크로팔루스 피리포르메스*Microphallus piriformes*처럼) 생활사가 덜 복잡한 흡충은 중간 숙주가 최종 숙주에게 잡아먹히면서 자신들이 번식을 완료할 거라 기대한다. (미크로팔루스 클라비포르미스*Microphallus claviformis*를 비롯한) 좀 더 복잡한 생활방식을 가진 흡충은 최종 목적지인 조류 정류장에 도달하기 전에 작은 갑각류와 같은 두 번째 중간 숙주를 거치며 그곳에서 성체로서 유성생식을 한다.

이처럼 권모술수가 가득한 계획을 세울 때 흡충은 우연에 기대지 않는다. 그들은 중간 숙주의 뇌에 보호용 피막을 형성하고 뇌를 조작해 중간 숙주의 본능을 거스르고 굶주린 최종 숙주의 입으로 이끈다. 예를 들어 흡충 유충은 갑각류의 뇌에 박혀 거기에서 자신의 부하를 조종한다. 이들은 빛, 접촉, 중력에 대한 갑각류의 반응을 조종해 비정상적인 탈출을 감행하게 하고 잡아먹힐 확률을 높인다. 마찬가지로 감염된 뉴질랜드민물고둥new zealand freshwater snail은 흡충이 선호하는 숙주인 물새가 자신을 먹을 수 있는 아침에는 바위 위에서 먹이를 찾는 데 시간을 보내는 편이지만 물고기(부적절한 숙주)가 서성대는 오후에는 그렇지 않다. 스코틀랜드에서는 감염된 총알고둥periwinkles이 유사한 행동을 보인다. 이들은 한 걸음 더 나아가, 위험한 갈매기 영토로 이동할 가능성이 감염되지 않은 동종보다 더 높다. 흥미롭게도 이 패턴은 기생충이 새로운 숙주로 이동할 준비가 된 성숙한 감염 단계의 고둥에서 널리 나타난다. 미성숙, 또는 전파가 어려운 감염 단계의 총알고둥은 노출된 바위 위로 올라가려는 충동을 보이지 않는다.

그러나 흡충은 숙주의 행동을 바꾸는 데서 멈추지 않는다. '좆 같은 짓'이라고밖에 설명할 수 없는 행위로, 미크로팔루스는 고둥의 생식선을 점유하여 총알고둥을 거세한다. 기생 거세는 고둥의 성장을 북돋아 흡충에게 번식을 위한 더 많은 자원을 제공한다. 매우 기본적인 두뇌를 가진 생물체에 이 흡충류는 진정한 마키아벨리식 계획을 세울 수 있다.

가리알

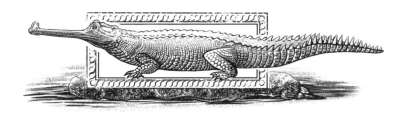

학명	*Gavialis gangeticus*
사는 곳	남아시아의 강
특징	온도에 민감. 덥거나 추우면 암컷, 적당하면 수컷으로 탄생.

유모를 찾고 있는가? 이 후보자를 고려해보길 바란다. 배려심 많고 섬세하고 재미있고 웃기게 생긴 데다(만화에서나 나올 것 같은 주둥이, 둥그스름한 눈, 쓰다듬기 좋은 코, 매우 긴 몸) 배 밀기와 물놀이를 좋아한다. 모든 면에서 거의 완벽하다. 정말로 메리 포핀스와 가리알 중 동전 던지기로 결정하면 된다.

악어 중 크기가 두 번째로 큰 악어임에도 불구하고(수컷의 몸길이는 6.5미터 이상), 기록을 경신한 바다악어saltwater crocodile보다 훨씬 온순하다. 남아시아의 강에 서식하는 가리알은 페스코테리언 : 해산물은 섭취하는 부분 채식주의자 동물로 약 110개의 이빨로 무장한 우스꽝스러울 정도로 가느다란 주둥이를 이용해 물고기를 잡는다. 이들은 이빨이 가장 많은 악어일 뿐만 아니라 가장 철저한 수생 악어로, 볕을 쬐거나 알을 낳을 때만 물을 벗어난다. 뛰어난 수영 선수인 이 동물은 육지에서는 얇은 다리로 땅을 밀어내며 배로 미끄러지는 방식으로 이동한다.

　다른 여러 악어 종들과 달리 가리알은 한눈에 성별 구분이 가능하다. 수컷은 11세 전후로 성적 성숙이 시작되며 코끝에 둥그스름한 돌기가 자라난다. 이 돌기 모양이 가라ghara라고 불리는 인도의 전통 토기 냄비와 비슷하기에 가리알이라는 이름이 붙었다. 코의 돌출부는 수컷의 콧구멍에서 나오는 쉭쉭거리는 소리를 증폭시키는 역할을 하는데 맑은 날에는 이 콧소리가 거의 1킬로미터 떨어진 곳에서도 들린다. 가리알은 일부다처제이며 수컷은 여러 암컷이 차지하는 영역을 보호한다.

　가리알 어미는 모든 악어 중에서 가장 큰 알을 낳는데, 알 하나의 무게가 약 160그램으로 달걀의 3배에 달한다. 모래톱을 파내 만든 둥지에 알을 60개까지 묻을 수 있으며, 새끼들이 부화한 후 짹짹거리는 소리에 어미가 반응해 새끼들을 꺼낸다. 한배에 난 새끼들은 서로 뭉쳐 다니지만, 곧 여러 둥지에서 부화한 120마리가 넘는 새끼 가리알이 한 '유치원'에 모여 성체로부터 돌봄을 받는다. 암컷과 (길이 5미터 이상의) 매우 커다란 수컷으로 구성된 유치원 선생님들은 어떤 위협으로부터도 새끼들을 보호할 준비가 되어 있다. 어린 가리알들은 보호자와 목소리로 소통하고 성체들은 시각적 요소까지 사용한다. 처음 9주 동안 가장 집중적으로 보살핌을 받지만, 커다란 수컷은 생후 9개월쯤 된 새끼들도 돌본다.

　새끼 가리알이 남아나 여아가 되는 곳은 바로 모래 둥지다. 가리알의 성결정은 인간의 그것과는 다르다. XY가 남성이고 XX가 여성인 염색체 체계와는 달리 어린 악어의 성은 환경, 더 정확하게는 온도에 의해 결정된다. 수정된 알 무리는 섭씨 29도에서 33.5도 사이에서 발생하는데, 이 온도 범위의 낮은 쪽(31도 아래) 또는 높은 쪽(33도 위) 끝에서 자라 부화한 새끼는 주로 암컷이고 32도 부근의 알에선 주로 수컷이 부화한다. 또한 온도가 높을수록 알이 더 빨리 자란다. 악어는 보통 FMF 패턴(수컷이 중간 온도에서 발생)을 보이는 반면, 대부분의 거북이는 더 간단한 MF 패턴(온도가 낮으면 수컷, 높으면 암컷)을 따른다.

가리알 어미는 모든 악어 중에서 가장 큰 알을 낳는데, 알 하나의 무게가 약 160그램으로 달걀의 3배에 달한다.

온도에 따른 성결정이 괜찮기는 하다. 물론, 기후변화로 인해 한 성별이 부족해지기 전까지는 말이다. 이걸로도 충분하지 않다는 듯, 절멸 위급에 처한 종인 가리알은 오염, 서식지 소멸, 가죽이나 전통 의학용 남획 등 다양한 요인의 위협까지 받고 있다. 이들은 또한 어업계에서도 엄청나게 미움받는다. 주둥이에 그물 조각이 얽혀 버린 가리알이 천천히 아사하기까지 1년 정도 걸릴 수 있는데 더해 몇몇 어부들은 의도적으로 주둥이를 절단해 굶어 죽게 만들기도 한다.

다행스럽게도 이들은 사육 상태에서도 쉽게 번식한다. 하지만 어린 새끼들을 언제 어떻게 야생으로 방사할지 결정하기 위해서는 가리알의 복잡한 보육에 대한 더 많은 연구가 이루어져야 한다. 이 헌신적인 아이 돌보미들에겐 자신들을 위한 온전한 돌봄이 필요하다.

호주참갑오징어

학명	*Sepia apama*
사는 곳	오스트레일리아 해역 곳곳
특징	성비불균형으로 여장을 시도하는 수컷이 발견됨.

남자들은 얼마나 오랫동안 성관계를 가질까? 적어도 갑오징어 수컷쯤 되면 아주 인상적일 것이다.

호주참갑오징어를 예로 들어 보자. 이들은 일년 내내 독립생활을 하다가 겨울에는 다 함께 산란 집단으로 모인다. 가장 장관인 무리는 남호주 스펜서 만에서 발견됐는데, 4만 마리가 넘는 갑오징어가 8킬로미터 남짓한 짧은 해안선을 바글바글 뒤덮고 있었다. 대부분의 다른 두족류(문어, 오징어, 앵

무조개 등)와 마찬가지로 재빨리 몸 색을 바꾸는 데 뛰어난 갑오징어는 도착하자마자 최고의 재주를 보일 것이다. 수컷은 안전한 위장색을 버리고 피부 전체에 밝은 얼룩말 무늬를 펼쳐낸 뒤 얼룩덜룩한 옷을 입은 암컷을 유혹한다. 이들은 행동할 준비가 되어 있다.

암수 모두 여러 파트너와 여러 번 교미한다. 갑오징어의 교미는 머리와 머리가 마주 보는 자세로 이루어진다. 암컷은 열 개의 팔을 벌려 수컷을 환영하고 수컷은 경쟁자의 정자를 제거하기 위해 자신의 깔때기에서 암컷의 입으로 물을 뿜어내는 것으로 시작한다. 그런 다음 수컷은 특별히 변형된 네 번째 팔인 교접완hectocotylus으로 상대의 주둥이 아래에 정포를 묻고 암컷의 입 안에서 터지도록 만든다. 암컷은 알을 낳기 직전에 입 주변의 저정낭sperm receptacle 위로 알을 통과시켜 알을 직접 수정시킨다. 산란에 어느 정도 시간이 걸릴 수 있기에 수컷은 친자를 보장받기 위해 암컷을 보호한다.

이 과정은 이미 난해해 보인다. 그러나 갑오징어의 연애 편력에는 더 복잡한 단계가 추가된다. 개체군에서 수컷과 암컷의 전체 비율은 대략 같지만, 수컷은 산란 장소에서 훨씬 더 긴 시간을 보낸다. 즉, 사실상 가용 성비는 대략 4:1이며 최대 11마리의 수컷이 암컷 한 마리에게 들러붙게 된다. 결과적으로 갑오징어 수컷은 짝을 찾기 위해 치열한 경쟁을 벌이고 있으며 수컷은 짝을 찾기 위해 온갖 전략을 동원할 것이다.

크기가 큰 수컷은 짝을 지은 수컷에게 직접 도전해 가장 강한 모습을 보여주며 정면 대결을 벌여 성공하곤 한다. 그러나 작은 수컷들은 그런 도전에서 승리할 가능성이 별로 없기 때문에 좀 은밀하게 행동한다. 이는 측면얼룩도마뱀의 '몰래 교미자 전략'과 유사하다(53쪽). 이들은 기존 파트너가 더 큰 수컷을 방어하는 동안 암컷에게 접근하는 대놓고 은신 전략을 쓰기도 하고, 암컷이 알을 낳으려 할 때 성관계를 맺을 틈을 노리며 바위 아래에서 기다리는 소극적인 전략을 쓰기도 한다.

가장 몸집이 작은 수컷에게는 선택지가 하나 더 있다. 바로 여장을 하는 것이다. 들키지 않고 커플에게 접근하기 위해 이들은 아름다운 얼룩덜룩한 무늬를 두르고 정자를 휘두르는 네 번째 팔을 숨긴 채 알을 낳는 암컷의 자세를 취한다. 변장이 너무 훌륭한 나머지 다른 수컷을 속일 뿐만 아니라(큰 수컷은 새로 도착한 이 친구들을 과도하게 보호하고, 작은 수컷은 그와 짝짓기를 시도한다), 행동 관찰 중인 과학자들까지 아주 곤혹스럽게 만들곤 한다.

반면 암컷은 꽤 까다로워서 짝짓기 제안의 3분의 2 이상을 거부하기도 한다. 알을 낳느라 너무 바쁘거나 그냥 교미에 관심이 없을 때, 이들은 지느러미 밑부분을 따라 굵은 흰색 줄무늬로 '약혼' 표시를 그려낸다. 이 경고를 무시한 수컷은 인정사정없이 쫓겨나고 가끔 먹물을 얻어맞기도 한다.

호주참갑오징어의 전술도 충분하게 정교해 보이지만, 모우닝갑오징어 mourning cuttlefish는 이를 능가한다. 한 명의 공연자가 보는 각도에 따라 남성과 여성, 어느 쪽으로든 보이는 의상을 입고 진행하는 서커스처럼 이 연체동물은 몸의 한쪽 면에는 수컷 무늬, 다른 쪽에는 암컷 무늬를 띨 수 있다. 따라서 수컷은 자신의 오른쪽에 있는 암컷에게 구애하는 동시에 왼쪽에 있는 그 암컷의 남자친구를 달랠 수 있다. 재미있게도 이 반반 쇼는 경쟁자가 하나만 있을 때 공연되는데 아마도 수컷 두 마리를 동시에 속이기는 너무 힘들기 때문일 것이다. 정말이지 갑오징어는 캣피싱：넷카마 등 온라인 상에서 성별이나 자신의 신분을 속이는 일종의 범죄 행위을 새로운 차원으로 끌어올렸다.

왠지 익숙한 나를 닮은 동물 사전

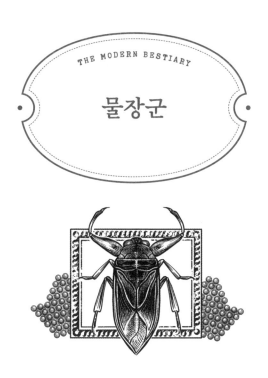

THE MODERN BESTIARY

물장군

학명	*Lethocerus deyrollei*
사는 곳	물 근처 곳곳
특징	본인의 진정한 짝을 못 찾으면 옆 집 식구를 풍비박산 냄.

물고기는 곤충을 먹는다. 당연한 소리 같다. 그렇다면 물고기를 먹는 곤충은 어떨까? 가장 큰 수생 곤충이자 가장 탐욕스러운 곤충 중 하나인 물장군의 차례다. 발가락 무는 놈이라고도 알려진 물장군은 물장군과Belostomatidae에 속하는 약 170종을 아우른다. 이들은 회갈색에 몸이 납작한 잎 모양이라 서식지인 연못에 숨어 순진한 먹잇감을 기다릴 수 있다. 이들은 두 가지 변이 혹은 하위 과로 나뉜다. 길이 약 2센티미터로 자그마한 물자라아과

Belostomatinae와 최대 12센티미터에 달하는 물장군아과Lethocerinae다. 몸집이 작은 발가락 무는 놈들은 곤충, 갑각류, 고둥 등을 먹지만 가장 커다란 발가락 무는 놈의 밥상에는 물고기와 양서류부터 뱀, 새끼 오리, 거북이에 이르기까지 다양한 척추동물이 밥상에 오른다.

물장군은 약탈적인 생활방식에 아주 능숙하다. 다른 모든 곤충과 마찬가지로 다리는 6개다. 중간과 뒷다리 쌍은 헤엄칠 때 쓰지만, 마치 불룩한 근육을 내보이는 만화 속 슈퍼맨의 팔처럼 보이는 앞다리는 먹이를 잡는 데 제격이다. 모든 '진짜 버그'. 즉 노린재류와 마찬가지로 이들도 구강 외 소화가 가능하다. 날카로운 주둥이로 희생자의 몸을 뚫어 소화 효소를 주입하고 잠시 기다린 뒤 먹이가 아직 살아 있는 동안 빨대 모양 입으로 흐물흐물해진 육즙을 후루룩 마신다. 비록 이들에게 물린 상처가 인간에게 후유증을 남기진 않지만, 물렸을 때 가장 고통스러운 곤충 중 하나로 알려져 있다.

어린 물장군은 큰 동물을 사냥하는 법을 꽤나 힘들게 배운다. 번식기에는 작은 먹이가 없기 때문에 올챙이를 공격하고 자신보다 훨씬 큰 물고기를 잡아먹는다. 그러나 스스로 사냥할 준비가 되기 전에는 아비의 보살핌을 받는다. 물장군은 부성애가 넘치는 절지동물의 전형

물장군의 암컷은 유아 살해에 가담한다.

이다. 대조적으로 어미의 역할은 알을 낳는 것으로 끝난다. 어미는 식사와 짝짓기를 오가며 성체 생활을 보낸다. 작은 물자라류는 수컷의 등에 바로 알을 낳는데, 수컷은 필요에 따라 알을 어루만지거나 수면까지 헤엄쳐 등 위의 아기 침대를 촉촉하게 유지하고 공기가 통하게 해 준다. 동아시아에 사는 대형 물장군류는 근처 식물에 알 무더기를 낳는다. 아비는 식물에 올라 몸에 묻혀온 물을 알에 뿌리고 알이 열기에 직접 닿는 걸 막고 (억제 역할을 하는 고약한 냄새의 물질을 방출하는 화학적 방어를 통해) 개미와 같은 포식자로

부터 알을 지키는 한편 동종의 암컷들로부터도 보호한다. 물장군의 암컷은 유아 살해에 가담한다. 짝짓기할 준비가 되었건만 주변에 자유로운 수컷이 없다면 경쟁자를 없애고 자신의 새끼를 기를 양육자를 얻기 위해 알을 망가뜨린다. 알을 돌보던 수컷은 알 무더기를 보호하기 위해 앞다리로 침입자를 공격한다. 공격적인 (그리고 몸집도 더 큰) 암컷은 같은 방식으로 반응할 것이다. 양측이 서로를 물어뜯으며 주둥이를 꺼내들기 시작하면 싸움이 험악해질 수도 있다. 수컷은 심각한 부상을 입기도 한다. 원치 않는 접근으로 인한 불편한 상황을 피하기 위해 몇몇 수컷은 정욕에 미친 암컷이 알을 발견할 수 없는 위치인 물 위로 솟은 식물에서 알과 함께 필요 이상으로 많은 시간을 보낸다.

곤란한 상황에 직면한 수컷은 한동안 새끼를 보호하려고 노력하지만, 분명 '이걸 망치자'라고 결정하고 알을 버린 뒤 단호한 요부의 유혹에 굴복하는 순간이 온다. 마치 느끼한 로맨스물처럼 물장군들은 갑자기 싸움을 멈추고 교미를 시작한다. 새로운 알 무더기와 함께 다시 한번 멜로드라마가 펼쳐진다.

THE MODERN BESTIARY

그린란드상어

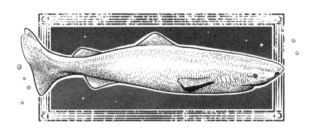

학명	*Somniosus microcephalus*
사는 곳	북대서양
특징	수명이 길고 성장 속도가 느림. 첫 연애 시기는 150세 전후.

넓은 진화론적 의미에서 상어(혹은 약 4억 2000만 년 전의 직계 조상)는 나무(약 3억 8500만 년 전)보다 오래되었다. 한편, 현재의 그린란드상어 개체는 아마 나무가 존재하기 이전부터는 아니겠지만 조지 워싱턴이 벚나무를 잘랐다는 혐의를 받고 아이작 뉴턴이 사과나무 아래에 앉아 있었던 시대부터 계속 살아온 건 분명하다.

북대서양의 차가운 바다에 서식하는 그린란드상어는 지구에서 가장

왠지 익숙한 나를 닮은 동물 사전

오래 사는 척추동물로, 500살이라는 말도 안 되는 나이까지 살 수 있을 것으로 추정된다. 이런 고대 생물의 수명을 어떻게 계산할까? 뼈의 성장테를 검사하는 것처럼 기존의 연령 판정 기술은 상어에게 쓸 수 없다. 상어의 골격은 연골이니까. 하지만 덴마크 과학자 율리우스 닐센이 이끄는 국제 연구팀은 기존 방법 대신 방사성 탄소 연대 측정을 시도했다.

1950년대와 1960년대에 핵실험을 진행했을 때 핵폭탄이 폭발하며 만들어진 방사성탄소가 대기 중을 떠돌다 해양먹이망marine food web에 섞여 들어갔다. 이 방사성탄소는 핵실험 이후에 태어난 그린란드상어의 눈에 남아 있다. 수정체 조직의 단백질은 평생 변하지 않기 때문이다. 연구팀은 81센티미터부터 5미터 이상까지 다양한 크기별로 상어의 눈을 조사하고 남아 있는 방사성탄소의 양을 바탕으로 성장률을 추정했다. 이 연구에서 가장 크키가 큰 (그리고 가장 나이가 많은) 상어의 나이는 392±120세였다. 놀랍게도 북극해에서 사는 가장 큰 어류인 이 천천히 자라는 동물은 더 자랄 수 있다. 최고 기록 보유 상어는 몸길이 6.4미터에 달하고 무게는 1톤이 조금 넘는다. 이는 그린란드상어 중 더 나이 든 개체가 있을 수 있다는 사실을 의미한다.

오지랖 넓은 과학자들만 그린란드상어의 눈을 관찰하는 것은 아니다. 갑각류의 일종인 옴마토코이타 엘론가타Ommatokoita elongata와 같은 기생 요각류 역시 그린란드상어의 안구에 직접 달라붙는다. 이 기생충은 큰 크기 (알주머니가 달린 암컷의 크기는 4~6센티미터다)와 더불어 전 세계 어디에서나 발견된다는 특이한 특징이 있다. 그린란드상어의 약 98.9퍼센트가 이 기생충을 가지고 있을 정도다. 요각류는 한쪽 눈이나 양쪽 눈 모두를 감염시키며, 스스로를 안구에 고정시키고 각막이나 결막 조직을 먹는다. 이들은 상어의 시력에 영향을 미치며 아예 눈을 멀게 만들기도 한다. 이렇게 널리 퍼져 있는 기생충에 감염되지 않고 눈이 예리한 상어는 정말로 상류 계층이라 할 수 있다.

다행히도 그린란드상어는 사냥할 때 시력을 그다지 쓰지 않고 먹이의 냄새를 맡는 것 같다. 이쪽이 말이 되는 게, 이들은 얼음으로 덮인 바다 표면 근처부터 1200미터 깊이의 어두운 물까지 빛이 거의 들어오지 않는 환경에서 살기 때문이다. 위장 내용물에 따르면 그린란드상어는 물고기와 두족류는 물론 물개나 작은 고래 같은 포유류도 먹는다. 그러나 사냥 방법은 수수께끼로 남아 있다. 실명이 제일 심한 문제는 아니다. 진짜 문제는 속도다. 정확히는 너무 느리다. 이 동물은 매우 낮은 온도에서 사는 대형 변온동물이라 모든 어류 가운데 가장 느린 시속 약 1킬로미터의 속도로 헤엄칠 수밖에 없다. 달팽이에 버금가는 속도로 느릿느릿 움직여대니 대체 어떻게 빠르게 움직이는 북극 바다표범을 사냥할 수 있는지가 의문으로 남는다. 한 가지 설명은 이들이 물속에서 잠든 먹잇감을 잡는다는 것이다(이래야 좀 공정한 대결이 가능해진다).

최고 포식자로서 그린란드상어의 몸에는 PBC나 DDT와 같은 오염 물질이 고농도로 축적된다. 게다가 부력을 높이고 체액의 부동액 역할을 하며 심해 수압으로부터 단백질을 보호하는 물질인 트리메틸아민 N 옥사이드를 날 때부터 다량 함유하고 있다. 여기에 마찬가지로 다량의 요소urea까지 추가되면 가공 후에만 먹을 수 있는 독성 고기가 탄생한다. 가장 악명 높은 가공 방법은 몇 달간의 발효를 거쳐 아이슬란드의 별미인 캬이스튀르 하우카르들kæstur hákarl을 만드는 것이다. 강한 암모니아 냄새가 나는 이 요리는 먹으면 먹을수록 자꾸 생각난다.

북극 얼음이 더 많이 녹아내리고 그만큼 고기잡이를 할 수 있는 지역이 더 늘어남에 따라 상어는 갈수록 남획의 희생양이 되고 있다. 그리고 연구가 어렵기 때문에 개체군이 얼마나 많이 훼손당했는지 알 수 없다. 이들이 스스로 빠르게 개체군을 되돌려 놓을 수 있을 것 같지도 않다. 추정에 따르면 암컷은 150세가 될 때까지 성적으로 성숙하지 못한다.

먹장어

THE MODERN BESTIARY

학명	family Myxinidae
사는 곳	전 세계 바다 곳곳
특징	나일론보다 10배 더 강력한 점액 스타킹을 직접 만들어 먹이를 잡음.

출연진이 사람이 아니라 먹장어였다면 영화 〈죠스〉의 내용은 매우 달라졌을 것이다. 오프닝 장면을 상상해보길 바란다. 상어가 먹잇감에 다가가 공격을 위해 앞으로 돌진한 뒤 몸부림치는 먹잇감을 붙잡고는… 역겨워서 뱉어내고 숨이 막혀 헐떡이고 켁켁거리며 입과 아가미를 비우려고 하는 장면을 말이다.

먹장어(꾀장어과에 속하는 약 70종)는 원구류 ⸱ 턱이 없는 원시적인 물고기의 일

종이다. 원래는 뼈가 있었지만 진화 과정에서 다시 뼈를 잃은 척추동물로, 이들의 골격은 연골로 이루어진 두개골, 척색(척추의 전구체)과 꼬리지느러미의 기조fin ray뿐이다. 일부 세 배가 넘는 길이인 종도 있지만 보통 길이가 약 0.5미터에 달하고 분홍색이나 회색을 띠며 아가미 호흡을 하고 심장이 네 개다.

척추가 부족하긴 하지만 이 원시 어류의 친척은 상어, 투어바리 ┊ 농어과에 속하는 대형 물고기, 그 외 대형 포식자를 격퇴하는 효과적인 방법을 발달시켰다. 먹장어 방어 겔이라고도 불리는 점액이다. 이들은 점액을 생성하는 분비샘과 가장자리를 따라 점액이 줄줄 흐르는 90~200개의 점액 구멍으로 무장하고 있어 '콧물 장어'라는 못된 별명이 붙었다. 방해를 받거나 연속 공격을 받으면 이들은 엄청난 양의 끈적한 물질을 뿜어낸다. 이 물질의 구조는 다른 끈적끈적한 것들과는 다르다. 먹장어 점액은 민달팽이(32쪽 참고)처럼 겔형성 단백질인 뮤신으로 이루어져 있다. 그런데 여기에 독특하게도 기다란실 같은 단백질 섬유도 들어 있다. 직경이 약 1~3마이크로미터인 이 섬유는 직경이 몇 분의 1밀리미터쯤인 타래에 꽉꽉 채워져 있다. 이 점액이 바닷물과 닿으면 약 15센티미터까지 풀려 점액 소포와 함께 촘촘한 섬유망을 형성한다. 강도는 나일론의 10배에 달한다. 이 점액질 시트는 완벽한 방수 효과를 발휘하진 못하지만, 매우 미세한 체처럼 작용해 확실하게 물의 흐름을 늦추며 이를 통해 포식성 물고기의 아가미를 매우 효과적으로 틀어막는다. 겔을 완전히 방출하는 데 1000분의 1초밖에 걸리지 않으며 먹장어가 그 어떤상처도 입기 전에 공격자에게 잡히자마자 바로 펼쳐낼 수 있다. 구토 반사를 유발하는 점액을 한 번이라도 입안 가득 대접받아 본 육식동물은 다시 콧물장어를 무는 일을 망설일 수밖에 없다.

먹장어 자체는 대부분 청소동물로 떨어져 있는 썩은 고기와 어업 폐기물을 먹거나 해삼과 불가사리로부터 먹이를 낚아챈다. 이들은 사체의 입으

왠지 익숙한 나를 닮은 동물 사전

로 들어가거나 그 피부를 직접 파내고 즐거이 사체 속에 몸을 묻는다. 먹장어는 척추동물 중 유일하게 피부를 통해 직접 영양분을 흡수할 수 있는데, 이는 먹이 내부에서 만찬을 즐기는 동물에게 적합한 기술이다. 이들은 사냥도 한다. 물론 사냥도 점액을 사용해서 한다. 콧물 장어는 물고기를 찾으면 구석구석으로 몰아 많은 양의 점액으로 질식시킨다. 점액은 여기저기 매우 써먹기 좋지만, 생산자에게도 위험할 수도 있다. 먹장어는 자신의 끈적끈적한 물질에 잠기면 죽는 것으로 알려져 있다.

치명적인 점액 침낭을 방지하기 위해 콧물 장어는 또 다른 독특한 해결책을 개발했다. 문자 그대로 자신을 매듭짓는 것이다. 이들은 매듭 묶기에 완벽하게 적응했다. 제약하는 척추가 없고 방해되는 지느러미도 없으며 헐거운 스타킹처럼 헐렁하고 얼마든지 비틀 수 있는 피부는 걸리는 것 하나 없이 매끄럽다. 매듭이 풀리며 먹장어는 몸통부터 머리까지 쭉 훑어 나가는데, 이 때 점액도 벗겨진다. 이 기술은 다른 상황에서도 쓸모가 많다. 예를 들어 좁은 공간에서 탈출하거나 굴에서 먹이를 끄집어내는 경우다. 먹장어가 자신보다 큰 먹이를 먹을 때에도 유용하다. 이들은 발달된 아래턱이 없어서 매듭지은 몸을 임시변통 턱으로 사용하는 동시에 비트는 힘으로 고깃덩어리를 잡아당긴다. 먹장어는 간단한 외벌매듭과 8자 매듭을 선호하지만 때로는 더 복잡한 세 가닥 매듭도 묶는다.

화석 기록에 따르면 먹장어는 지난 수억 년 동안 크게 변하지 않았다. 이들의 점액 삼출 및 매듭 묶기 생존 전략은 개선이 거의 필요하지 않은 것 같다.

하프해면

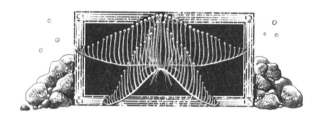

학명	*Chondrocladia lyra*
사는 곳	3300미터 이하의 깊은 심해
특징	2012년에 처음 연구된 동물. 접시 받침대로 착각할 수 있음.

하프해면은 동물일까, 아니면 과학 박물관에서 물리 현상을 보여주기 위해 사용하는 이상한 장치일까? 어느 쪽이든 가능한 것처럼 보이지만, 이 기괴한 기하학적인 구조는 사실 개나 모기처럼 살아 있는 동물이다. 하프해면은 몬터레이만 수족관 연구소MBARI가 기획한 탐사 덕분에 2012년에야 그 존재가 처음 알려졌다. 이 바다 생물은 정말 상상할 수도 없는 어마어마한 깊이에 살고 있어서 원격 조종 장비의 도움 없이는 접근하기 어렵다. MBARI 탐

왠지 익숙한 나를 닮은 동물 사전

사대는 약 3300미터 깊이에서 표본을 발견했지만, 이후 4800미터가 넘는 깊이인 마리아나 해구 벽에서도 이 생물이 발견됐다.

해면동물문에 속하는 해면동물은 가장 원시적인 다세포 동물로 그들의 처음은 5억 년 이상 거슬러 올라가야 한다.

해면동물문에 속하는 해면동물은 가장 원시적인 다세포 동물로 그들의 처음은 5억 년 이상 거슬러 올라가야 한다. 이들은 소화계, 신경계, 순환계가 없는데도 여전히 잘 지낸다. 골격은 없지만 몸을 지지하고 포식자로부터 보호해주는 작은 구조 요소인 골편으로 자신을 지탱한다. 눈송이, 쉼표, 하트, 화살표 모양의 골편은 현미경으로 보면 꽤 아름답게 보이며 해면 종을 구분하는 데 사용된다. 오랫동안 해면은 박테리아와 식물질을 좋아하는 매우 단순한 여과 섭식 생명체로 여겨져 왔다. 그러나 하프해면은 육식동물이며 움직이는 동물에게 위협을 가한다. 고정된, 혹은 움직이지 않는 생물로서는 인상적인 묘기다.

이 종의 생태는 특이한 구조와 밀접한 관련이 있다. 하프해면의 이름은 여러 개의 가지로 이루어진, 하프나 리라와 닮은 생김새로 인해 붙여졌다. 이 동물은 위로 솟은 여러 가지를 지탱하는 베인vane이라는 기본 골격으로 이루어졌다. 가지는 필라멘트로 덮여 있는데, 먹이를 잡을 땐 필라멘트의 가시와 갈고리가 마치 벨크로처럼 작용한다. 유충이나 작은 갑각류를 비롯한 하프해면의 먹잇감은 가시에 걸린 후 몸부림치거나 필라멘트 수축을 통해 가지로 옮겨진 뒤 막강membranous cavity에 빠져 통째로 소화된다.

이러한 방식의 사냥은 실용적이다. 하프해면은 가근이라고 불리는 뿌리 같은 구조로 해저에 고정되어 있어서 먹이를 적극적으로 추적할 수 없다. 펼쳐진 베인(보통 1~6개로 방사상 대칭을 이루거나 별 모양이다)으로 해류에 노출되는 표면적을 늘리기 때문에 떠다니는 먹이를 잡을 가능성이 최대로 늘어난다.

별나게 넓은 생김새는 번식에도 도움이 된다. 하프해면은 위로 솟은 가지 끝마다 정자로 가득 찬 불룩한 공을 위풍당당하게 전시해 누군가는 현대 미술 조각작품으로 착각할 수도 있다. 이들이 생산하는 정자는 정포라 부르는 작은 소포에 포장되어 있으며 다른 하프해면, 더 정확하게는 다른 하프해면의 여성 부분과 만나리라는 희망을 품고 방출된다. 마찬가지로 공 모양인 여성 부위도 위로 솟은 가지의 중간쯤에 위치한다. 이곳은 난자를 생산하는 장소로 정자가 우연히 닿으면 수정과 배아의 성숙이 이어진다.

지식이 없는 사람의 눈에는 하프해면이 그저 화려한 토스트 선반처럼 보일 수도 있을 것이다. 하지만 극도로 단순한 구조는 심해의 극한 조건에서 살아남는 데 필요한 것이 무엇인지 보여준다.

THE MODERN BESTIARY

청어

학명	*Clupea* spp.
사는 곳	북태평양, 북대서양 등의 차가운 바다
특징	다른 종에게는 들리지 않는 고주파 방귀 소리로 소통.

유럽에 사는 사람이라면 적어도 청어는 우연히 만난 적이 있을 것이다. 그리고 분명 식탁 위에서 만났을 것이다. 영국의 훈제 청어, 독일의 롤몹스, 폴란드의 청어 샐러드, 용감한 이를 위한 스웨덴의 자극적인 발효 음식 수르스트뢰밍 등, 북유럽 사람들에게 청어는 어디에나 있는 만큼 그 용도도 다양하다. 진짜 청어 종은 대서양에 사는 클루페아 하렌구스*Clupea harengus*, 태평양의 클루페아 팔라시이*C. pallasii*, 아라우칸 청어 클루페아 벤틴크키*C. bentincki*

의 세 가지지만, (연관성이 있든 없든) 다른 많은 물고기도 보통 청어라고 불린다. 이들은 수천, 수십만, 심지어 수백만 마리에 달하는 개체가 모여 엄청난 규모의 무리를 이루어 사는 대단한 군집 생물체다. 이렇게 대규모로 다니는 덕분에 식량으로 인기를 끌게 됐다. 기름진 은빛 물고기는 기원전 3000년부터 식재료로 쓰여 왔으며 암스테르담, 코펜하겐, 그레이트야머스를 비롯한 여러 도시는 청어 무역 덕분에 존재할 수 있었다.

상업적 중요성 (유럽에서는 '바다의 은'이라 불린다)때문에 청어는 어업 생산량을 최적화하는 맥락에서 광범위하게 연구돼 왔다. 그러나 사회적 행동과 같은 생물학적 측면에 대해서는 상대적으로 알려진 바가 거의 없다.

유독 연구가 덜된 것 중 하나는 물고기 소음이다. 우리는 보통 물고기를 특별히 시끄러운 생물로 생각하지 않는다. 오히려 그 반대다. 그 와중에 청어는 특히 다른 물고기들보다 청각이 뛰어나다. 내이는 공기가 채워진 부레에 연결되어 소리를 더 키워 주는 한편 수중 음향 감지 시스템을 구성한다. 이렇게 복잡한 구성으로 미루어 보아 청각은 청어에게 중요하다. 하지만 이들은 뭘 듣는 걸까?

한 가지 가능성으로 보통 청어를 먹는 돌고래와 고래의 초음파 반향 정위 : 동물이 소리나 초음파를 내어서 그 돌아오는 메아리 소리에 의하여 상대와 자기의 위치를 확인하는 방법을 꼽을 수 있다. 그러나 대서양 청어는 포식자의 소리에 귀를 기웃거릴 수 있을지언정 태평양 청어는 그렇게 높은 주파수까진 듣지 못한다.

또 다른 가능성은 다른 청어가 내는 소리에 귀를 기울이는 것이다. 그리고 실제로 그러한 소음이 발생한다는 것이 밝혀졌다. 어떻게? 이들의⋯ 엉덩이를 통해서. 청어는 항문(부레에도 연결되어 있다)을 통해 기포를 방출해 1.7~22kHz 범위의 일련의 고주파 펄스를 만들어낸다. 각각의 소리는 수십 또는 수백 개의 펄스로 구성되며 몇 밀리초에서 몇 초까지 지속될 수 있다. 항문에서 나오는 이러한 소리를 빠르고 반복적인 똑딱 소리Fast Repetitive Ticks,

줄여서 FRT라고 한다. FRT는 동종 간의 의사소통에 사용될 가능성이 높으며, 이 발견으로 두 국제 연구팀이 이그노벨 생물학상을 받았다. 2004년에 벤 윌슨, 로런스 딜, 로버트 바티, 망누스 발베르, 하칸 베스테르베리는 '청어가 방귀로 소통한다는 사실을 밝힌' 공로로 공동 수상했다. 그들은 세 가지 주요 발견을 바탕으로 이러한 결론에 도달했다. 첫째, FRT의 고주파수는 청어에게는 들리지만 다른 종 대부분에게는 들리지 않는다. 둘째, 수조에 청어의 수가 많을수록 방출되는 펄스의 수도 많아지며 이는 불균형적으로 울린다. 동물들이 다 함께 뿡뿡 뀌어댄다는 사실을 의미하는 것이다. 마지막으로 청어는 주변이 어둡거나 서로를 볼 수 없을 때 FRT를 내는 경향이 있다. 시각적 신호가 주요 의사소통 수단일 가능성이 있는 낮에는 소음이 거의 없다. 직접적인 증거는 아직 없지만, 논문 저자들은 이 음향 메시지 덕분에 어두워진 후에도 군체가 서로 뭉칠 수 있다고 추정한다.

대상이 아닌 군중까지 엿들을 수 있다는 점에서 물고기 무리가 뿜어내는 천둥 같은 충격파는 위험 부담이 큰 일이다. 실제로 빈도나 지속 기간을 비롯한 청어 방귀의 몇몇 특성은 어업에서 청어 떼를 더 효율적으로 추적하는 데 사용될 수 있다. 우렁찬 방귀 소리에는 분명히 대가가 따른다.

THE MODERN BESTIARY

홍해파리

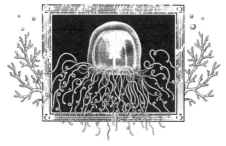

학명	*Turritopsis dohrnii*
사는 곳	지중해
특징	죽지 않고 영원히 살 수 있음.

누가 영원히 살려 할까? 록스타와 해파리가 바로 그 '누'다! 그러나 전자의 생물학은 방해되는 반면, 후자는 결과적으로 모든 게 정리됐다. 적어도 홍해파리는 말이다.

　해파리의 독특한 죽음을 막는 힘을 이해하려면 먼저 다양한 생물들로 이루어진 다소 원시적이면서 번성한 수생 동물 집단인 자포동물의 삶을 폭넓게 살펴볼 필요가 있다. 전문용어로 메두사라 부르는 해파리는 이 자포동

176　　　왠지 익숙한　나를 닮은 동물 사전

물 생활사의 한 단계에 불과하다.

자포동물은 그다지 눈에 띄지 않는 헤엄치는 유생으로 생을 시작한다. 이들은 적절한 장소에 달라붙은 뒤 촉수 테두리로 화려하게 장식된 꽃병같이 보이는 폴립으로 자라난다. 폴립은 고착성으로 기질基質에 영구적으로 부착된 채 성장에 집중한다. 충분히 성숙하면 판 모양의 메두사 더미가 생기고 메두사는 떨어져 나와 드넓은 세상으로 둥실둥실 떠간다. 횡분체 단계라고 불리는 이 과정이 끝나면 폴립은 죽거나(뭐, 해저에서) 재생되어 다시 횡분체 단계에 돌입한다.

새로 형성된 메두사는 부유 생활을 하며 번식기의 형태는 해변에 좌초되는 경우가 많다. 우산 모양의 갓 중앙에는 촉수로 둘러싸인 입이 있다. 입은 동시에 항문 역할도 하는데, 해파리는 해부학적으로 매우 알뜰한 생물이기 때문이다. 산란하는 동안 수컷과 암컷 메두사는 정자와 난자를 물속으로 방출한다. 운만 좀 따른다면 이 둘은 서로 우연히 만나 수정되고 유생을 형성하게 된다. 새로운 생활사의 시작이다. 일부 종에서는 정자가 암컷의 입으로 떠밀려가 그곳의 난자를 수정시킨다. 다른 해파리들은 그렇게 열심히 노력하지 않고 단순히 신체 부위의 분열이나 재생을 통한 무성생식만을 고수한다. 번식 후 메두사는 결국 죽는다. 이 생활사는 흥미롭지만 그다지 특이하진 않다. 유생-폴립-메두사, 이것이 자포동물의 일생이다(몇몇 종은 여기저기서 단계를 건너뛰지만 말이다). 생물은 부화하고 성장하고 여러 모험을 겪다가 결국 죽거나 먹힌다.

그러나 홍해파리는 늙어 죽는 건 과대평가됐다는 결론에 이르렀다. 쪼개진 완두콩 너비만 한 갓 안에 밝은 빨간색 소화 기관을 갖춘 이 작은 메두사는 압박을 받으면 수정과 유생 단계를 건너뛰고 폴립으로 되돌아갈 수 있다. 이러한 '개체 발생 역전'(사실상 '노화 역전')은 소수의 다른 자포동물에서도 관찰된 바 있지만 이미 성적으로 성숙해진 유기체에서 발생하는 경우는 전혀 없었다. 홍해파리는 젊어지기 위해 탈분화 과정을 사용한다. 어떤 식으로 일어날까?

세포는 보통 모든 능력을 갖춘 팔방미인 상태로 시작되지만 성숙해지면서 특정 유형으로 전문화된다. 이 과정을 분화라고 한다. 일단 분화가 시작되면 세포는 자신의 역할을 고수한 채 같은 전문성을 가진 더 많은 세포를 생산한다. 그러나 탈분화는 이 과정을 역으로 돌린다. 완전히 특화된 세포를 비특화 상태로 탈분화한 다음 다른 전문 분야로 재분화해 부유성 유성 메두사를 고착성 무성 폴립으로 바꾸는 것이다.

홍해파리는 물리적 손상, 온도나 염분의 변화, 먹이 부족 등으로 인한 스트레스에 반응해 역노화 기제에 돌입한다. 변신하는 것이다. 먼저 촉수가 줄어들고 몸이 오그라들며 수영 능력이 사라진다. 퇴행한 동물은 마지막으로 포낭에 싸여 기질에 정착한 뒤 결국 폴립으로 성장하기 시작한다. 이론적으로 이 과정은 (물론 이 동물이 먹히지 않는 한) 무한정 계속되어 불멸을 보장한다. 이는 사실상 마법의 영역이다.

이론적으로 이 과정은 (물론 이 동물이 먹히지 않는 한) 무한정 계속되어 불멸을 보장한다.

바다이구아나

학명	*Amblyrhynchus cristatus*
사는 곳	갈라파고스
특징	식욕 억제를 극단적으로 하면 몸 크기가 5분의 1까지 줄어듦.

'흉측하게 생긴 생물로 지저분한 검은색을 띠고 멍청하며 움직임이 둔하다.' 찰스 다윈이 갈라파고스 제도에서 본 바다이구아나에 관해 기술한 내용이다. 이 동물이 독특한 생활방식을 취했다는 점을 고려하면 그의 의견은 다소 불공평해 보인다. 바다이구아나는 세계에서 유일하게 해조류를 먹고 바닷속을 헤엄치는 도마뱀이기 때문이다. 파충류인 바다이구아나는 환경에 의존해야 열을 얻기 때문에 에너지 측면에서 볼 때 차가운 물 속에서

먹이를 먹는 것은 정말이지 엄청난 위업이다. 이러한 도전 정신을 바탕으로 다윈의 판단을 분석해보자.

'흉측하게 생긴'? 뭐, 제 눈에 안경인 법이다. 이구아나의 납작한 주둥이(학명 *Amblyrhynchus*는 '뭉툭하다'는 뜻의 그리스어 amblus와 '부리'를 의미하는 rhynchus, 그리고 '볏이 있는'을 의미하는 라틴어 cristatus에서 유래했다)는 바위에서 조류를 긁어내기에 딱 맞는 모양이다. 강력하고 납작한 꼬리는 뱀장어와 같은 물결 모양 움직임으로 물속에서 추진력을 낸다. 긴 발톱은 바위 위로 올라갈 수 있도록 도와준다. 가장 매력적이지는 않더라도 대체로 꽤 실용적인 조합이다.

'지저분한 검은색'? 우선 검은 피부는 이구아나가 일광욕할 때 햇볕을 더 효율적으로 흡수하는 데 도움이 된다. 심지어 11개 아종 중 일부는 전혀 칙칙하지 않다. 식단에 따라, 그리고 특히 짝을 유혹하려는 수컷일 경우 이구아나는 빨간색, 분홍색, 청록색, 에메랄드색, 회색, 황토색, 혹은 거의 흰색일 수 있다. 에스파뇰라섬의 밝은 빨강과 초록 도마뱀에겐 '크리스마스 이구아나'라는 별명도 붙었다.

'멍청하며'? 아 그래, 다윈이 이건 어느 정도 정확하게 짚었을 수 있다. 개와 같은 포식자가 갈라파고스에 도입된 지 거의 200년이 지났지만, 도마뱀은 여전히 포식자에 대응하는 효과적인 방어 전략을 발달시키지 않았다. 입을 벌린 채 고개를 끄덕이는 것으로 자신들끼리의 논란을 해결한다는 사실은 그리 놀라운 일이 아니다. 인정하건대, 이들의 외모 역시 지적인 것과는 거리가 멀다.

'둔하다'? 데이비드 애튼버러의 다큐멘터리 〈살아있는 지구 2〉에서 어린 이구아나가 갈라파고스 채찍뱀Galápagos racer snake을 재빨리 피하고 민첩하게 바위 위로 뛰어오르는 모습을 보고 다시 말하시길. 하지만 여기에 정말 흥미로운 점이 있다. 이들은 이름에 '바다'가 포함된 종인 것치고 이상하게도 물에 들어가는 것을 꺼리는 듯하다. 바다이구아나 중 몸집이 가장 큰 5퍼센트만이 먹이를 찾기 위해 잠수한다. 나머지는 볏이 젖지 않는 것을 선호한다. 대신 이들은 물 밖의 녹조류를 뜯고, 썰물 때 얕은 물로 뛰어들어 재빨리 먹이를 섭취한다. 변온동물에게는 잠깐 뛰어드는 것조차 큰 에너지 부담이 될 수 있기에 이구아나는 '배터리 충전'을 위해 햇볕을 쬐어야 한다. 갈라파고스 제도는 열대지방이지만 군도를 둘러싼 한류로 인해 이구아나가 물에 뛰어들었을 때 최대 10도 범위 내에서 체온이 내려갈 수 있다.

파충류계에 전해오는 상식을 따르자면 온도가 낮을수록 도마뱀은 더 느려진다. 추위는 신진대사와 행동에 영향을 미친다. 음식 씹는 속도와 소화가 더뎌지고 움직임이 둔해진다(이로 인해 포식자의 공격에 취약해진다). 여기서 바다이구아나는 딜레마에 봉착한다. 먹이를 찾는 데 더 많은 시간을 써야 할까, 아니면 잠수 후 몸을 데우는 데 더 많은 시간을 써야 할까?

아직 어린 이구아나는 식욕을 떨어뜨리는 방식으로 이 난관을 우회한다. 이들은 부화 후 처음 몇 달 동안 성체의 배설물을 먹으며 해조류를 소화하는 데 필요한 세균총을 얻는다. 한편, 큰 성체보다 더 빨리 열을 잃는 작은 성체는 녹조류가 가장 많이 보이는 구역(및 시기)에만 먹이를 찾는다. 그래서 더 큰 개체가 더 유리한 듯이 보이겠지만 반대 측면도 있다.

엘니뇨 현상이 일어나는 동안 물이 따뜻해지면서 선호하는 조류 종에 마름병이 퍼지면 바다이구아나는 기아에 직면한다. 사망률이 90퍼센트까지 치솟기도 하며, 몸이 큰 도마뱀은 식량 부족 시기에 기초 대사량을 충족할 수 없기 때문에 가장 큰 위험에 처해 있다. 아주 놀랍게도 바다이구아나는 생존 가능성을 높이기 위해 몸집을 줄이는 능력을 개발했다. 2년에 걸쳐 몸길이를 최대 5분의 1까지 줄일 수 있는 것이다.

만약 오늘날 다윈이 갈라파고스를 방문했다면 바다이구아나를 '생각해보면 놀랄 만큼 잘 지내는 생물'이라 묘사하지 않았을까?

학명	*Elusor macrurus*
사는 곳	오스트레일리아의 메리강
특징	물 밖으로 나가기 귀찮을 땐, 엉덩이로 호흡함.

1960년대에 오스트레일리아에 살았고 반려 거북이를 사고 싶었다면 애들레이드, 브리즈번, 멜버른, 시드니 전역의 펫샵에서 갓 부화한 작은 회색빛 거북이를 봤을 것이다. 이 작은 파충류는 매우 널리 퍼져서 '페니 거북이' 또는 '펫샵 거북이'라는 별명까지 얻을 정도였다. 이처럼 어린이들에게 인기를 끌었음에도 불구하고 과학계에는 알려지지 않았다. 존 칸과 존 레글러가 20년에 걸쳐 포획된 개체와 박물관 표본을 분석하고 마침내 이 종의 서

왠지 익숙한 나를 닮은 동물 사전

식지인 퀸즈랜드 남동부의 메리 강에서 거북을 추적 관찰해 처음으로 종에 대해 기술한 것이 1994년이었다. 새로 발견된 메리리버거북은 엘루소르 마크루루스라는 학명이 붙여졌다. '주목을 피하다'는 의미의 라틴어 eludo는 포착하기 어려운 이 동물에 느낀 좌절감의 표현이며, 그리스어로 '길다'를 의미하는 makros와 '꼬리'를 의미하는 oura는 특징적인 꼬리 모양을 나타낸다.

이러한 다재다능한 엉덩이와 낮은 온도에서 느려지는 신진대사 덕분에 다시 수면 위로 올라오지 않고 이틀 반을 보낼 수 있으며, 일부 수생 거북은 심지어 물속에서 동면할 수도 있다.

머리와 등딱지에 조류가 자라기 때문에 이 호주 거북이는 좀 펑키한 생김새를 자랑한다. 턱에 달린 여러 개의 수염은 물속에서 먹이를 감지하는 데 쓰이는 튀어나온 감각 기관이다. 그러나 가장 흥미로운 것은 메리리버거북의 반대쪽 끝이다. 다른 많은 수생 공기 호흡 종들과 마찬가지로, 이 동물도 공기 한 모금 마시고 싶을 때마다 표면으로 올라오지 않고도 충분한 산소를 얻고 최대한 효율적으로 사용하는 방법을 찾아야 했다. 양서류는 피부를 통해 직접 호흡함으로써 이 문제를 우회한다. 그러나 피부가 더 두껍고 불침투성 껍데기로 덮여 있는 거북이에게는 적합하지 않은 해법이다. 그러나 이 파충류는 또 다른 탈출구를 통해 자신만의 탈출구를 찾았다. 그러니까 물속에서 숨을 쉴 때 그… 엉덩이를 쓴다. 이는 요로, 소화기와 생식기의 끝점을 포함하는 편리한 일체형 개구부인 총배설강을 통해 이루어진다. 수생 거북의 총배설강에는 손가락 모양의 돌출부가 늘어선 주머니인 '총배설강 점액낭'도 있는데 이 기관이 바로 물속에서 직접 기체 교환을 할 수 있게 해 준다. 총배설강 호흡은 메리리버거북의 총 산소 흡기량의 약 4분의 1을 차지할 수 있는데, 피츠로이리버거북과 같은 다른 종에서는 이 비율이 70퍼센트까지 증가하는 경우도 있다. 이러한

다재다능한 엉덩이와 낮은 온도에서 느려지는 신진대사 덕분에 다시 표면으로 올라오지 않고 이틀 반을 보낼 수 있으며, 일부 수생 거북은 심지어 물속에서 동면할 수도 있다.

불행하게도 호흡 이원화(엉덩이화?)에 의존한다는 것은 메리리버거북이 오염되거나 댐이 있어 산소 함량이 낮은 강에서 잘 지내지 못한다는 사실을 의미한다. 서식지 소멸과 붕괴로 인해 크게 고통받고 있는 이 종은 현재 호주에서 두 번째로 강한 절멸 위기에 처한 거북이며, 세계에서 가장 위험한 수준의 절멸 위기에 처한 거북 25종 중 하나다. 아이러니하게도 이 종의 발견을 이끈 애완동물 거래 역시 종의 감소를 부추기는 요인 중 하나로, 1960년대와 1970년대에 펫샵의 수요를 충족시키기 위해 채집된 거북알의 수는 연간 약 2000개에 이르렀다. 갓 부화한 새끼와 알은 들개와 여우의 포식으로도 고통받는다. 설상가상으로 메리리버거북은 성숙 속도가 느려 암컷은 15~20세가 될 때까지 번식하지 않는다. 불행히도 최근 조사에서는 어린 개체가 거의 발견되지 않았는데, 이는 이 독특한 파충류가 번식 적령기에 도달하는 데 어려움을 겪고 있다는 사실을 의미한다. 바라건대 늘어나는 서식지 보존 활동을 통해 호주인들이 부르는 '엉덩이 호흡자'가 더 나은 회복 기회를 얻었으면 한다.

흉내문어

학명	*Thaumoctopus mimicus*
사는 곳	인도네시아 주변 해역, 홍해
특징	짝을 찾기 위해 13가지 이상의 다른 종으로 변신 가능.

문어는 영리한 것으로 유명하다. 이들은 도구를 사용할 수 있고 퍼즐을 풀 수 있으며 몸속의 딱딱한 부리 크기에만 제약을 받는 재능 넘치는 탈출 예술가이기도 하다. 많은 두족류가 짝을 찾거나 그로 가장하기 위해 색이나 무늬를 바꿀 수 있고(158쪽의 호주참갑오징어, 254쪽의 카리브해암초오징어 참고) 심지어 환경에 맞춰 질감까지 모방할 수 있지만, 단 하나의 재능 넘치는 연체동물이 이를 한 단계 끌어올렸다. 흉내문어는 피부색이나 무늬뿐만 아니라

자세나 움직임까지 바꿔가며 13가지 이상의 다른 종을 모방할 수 있다. 바다뱀? 문제없다. 몸과 다리 여섯 개를 모래 속에 숨기고 나머지 두 다리를 뱀처럼 흔들면 된다. 쏠배감펭? 가능하다. 팔을 부풀리고 우아하게 떠다니면 되니까. 가자미? 준비 완료다. 다리를 모으고 몸을 납작하게 만들고 모래 가까이에서 헤엄치자. 움직일 생각이 없다면? 모래에서 엿보는 다모류, 멍게나 해면과 같은 고착성(움직이지 않는) 생물을 선택하면 그만이다. 1990년대 후반 인도네시아 주변의 탁한 바다에서 발견된 이래 그레이트 배리어 리프와 홍해에서도 보고된 이 작고 줄무늬가 있는 흰색과 갈색의 문어는 풍부한 패러디 레퍼토리로 과학자들을 놀라게 했다.

이런 흉내 내기 재간은 어디서 나왔을까? 다른 문어들이 대부분 돌이 많고 외부로부터 가려진 서식지를 선호하는 반면, 흉내문어는 강 하구 근처의 진흙과 모래로 이루어진 해저 바닥에서 산다. 이들의 거주지는 쿡 찌르거나 들쑤시는 것으로 식별되는 소수의 바닥 구멍을 제외하고는 몸을 가려줄 만한 게 거의 없다(많은 문어가 다리 끝이 사라진 채로 발견되는데, 아마도 구멍의 원래 소유자가 특별히 환영하지 않았기 때문일 것이다). 많은 포식자가 있는 노출된 서식지에 사는 바람에 흉내문어는 역동적인 의태, 어떤 의미로는 변신하게 됐다. 그러나 단 하나의 모습에만 초점을 맞춘 의태(305쪽의 난초사마귀 참고)와 달리 이 연체동물은 범위가 넓으며 상황에 맞춰 가장 적절하게 코스튬을 선택한다.

몸집이 작은 영역 동물인 자리돔에게 괴롭힘을 당하면 문어는 독이 있는 줄무늬바다뱀으로 변한다. 이 지역에 풍부한 독성 가자미류를 모방한 넙치 복장은 바다 밑바닥 근처에서 빠른 속도로 이동할 때 편리하다. 수주water column에서 헤엄칠 때 가시가 가득하고 독성이 있는 쏠배감펭 흉내를 내는 게 가장 안전하다. 다른 문어들은 몸을 가리는 데 급급하지만, 흉내문어는 의도적으로 자신을 매우 눈에 띄게 만들어 포식자에게 자신이 해로울 수 있음을 알리고 몇 초 만에 모습을 바꿔 버린다.

이처럼 정교한 진화론적 파티 마술에는 정교한 신경계가 필요하다. 우리 인간과 달리 문어의 신경계는 대부분 뇌에 존재하지 않는다. 뉴런의 3분의 2는 다리 내부의 신경삭에 있어 뇌의 명령 없이도 반사 활동을 할 수 있다. 이들은 문자 그대로 각자 스스로 생각한다.

중추신경계의 복잡성 덕분에 두족류는 지각이 있는 존재의 지위를 부여받았으며 영국에서는 척추동물과 같은 수준의 보호 복지를 받는다. 다른 한편으로 흉내문어는 희귀한 데다 겁도 많아서 보존 상태를 알 수 없다. 서식지는 연안 유출과 채굴로 위협받고 있으며, 발견된 이후 언론의 주목을 받은 탓에 수집가들이 엄청나게 눈독 들이고 있다. 사람에게 잡힌 개체는 거의 살아남지 못한다. 어부들은 시안화물, 황화구리, 그 밖의 유해 화학 물질을 사용해 이들을 은신처에서 쫓아내고 수족관 사육사들은 이들을 돌보는 방법을 거의 모른다. 어떤 합리적인 조치를 취한들, 흉내문어가 맞지 않는 수족관에서 잠깐 전시되다 죽는 것보다 자연 서식지에서 살아 있는 쪽이 더 가치 있지 않은가?

다른 문어들은 몸을 가리는 데 급급하지만, 흉내문어는 의도적으로 자신을 매우 눈에 띄게 만들어 포식자에게 자신이 해로울 수 있음을 알리고 몇 초 만에 모습을 바꿔 버린다.

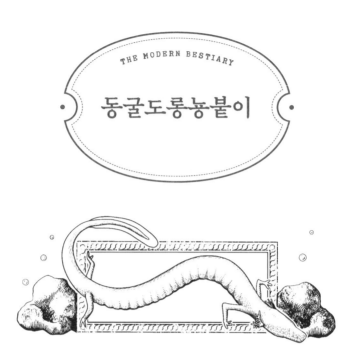

동굴도롱뇽붙이

학명	*Proteus anguinus*
사는 곳	발칸 반도의 지하 동굴
특징	모든 것을 귀찮아함. 7년 동안 한 자리에 앉아 있기 가능.

동굴도롱뇽붙이는 서부 발칸 반도의 지하 동굴에서 찾아볼 수 있는 길이 30센티미터 정도의 가느다란 살구색 양서류다. 특이한 외모 때문에(아기인데 도마뱀 또는 골룸 겸 스마우그를 생각하면 된다) 현지에서는 아기용 또는 인간 물고기로 알려져 있다. 하지만 실제로 더 적합한 이름은 '귀찮게 왜 도롱뇽'일 것이다. 이 놀라운 동물은 절약을 새로운 차원으로 끌어올린 고도의 귀차니스트다.

동굴도롱뇽붙이는 진동굴성 동물troglobiont(그리스어로 '동굴'을 뜻하는 troglos와 '생명'을 뜻하는 bios에서 유래했다)로 동굴 안에서만 살아간다. 이들이 지내는 칠흑같이 어둡고 조용하며 영양이 부족한 환경에선 마찬가지로 절제된 생활방식과 신체 계획, 행동이 필요하다.

성장? 귀찮게 왜? 동굴도롱뇽붙이는 척추동물 세계의 피터팬이다. 평생 미숙한 채로 살기에 다른 양서류들처럼 변태하지 않는 대신 성체도 외부 아가미, 큰 머리, 꼬리와 다리의 재생능력과 같은 어린 개체의 특성을 유지한다. 아기용은 10대에 성적으로 성숙해진다. 번식 활동도 자주 하지는 않는다. 암컷은 12.5년마다 수십 개의 알을 낳는다.

튼튼한 다리, 시력, 피부색? 귀찮게 왜? 동굴도롱뇽붙이의 다리는 가늘고 연약하며, 다른 양서류보다 발가락 수가 적다. 앞다리에 발가락 3개, 뒷다리에 발가락 2개뿐이다. 동굴도롱뇽붙이 유생은 눈이 정상적이지만 몇 달 내에 눈은 퇴화되고 피부로 덮인다. 그렇지만 성체는 (퇴행한 눈뿐만 아니라 피부로도) 어느 정도 감광성을 유지하며 빛을 마주하면 헤엄쳐 멀어진다. 사라진 시력을 보완하기 위해 이 동굴 도롱뇽은 후각이 예민하며 물속의 음파, 땅의 진동, 거기에 더해 전기장과 자기장까지 인지한다. 동굴도롱뇽붙이의 허여멀겋고 분홍빛이 도는 생김새는 반투명하고 색소가 없는 피부 때문이다. 외부 아가미를 통해 흐르는 산소가 풍부한 혈액의 빨간색만이 유일한 색이다. 하지만 아기용은 멜라닌 색소를 생성할 수 있으며 빛에 노출되면 색이 어두워진다. 실제로 더 짧고 뭉툭한 몸과 조금 더 발달한 눈이 있는 검은색 동굴도롱뇽붙이 아종이 기재된 바 있다.

이동? 귀찮게 왜? 너무 게으른 나머지 밥도 거를 정도라면 동굴도롱뇽붙이가 당신의 상징 동물일 수도 있다. 동굴도롱뇽붙이는 한 자리에 앉아 있는 것을 매우 잘한다. 영역 대부분이 몇 제곱미터에 불과한 데다 한 개체가 7년 넘게 똑같은 자리에서 꿈쩍도 하지 않았다는 사실까지 보고됐다.

이 앉아서 기다리는 포식자는 어쩌다 자신의 주둥이 근처에서 길을 찾는 갑각류나 기타 수생 무척추동물을 먹는다. 아무것도 가까이 오지 않는다 한들 아기용들은 몇 년 동안 편안하게 금식할 것이다.

죽음? 귀찮게 왜? 세계에서 가장 큰 진동굴성 척추동물인 동굴도롱뇽붙이는 영원한 젊음의 열쇠를 찾은 것 같다. 이들의 수명은 100년 이상으로 추산되며, 나이가 들어도 노화의 흔적이 나타나지 않는다. 디나르알프스┊ 슬로베니아에서 알바니아까지 뻗은 알프스 지대. 동굴도롱뇽붙이의 서식지 중 하나다의 차가운 지하수는 젊음의 샘인 걸까? 춥고 어두운 지하 서식지에서는 모든 게 바깥보다 느린 속도로 진행될 가능성이 높으며, 까다롭지 않은 태도와 낮은 산소 농도에 높은 내성을 지닌 이 동굴 도롱뇽은 이런 환경에 딱 들어맞는다.

위험한 동굴 다이빙을 감수해야 하거나 아예 접근 불가능한 곳에 살고 있기에 동굴도롱뇽붙이를 연구하기는 쉽지 않다. 더욱이 다른 양서류를 표시할 때 쓰는 꼬리나 발가락에 작은 흠집을 내는 방법은 잘린 신체 부위가 곧 재생되는 동굴도롱뇽붙이에겐 의미가 없다. 다행히도 연구자들은 피부나 배설물 등 이들이 물속에 흘린 DNA를 사용하여 아기용을 조사할 수 있게 됐다. eDNA 혹은 환경 DNA라고 불리는 이 기술을 통해 동굴 지하수 표본에서 동굴도롱뇽붙이의 존재를 확인할 수 있다.

공작갯가재

학명	*Odontodactylus scyllarus*
사는 곳	인도 태평양 해역
특징	태어날 때부터 누군가를 때리기 위한 무기를 갖고 태어남.

닥틸 클럽dactyl club은 새로 문을 연 클럽 이름이 아니다. 갑각류가 사용하는 치명적인 수중 무기다. 문제의 갑각류인 공작갯가재는 밝은 초록 몸체, 주황 다리, 빨간 점박이 머리가 달려 있으며 인도-태평양 열대해역에 서식한다.

코끼리땃쥐나 두더지쥐처럼 갯가재도 다른 동물의 이름을 딴 많은 생물 중 하나이면서 실제로 이름의 주인과는 같지 않다. 이들은 구각목(전체 약 450종)에 속한다. 가재와는 다르지만 둘 다 연갑아강에 속하며 모양이 어느 정도 비슷하다. 영어 일반명인 사마귀 새우mantis shrimp에서 사마귀는 구각류가 사냥하는 방식에서 유래했다. 이들은 매복 포식자로서 제자리에 가만히 있다가 지나가는 먹이를 향해 빠르게 앞다리를 휘두른다. 그러나 유사점은 여기서 끝이다.

위협적으로 '포획성 부속지'라 불리는 구각류의 두 번째 가슴에 있는 다리 두 쌍은 이름 그대로 사냥하거나 격투를 벌이기 좋게 발달했다. 이 다리는 근거리 전투에 적합한 강력한 무기를 갖추고 있으며, 팔뚝의 형태는 종에 따라 두 가지로 나뉜다. 첫 번째 유형 '창잡이'는 가시 돋힌 한 쌍의 꼬챙이로 새우나 물고기와 같은 먹이의 부드러운 몸체를 찌른다. 단단한 동물(고둥, 게)을 잡아먹는 두 번째 유형 '박살러'는 한 쌍의 몽둥이로 껍데기나 외골격을 깨뜨린다. 이 몽둥이 모양의 장치가 바로 앞서 언급한 닥틸 클럽(곤봉)이다. '닥틸'은 '손가락'을 의미하는데 갯가재의 경우에는 앞다리를 말한다. 박살러는 낮에 활동하며 맑은 물을 좋아하고 산호에 산다. 이들은 부속지를 사용하여 땅을 파내고 집을 짓는다. 반면 창잡이는 혼탁한 환경에 서식하며 야행성에 가깝다.

공작갯가재는 앞다리의 뒤꿈치로 상대를 두들겨 패거나 날카로운 발톱으로 찌를 수 있다. 몸길이가 최대 18센티미터에 불과하지만 확실하게 강력한 타격을 입힌다. 1만 400g의 가속도로 날아오는 이들의 펀치는 22구경 총알만큼 강력하다. 용수철처럼 튀어나오는 공격 속도는 초속 23미터에 달한다. 이 엄청난 가속은 탄성 스프링, 걸쇠, 지레와 같이 힘을 폭발적으로 증가시키는 장치를 통해 일어난다. 갯가재의 주먹질이 너무 강력한 탓에 곤봉과 먹이 사이에 공동현상으로 인한 기포가 생기고, 이것이 격렬하게 무너지면서 소음, 열, 섬광을 발생시킬 뿐만 아니라 처음한 주먹질 절반에 가까운 충격이 추가로 발생한다. 불쌍한 고둥이나 게는 먼저 닥틸 클럽으로 폭행당하고, 거품으로 또 다시 두들겨 맞는다.

이 가공할 무기는 수천 번의 힘이 넘치는 타격을 이겨낼 수 있다. 복합 구조 덕분이다. 무기는 유연성이 다양한 3개의 층으로 이루어져 있는데, 가장 바깥쪽 층은 수산화인회석이라는 매우 튼튼한 광물로 만들어졌다. 그리고 만약 일이 잘못돼 갯가재가 앞다리를 잃게 되면 다음 탈피 때 새 다리가 자랄 것이다.

큰 힘에는 큰 책임이 따르는 법이다. 그래서 갯가재의 눈은 강력한 펀치의 방향과 정확성을 측정하기 위해 동물계에서 가장 복잡하게 하나를 발달되었다. 창잡이의 시각은 빛이 약한 환경에서 짧은 거리로 이루어지는 사냥에 적응된 반면, 박살러의 시력은 믿을 수 없을 정도로 뛰어나다. 두 개의 겹눈은 세 부분으로 나누어져 있어 세 개의 개별 영역에 각각 초점을 맞출 수 있다. 그 결과는? 각 눈자루별로 독립적인 세 시야를 볼 수 있는 회전하는 눈이다. 인간은 3개의 광수용체(빨간색, 녹색, 파란색)가 있는 반면에 공작갯가재는 그보다 훨씬 많은 12개를 갖고 있다. 우리는 3D 안경을 통해서만 볼 수 있는 원형 편광을 감지하고 자외선 영역도 본다. 이 기술은 아마도 몸에 반사되는 자외선 패턴을 통해 다른 구각류와 소통하는 데 유용할 것이다. 또한 수컷과 암컷은 더듬이 비늘의 편광도 서로 다르다.

뛰어난 눈이 없어도 갯가재는 냄새를 통해 서로를 감지할 수 있다. 이들은 엄청난 영역 동물이므로 경쟁자를 빠르게 감지하면 대결을 피하는 데 도움이 된다. 그럼에도 불구하고, 같은 종의 구성원과 내부 분쟁 때문에 주먹다짐이 발생한다면 이들은 상호 간에 예의를 염두에 두고 펀치를 날린다.

숨이고기

학명	family Carapidae
사는 곳	바다 깊은 곳
특징	해삼 엉덩이에서 식사, 결혼, 산란 등 일생의 모든 일을 해결함.

첫째도 입지, 둘째도 입지, 셋째도 입지다. 이는 육지에서와 마찬가지로 바다에서도 중요하다. 숨이고기과에 속하는 작고 가늘고 비늘이 없으며 장어처럼 생긴 물고기인 숨이고기의 주요 서식지는 아마도 우리와는 좀 다를 것이다. 이들은 해삼(212쪽 참고)의 꽁무니 안에서 산다.

　해양 무척추동물의 뒷부분이 살기 좋은 이유는 무엇일까? 이들의 엉덩이에는 다양한 기능이 있는데 해삼은 이를 호흡용으로 쓴다(메리리버거북과 비슷하다. 182쪽 참고). 이들은 항문 바로 안쪽에 위치하여 산소를 교환하는 기관인 일명 '호흡기 나무'에 물을 통과시킨다. 뒷좌석은 통풍이 잘되고 아늑하며 푹신하기 때문에 방문객의 시선을 끌 수밖에 없다. 숨이고기는 화학적 신호를 통해 적절한 해삼 종을 찾고, 호흡으로 생성된 해류를 따라 앞과 뒤를 구분할 것이다. 이들은 머리부터, 또는 이쪽이 더 자주 있는 일이지만, 길고 뒤로 갈수록 가늘어지는 꼬리의 도움으로 뒤부터 새로운 숙소에 들어간다. 어쨌든 모든 이가 엉덩이에 물고기를 넣고 싶어 하진 않을 테니 해삼이 협조를 거부하고 항문을 닫아 버리면 숨이고기는 가만히 기다린다. 해삼이 다시 호흡하는 순간 물고기는 기회를 붙잡아 입구를 열고 안으로 들어간다.

해삼 내장은 동물 대부분에게 해롭지만, 숨이고기는 이를 잘 견디는 것으로 보인다. 일단 입주하면 물고기는 깔끔한 세입자다. 자신의 배설구는 턱 바로 아래에 있기 때문에 화장실이 급한 순간 해야 할 일은 주인집의 항문 밖으로 머리를 내미는 것뿐이다.

숨이고기는 해삼 원룸을 차지할 수도, 집을 다른 이와 공유할 수도 있다. 한 숙박 시설에서 동거 중인 수컷과 암컷을 찾는 건 드문 일이 아니다. 실제로 일부 물고기 커플은 새로 찾은 사랑의 둥지(또는 값싼 해삼 모텔)에서 가족을 꾸리기로 하고 안전한 엉덩이 쪽에서 짝짓기도 하고 산란도 한다. 어린 숨이고기는 일반적으로 집주인이 숨을 내쉴 때 방출되어 플랑크톤 무리의 일부가 된다.

편리하게도 숨이고기는 부레를 근육으로 두드려 소리를 낼 수 있는데, 들어간 해삼에 이미 하숙인이 있을 때 그렇게 한다. 노크와 같은 소리는 방문객의 성별과 종을 구별하는 데 도움이 되며 해삼 주택 밖에서도 들을 수 있다. 뒷문을 노크하는 이 능력은 매우 유용한데, 특정 숨이고기의 경우 영역에 집착하고 자기만의 엉덩이 방에 침입하는 침입자를 공격하기 때문이다. 그러므로 불쌍한 해삼 엉덩이는 새로운 생명이 창조되는 공간일 뿐만이 아니라 승자가 패자의 잔해를 마음껏 먹어 치우는, 죽음에 이르는 싸움 장소이기도 하다. 그렇지만 일부 숨이고기는 다른 종일지라도 동거자를 매우 기쁘게 맞이한다. 어느 한 해삼은 무려 15마리나 되는 물고기 숙박객이 이용하는 기숙사를 차린 기록을 세웠다!

숨이고기는 불가사리, 멍게, 조개 등 다른 무척추동물 속에서도 살아간다. 몇몇 종은 완전히 자유롭게 산다. 카라푸스속*Carapus*과 오눅소돈속 *Onuxodon* 숨이고기는 공생 동물이다. 주거용으로 숙주를 이용하지만 해를 끼치지는 않는다는 이야기다. 이들은 숙주를 거주지로 이용하는 한편 큰 이빨과 턱으로 다른 물고기와 작은 갑각류를 사냥하기 위해 나서곤 한다. 그러나 엔켈리오피스속*Encheliophis*의 다른 종들은 해삼을 침대 겸 아침 식사로 대하고 해삼의 내부를 마음껏 먹어 치운다. 자그마한 이빨은 숙주의 부드러운 내장, 특히 생식선을 야금야금 갉아 먹기에 딱 맞다. 당연하겠지만 몇몇 해삼 종은 기생 숨이고기로부터 자신을 보호하기 위해 특별한 방어 수단을 개발했으며 중세 정조대의 생물학적 등가물을 진화시켰다. 바로 항문 이빨이다!

피우레

학명	*Pyura chilensis*
사는 곳	칠레와 페루의 해안지역
특징	바위 사이에 긴 토마토처럼 생겼으나 멍게보다 인간과 더 가까움.

암석을 가르고 열었는데 그 안에서 피를 철철 흘리는 선홍색의 장기가 발견되는 공포를 상상해보시길. 다행히 여러분이 B급 공포영화 속으로 순간 이동했다는 의미는 아니다. 단지 멍게의 일종인 피우레를 잘랐을 뿐이다.

대부분의 멍게(피낭동물아문)는 꽤 매력적이다. 다양한 색상과 모양으로 눈부시게 빛난다. 어떤 건 어둠 속에서 빛나고 또 어떤 건 무늬나 돌기로 장식돼 있다. 단순하게 말하자면 이들이 디즈니 영화의 해저 장면을 마법처럼 만들어 준다. 그러나 스페인어 이름을 가진 피우레piure는 확실히 피낭동물 의상 콘셉트를 전달받지 못했다. 친구인 '바다 제비꽃', '바다 초롱꽃', '바다 복숭아'를 닮기보다는 고기 바위처럼 생겼다.

어떤 의상을 입고 있든 멍게의 구조는 비슷하다. 여과 섭식을 하기에 두 개의 관 혹은 사이펀이 있다. 하나는 물과 먹이를 받아들이고 다른 하나는 물과 찌꺼기를 배출한다. 입에 해당하는 입수공은 쓰레기 섭취를 피하기 위해 항상 화장실(출수공) 위쪽에 놓는다. 피낭동물의 몸은 (투니카타tunicata라는 학명에서 짐작할 수 있듯이) 튜닉, 즉 외피로 둘러싸여 있다. 외피는 단단하거나 연골질일 수도, 부서지기 쉽거나 부드러울 수도, 젤라틴 같고 투명할 수도 있다. 주요 구성 요소 중 하나는 셀룰로스인데, 이 점은 두 가지 이유로 특이하다. 첫째, 셀룰로스는 주로 식물에서 발견되는 물질이고 피낭동물은 이를 합성할 수 있는 유일한 동물이다. 둘째, 무척추동물 세계에서는 독특하게도 외피는 이 동물과 함께 자라므로 주기적으로 외부 껍데기를 벗겨낼 필요가 없다.

피우레의 외피는 두껍고 주름이 많다. 모래와 진흙으로 덮여 있어 꼭 암석처럼 보인다. 그 안에 있는 몸은 피처럼 붉은색이고 길이는 약 5센티미터이며 암석 질감의 표면에 입, 출수공이 조심스럽게 튀어나와 있다. 이 살아 있는 바위는 암석이 많은 해저에 단독 또는 몇 마리에서 몇천 마리가 대규모 덩어리로 서식하는데 마치 콘크리트에 박힌 토마토 같다. 칠레와 페루의 해안지역에서 발견되는 이 종은 종종 사람 손에 채집된다. 피우레는 인기 있는 간식으로, 익히거나 생으로 먹으며 (근거는 없지만) 최음제로 여겨진다. 그러나 최근에는 피우레의 독성에 대한 우려가 커지고 있다. 피우레의 효율적인 필터링으로 인해 오염 물질이 축적될 수 있으며, 실제 그 몸에는 포식자에 대한 방어 수단으로 쓰이는 것으로 보이는 철, 티타늄, 바나듐과 같은 금속이 말도 안 되게 고농도로 들어 있다. 이러한 위험에도 불구하고 이 멍게는 칠레 전 지역에 걸쳐 과도하게 포획되어 소비될 뿐만 아니라 스웨덴과 일본으로도 수출된다. 한 번 개체들이 잡혀간 지역의 개체군 회복은 매우 느리기 때문에 성충의 과도한 포획은 종에 위협이 되고 있다.

이 살아있는 바위는 암석이 많은 해저에 단독 또는 몇 마리에서 몇천 마리가 대규모 덩어리로 서식하는데 마치 콘크리트에 박힌 토마토 같다.

　　자식 멍게를 만들고 싶은 피우레에겐 두 가지 선택지가 있다. 짝을 찾는 것과 혼자 하는 것. 이들은 수컷으로 성체 생활을 시작하고, 크기가 1센티미터를 넘으면 자웅동체가 된다. 이 피낭동물은 생식세포를 바닷속으로 뿜어낸 다음 입, 출수공을 계속 교차시켜 크고 푸른 바다에서 다른 생식세포를 찾거나 성공적으로 자가 수정할 수 있다. 전자가 더 일반적인 전략이지만 어느 쪽이든 유생을 생산한다. 유생 단계는 피우레의 일생 중 아주 짧은 기간(12~24시간) 이어지는 이동할 수 있는 유일한 시기다. 한 번 정착하면 변태하기 전에 기질(아니면 다른 멍게)에 몸을 단단히 붙이고 운명을 결정짓는다. 운동 능력이 있는 청소년기는 아주 짧게 이어지기 때문에 이들은 널리 퍼져나가지는 못한다.

　　올챙이처럼 생긴 유생은 가족의 비밀을 드러낸다. 이들은 통 모양의 성체와 닮지 않았다. 대신 먹장어(167쪽 참고), 개구리, 인간처럼 기다란 근육질의 꼬리와 속이 빈 신경관, 척색을 갖고 있다. 단서는 척삭으로, 멍게는 우리 인간과 마찬가지로 척삭동물문에 속한다! 사실 이들은 인간과 가장 가까운 무척추동물이다. 조상을 찾을 때 이름 없는 돌도 마치 비석 보듯이 샅샅이 뒤져 보자. 특히 붉은 관과 함께 구멍이 숭숭 뚫린 돌은 더욱 그렇다.

오리너구리

학명	*Ornithorhynchus anatinus*
사는 곳	오스트레일리아
특징	조류와 파충류를 닮았지만 포유류.

오리너구리가 이상하게 보인다는 말은 아주 아주 아주 절제된 표현이다. 이 동물은 하나의 상징적인 오리주둥이를 가진 50센티미터 길이의 반수생 덩어리 안에 포유류, 조류, 파충류의 특징이 완벽하게 혼합되어 있다.

오리너구리는 바늘두더지에 속하는 5종과 더불어 단공류, 즉 알을 낳는 포유류다. 단공류는 '하나의 구멍'을 의미하는데, 보통 새와 파충류의 뒤쪽 끝에 존재하는 '하나의 구멍'인 총배설강을 갖고 있기에 이런 이름이 붙었다. 태반 포유류와 마찬가지로 오리너구리는 몸에 털이 있고 모유를 생산한다. 파충류처럼 알을 낳고, 수컷은 뱀독과 유사한 독이 들어 있는 며느리발톱을 가졌다. 조류나 포유류처럼 일정한 체온을 유지하지만, 그 범위는 섭씨 31~32도로 친척인 유대류와 태반 포유류의 체온보다 훨씬 낮다.

오리너구리는 눈을 감고 귀와 콧구멍을 닫은 채 탁한 강과 개울에서 무척추동물을 사냥한다. 부리에 있는 전기 감각 시스템으로 먹잇감인 지렁이류, 갑각류, 곤충 유충의 근육 수축 시 생성되는 전기장을 감지한다. 새와 마찬가지로 성체 오리너구리는 이빨이 부족한 대신 뼈 재질의 판으로 먹이를 갈아먹는다. 더욱 특이한 점은 위가 없다는 것이다. 남은 것은 장과 바로 연결되는 식도 끝 쪽의 확장된 부위뿐이다. 이들의 두꺼운 털은 방수 기능을 갖췄을 뿐만 아니라 생체 형광을 내기 때문에 자외선 아래에서 파란색과 녹색으로 빛난다. 오리너구리 이름의 유래가 된 발에는 물갈퀴가 있으며(오리너구리의 영문 일반명인 platypus는 '넓다, 납작하다'를 의미하는 그리스어에서 유래했다) 특히 두드러진 앞 발의 물갈퀴는 걷는 동안 접혀 있다. 이 부분을 보호하기 위해 오리너구리는 관절로 걷는다. 다리가 몸의 아래가 아닌 옆쪽에 있어서 오리너구리의 걸음걸이는 상당히 파충류 같다.

이렇듯 이상한 생물은 어떻게 생겨나는 걸까? 이 과정은 오리 군을 비버 양에게 소개하는 것만큼 간단하지는 않지만, 어쨌든 많은 동물 분류군의 힘이 보태진 결과다. 오리너구리 암컷은 난소가 두 개 있지만 많은 조류와 일부 파충류와 마찬가지로 왼쪽 하나만 기능한다(오른쪽은 배아용이다). 오리너구리 수컷은 복부 내부에 고환이 있고, 가시가 달린 두 갈래의 음경은 총배설강에 들어 있으며 정자를 전달할 때만 밖으로 쏙 나온다(오줌은 총배설강을 통해 바로 나온다). 오리너구리들이 열정적으로 3주 정도 만나면 암컷은 질긴 가죽 같은 껍데기로 둘러싸인 캐드버리 미니 에그^{Cadbury Mini Egg : 작은 달걀 모양 초콜릿 과자} 크기의 알 한 쌍을 낳고, 10일 후 퍼글이라는 유쾌한 이름으로 불리는 길이 15밀리미터의 새끼가 부화한다.

오리너구리는 퍼글이 남아인지 여아인지 결정하기 위해 단순히 두 개의 염색체만을 사용하지 않는다. 대부분의 포유류는 XX가 암컷, XY가 수컷인 반면, 조류는 반대로 ZW가 암컷, ZZ가 수컷이다. 오리너구리의 경우 퍼글 여아는 무려 XXXXXXXXXX이고, XYXYXYXYXY는 퍼글 남아다. 성염색체 한 쌍으로 만족하지 않고 다섯 쌍을 가지고 있는 것이다. 게다가 그 염색체 중 하나는 조류의 Z 염색체에서도 발견되는 유전자다.

어미 자궁 속 편안한 무균 환경에서 자라는 태반 포유류와는 달리, 어린 퍼글은 초기 발달 과정을 지하 굴에 마련된 지저분하고 젖은 나뭇잎 둥지에서 보낸다. 이런 비위생적인 환경에 대응하기 위해 오리너구리의 젖에는 강력한 항균 성분인 단공류 수유 단백질이 포함되어 있다. 단공류는 젖꼭지가 없기 때문에 퍼글은 이 초강력 음료를 어미의 털에서 직접 핥아먹는다. 오리너구리 게놈을 통해 이해한 내용을 바탕으로 포유류 조상이 알 낳기를 중단하기 전에 모유 생산부터 발달했다는 것이 분명히 밝혀졌다. 이는 양피지 같은 달걀껍데기에 수분을 공급하기 위해서였다. 시간이 지나면서 초기 포유류는 모유를 자양물로 사용하기 시작했고, 달걀노른자 대신 아기에게 영양을 공급하기 위한 태반을 키웠다.

오리주둥이 친구들의 기이함 덕분에 이제 우리는 뭐가 먼저인지 알게 됐다. 포유류인지, 알인지 말이다.

레이싱스트라이프
플랫웜

THE MODERN BESTIARY

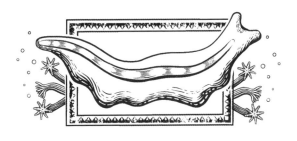

학명	*Pseudoceros bifurcus*
사는 곳	인도 태평양 열대해역
특징	자식을 낳기 위해 부부가 펜싱 시합을 함. 혼자서도 가능.

레이싱 스트라이프 플랫웜은 아름다운 생물이다. 우아하고 밝은 파란 빛을 띠며 눈에 띄는 흑백과 주황 줄무늬가 중앙에 있다. 다른 모든 편형동물과 마찬가지로 호흡계가 없다. 평평한 몸은 확산을 통한 효율적인 기체 교환을 할 수 있게 해 준다. 그렇다. 이들은 정장 양복에 달린 5센티미터짜리 조각과 비슷하다.

분명 이런 아름다운 존재는 짝을 찾는 데 어려움을 겪지는 않을 것이다. 레이싱스트라이프플랫웜은 인도-태평양의 열대해역에 널리 퍼져 있으며, 더 쉬운 연애를 위해 동시 자웅동체. 이들이 선호하는 대명사가 '그들'이라는 사실과는 별개로, 이들은 아름다운 새끼 편형동물을 생산하기 위한 수컷과 암컷의 생식 기관을 모두 가지고 있으며 동종 내 어떤 개체든 소중한 짝이 될 가능성이 있다는 이야기다.

하지만 여기엔 숨은 애로사항이 있다. 해양 편형동물 세계에서는 어미와 아비가 되는 책임이 동등하지 않다. 임신한 개체는 새로운 세대를 성장시키는 데 에너지를 써야 하는 반면, 일단 하룻밤을 즐기고 황급히 떠난 존재는 근심 걱정 없이 세상을 헤엄쳐 다닌다. 무엇보다 편형동물이 날카로운 음경으로 서로에게 정자를 주입하는 짝짓기 방식도 불편하다(빈대의 외상성 수정과 유사하다, 47쪽 참고). 결국 '피하수정'만큼 '섹시하다'고 할 수 있는 것은 없다. 정자는 파트너의 피부 아래에 작은 방울로 모여 뒤쪽에 있는 난소로 이동한다. 결과적으로 부부 중 한쪽은 쓰러져 부상을 입고, 다른 쪽은 떠난 뒤 다시는 연락하지 않는다.

이는 편형동물이 각자의 역할을 어떻게 정하는지에 대한 의문을 제기한다. 음, 편형동물은 섹스 게임을 좋아하고 그중에서도 가장 인기 있는 게임은 페니스 펜싱이다. 규칙은 간단하다. 음경을 꺼내고 분연히 떨치고 일어나 다른 편형동물을 찌르는 동시에 자신은 찔리지 않으면 된다. 찌르면 수정시킨다. 각 라운드의 길이는 약 20~30분이다. 시도 횟수에는 제한이 없지만 먼저 찌르는 쪽이 친자 확보에 더 성공하는 경향이 있다. 모질게 들리겠지만, 승자는 다른 편형동물과 펜싱을 하러 떠나고 패자는 어미가 된다.

일부 편형동물에게는 사랑이 지는 게임인 것 같지만, 실제로 이러한 공정성 부족은 진화적 특혜와 함께 제공된다. 찌르기를 피하려 노력하는 행위는 성적 선택을 통해 찌르는 개체의 수완을 확인할 수단일 수 있다. 더 유능한 찌르는 개체는 찔린 개체의 자손에게 더 괜찮은 유전자를 보장한다. 이는 교미가 더 평화롭거나 수동적인 일이 아니라 결투인 이유를 설명한다.

그러나 1.5밀리미터 길이의 투명한 편형동물인 마크로스토뭄 히스트릭스*Macrostomum hystrix*가 입증한 것처럼 페니스 전투에서 패하는 것보다 더 최악의 시나리오도 있다. 짝을 찾을 가능성이 희박할 경우 이 외로운 작은 편형동물은 생체시계가 작동하게 두는 대신 처량하게 자가수정을 선택한다. 바늘처럼 생긴 음경으로 자신을 찌르는 것이다. 해부학적 제약으로 인해 보통 음경이 닿을 수 있는 머리가 대상이다. 그런 다음 정자는 난자를 수정시키기 위해 꼬리 부분으로 이동한다. 이상적인 전술은 아니지만, 자손이 전혀 없는 것보다 낫다. 여기에 더해, '셀카봉'이라는 용어가 이보다 더 절실한 이중적 의미로 쓰인 적이 있었던가.

THE MODERN BESTIARY

로빙코랄그루퍼

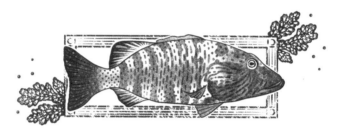

학명	*Plectropomus pessuliferus*
사는 곳	인도 태평양의 산호초 속
특징	곰치, 문어 등 늘 함께 사냥할 동료를 모집하는 외향형.

몇 년마다 작은 상어를 한 번에 삼킬 수 있는 400킬로그램짜리 거대한 물고기 '몬스터 그루퍼'에 대한 보고로 세계가 충격에 잠긴다. 비록 그루퍼 종 일부만이 인상적인 크기까지 자라는 것은 맞지만 로빙코랄그루퍼는 몸길이가 1.2미터 남짓하며 힘만큼이나 두뇌도 뛰어나다.

그루퍼는 인도-태평양 해역의 산호초에 서식한다. 육식성 동물로 주로 물고기와 갑각류를 잡아먹으며 넓은 바다에서 먹이를 사냥한다. 먹히지 않기 위해 산호초의 물고기들은 덩치가 큰 그루퍼가 접근할 수 없는 산호 사이에 숨는다. 그날의 사냥이 끝난 것처럼 보일 수도 있다. 그러나 배고픈 그루퍼는 쉽게 포기하지 않는다. 패배를 인정하거나 먹잇감이 나올 때까지 기다리는 대신, 이들은 물고기를 은신처에서 쫓아내기 위한 교활한 추격 전술을 고안한다.

그루퍼의 사냥 계획은 간단한 세 단계를 포함한다. 1단계 동료 모집, 2단계 해야 할 일 전달, 3단계 수확물 분할이다.

협동 사냥을 저지르기에 좋은 동료는 그루퍼의 기술을 보완하는 특정 기술을 갖고 있어야 한다. 곰치는 훌륭한 후보다. 몸이 날씬한 곰치는 암초 틈새에서 사냥한다. 그들은 좁은 공간을 비집고 들어가 그루퍼가 접근할 수 없는 먹이를 쫓아낼 수 있다. 큰양놀래기도 원정대원에 적합하다. 하지만 이유는 다르다. 이들은 거대한 턱을 사용하여 암초를 부수거나 숨어 있는 먹잇감을 빨아들일 수 있다. 어느 쪽이든 산호초에 숨어 있던 물고기는 그루퍼가 기다리고 있는 외해역으로 도망간다. 추격 동료가 물고기일 필요는 없다. 곰치처럼 좁은 공간을 압박하는 데 전문가인 문어도 협동 사냥에 참여하는 것으로 알려져 있다.

최근까지 각각의 동료가 서로 다른 역할을 맡는 협동 사냥은 소수의 동물에서만 찾아볼 수 있었으며 모두 포유류나 조류였다. 이 복잡한 사회적 행동에는 원활한 의사소통과 사냥을 시작하기 위한 확실한 신호가 필요하다. 그루퍼는 특별한 동작으로 곰치를 모집한다. 이들은 곰치의 은신처로 헤엄쳐 올라가 곰치가 보는 앞에서 몸을 가다듬고는 격렬하게 몸과 꼬리를 흔들어대며 춤을 춘다. 물고기 말로 '어이 친구야, 가자!'다. 곰치가 사냥 참여에 꾸물대거나 도중에 주의가 산만해지면 꼬리 춤을 여러 번 반복하기도 한다. 그루퍼는 소위 '지시 몸짓'을 사용하여 구성원이 무엇에 집중하길 원하는지 나타낸다. 이는 인간이 무언가를 가리키는 것과 같다. 추격이 실패하면 도망친 물고기가 숨어 있는 장소 위에서 머리를 아래에 두고 수직으로 수영하며 '물구나무'를 선다. 물구나무서기는 항상 사냥 동료가 될 가능성이 있는 상대들 앞에서 이루어지며, 대개 상대의 관심을 끌고 반응을 이끈다. 지시 신호를 사용하는 능력은 엄청난 인지적 위업으로 여겨지며 다시 말하건대 이전까지 조류와 포유류에만 국한되었기에 자신이 관심 있는 것들을 가리키는 슈퍼 그루퍼를 발견함으로써 과학자들은 동물의 인지 능력을 다시 생각하게 되었다.

마지막으로 사냥이 성공하려면 사냥 대원들 모두 홀로 사냥할 때보다 서로 힘을 합쳐 배회할 때 더 나은 결과를 얻어야 한다. 그리고 실제로 협동 사냥꾼은 더 많은 먹이를 잡는 것으로 나타났다. 그루퍼의 경우 혼자 있을 때보다 거의 5배나 많은 먹이를 잡았다. 그루퍼와 곰치 모두 먹이를 통째로 삼키는 편이라 티격태격할 여지가 거의 없다. 하지만 공평한 몫보다 더 많은 것을 그러쥐려는 물고기는 문어와 함께 사냥할 때 조심할 필요가 있다. 이 연체동물은 비협조적이거나 탐욕스러운 동료를 때리는 것으로 알려져 있으니까.

왠지 익숙한 나를 닮은 동물 사전

갯민숭달팽이

학명	*Elysia marginata, Elysia atroviridis*
사는 곳	바다 곳곳
특징	광합성이 가능하며 식물의 엽록소를 훔칠 수 있음.

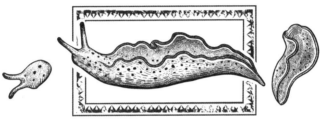

많은 동물이 햇볕을 쬐는 걸 좋아한다. 하지만 실제로 태양 에너지를 사용하는 동물이 있을까? 말도 안 되는 소리처럼 들리겠지만, 존재한다.

갯민숭달팽이는 바다에 서식하는 연체동물의 한 종류다. 녹색날씬이 갯민숭붙이가 파래날씬이갯민숭붙이라는 두 종은 머리에 한 쌍의 촉수가 있고 날개가 달린 녹색 벌레처럼 보인다. 이들은 조류를 먹는다. 해양 생물에게는 특이한 먹이가 아니다. 그러나 갯민숭달팽이는 여러 가지 방법으로 조류를 이용한다. 단순히 먹기만 할 뿐만 아니라 식물 세포에서 광합성을 하게 해주는 기관인 엽록체도 훔칠 수 있다. 갯민숭달팽이는 치설(달팽이류가 음식을 긁어먹을 때 쓰는 입안의 도구)의 가장 큰 이빨로 조류 세포를 뚫는다. 그런 다음 세포의 대부분을 소화하지만 엽록체는 남기고, 이 엽록체는 연체동물의 소화샘 세포에 섞이게 된다. 이 통합은 그 자체로도 대단하지만 더욱 놀라운 점은 이들이 엽록체의 광합성 활성을 몇 달 동안 계속해서 유지, 작동시킨다는 것이다. 갯민숭달팽이는 엽록체가 생성한 탄소 화합물을 섭취한다. 엽록체 강도는 도둑색소체kleptoplasty이라고 하며, 대개 원시 단세포 유기체인 원생생물에서 찾아볼 수 있다. 도둑색소체는 동물계에서 극히 드물며, 이를 할 수 있는 유일한 생물은 일부 해양 편형동물뿐이다.

그렇다면 몸 안에 활동적인 엽록체를 가지고 있는 갯민숭달팽이는 햇볕을 쬐기만 해도 살이 찔까? 그렇지만은 않다. 다만 녹색날씬이갯민숭붙이의 경우 먹이와 강한 빛의 조합은 살아가는 동안 체중 감소를 늦추는데, 이는 먹이와 약한 빛의 조합보다 더 강하게 작용한다. 이러한 조건은 또한 더 많은 수의 알, 더 큰 크기의 유생, 더 높은 자손의 생존율과 연관된다. 색소체 납치는 확실히 제값을 한다.

녹색날씬이갯민숭붙이와 파래날씬이갯민숭붙이는 엽록체가 제공하는 식단만으로는 완전히 자립할 수 없지만, 훨씬 더 뛰어난 재능으로 이를 보완한다. 이들은 머리를 잃을 수도, 아니면 오히려 머리가 몸을 잃을 수도 있다.

비유가 아니다. 이 두 종은 자절, 다시 말해 자가 절단이 가능하다. 이 현상은 포식자 앞에서 꼬리를 잃는 도마뱀이나 도롱뇽과 같은 여러 동물에서 관찰된 바 있지만 이 두 갯민숭달팽이처럼 급진적인 형태는 그 어디에도 나타난 적이 없다. 자가 참수 과정에서 민달팽이는 깔끔한 '목선'을 따라 심장과 기타 장기를 포함해 체중의 약 80~85퍼센트를 잘라내 버리고 머리는 알아서 떠돌아다닌다. 몸은 몇 주, 심지어 몇 달 동안 살아 있고 심장의 맥은 점점 희미해져 갈지언정 몸이 분해될 때까지 계속 뛴다. 그러나 머리는 새로운 단독 생활을 시작하고, 엄청난 재생 작용을 통해 새 몸을 만들어 간다. 3주 안에 심장과 모든 장기를 갖춘 완벽한 몸이 탄생한다.

자가 절단 과정은 몇 시간 동안 이어진다. 이는 포식자 방어가 아닐 거라는 사실을 의미하는데, 단순히 너무 오랜 시간이 걸리기 때문이다. 대신 자절은 기생충을 제거하는 방법이 될 수 있다. 기생성 요각류(작은 갑각류)에 감염된 녹색날씬이갯민숭달팽이는 몸을 버리고 기생충과 거리가 먼 새로운 몸을 다시 만들 수 있다. 이 짓을 두 번이나 하는 개체가 관찰되기도 했다!

몸이 다시 자라날 만큼의 시간 동안 머리가 생존할 수 있는 비결은 도둑색소체라는 가설이 존재한다. 훔친 엽록체는 이들이 다시 먹이를 소화할 수 있을 때까지 광합성 영양분을 제공할 수 있다. 미련 없이 다 버리고 떠날 수 있게 해주는 비결이다.

THE MODERN BESTIARY

해삼

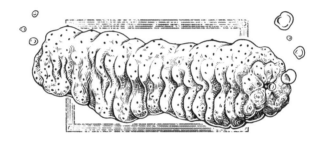

학명	class Holothuroidea
사는 곳	바다 곳곳
특징	몸 앞뒤를 서로 다른 방향으로 꼬면서 스스로 절단할 수 있음.

해삼sea cucumber, 영문 일반명으로 바다 오이는 이름이 같은 식물과 마찬가지로 보통 길쭉한 모양에 뇌가 없으며 딱히 빠르게 움직이지 않는다. 그러나 유사점은 이게 끝이다. 극피동물로 분류되는 해삼은 불가사리와 성게의 친척이다. 1700종이 넘는 종이 있으며 대부분은 길이가 10~30센티미터지만, 가장 작은 것은 불과 몇 밀리미터에 불과하고 가장 큰 것은 3미터가 넘는다. 보통의 해삼은 관 모양이고 일부는 지렁이나 뱀과 비슷하지만 어떤 종

류('바다사과sea apple')는 둥글둥글하다. 비록 동물 대다수를 상대로 달리기 경주에서 승리할 수는 없겠지만, 어쨌든 해삼은 움직일 수 있다. 일부는 작은 관족을 사용하고 일부는 지느러미나 돛 모양으로 변형된 부속지를 이용한다. 기어서 이동하는 종도 있다. 뇌는 없지만 단순한 신경계를 갖고 있어 접촉과 빛에 민감하게 반응한다.

별것 아닌 것처럼 보일 수도 있지만 실제로 해삼만큼 멋진 생물은 거의 없다. 첫째, 해삼의 몸은 물리적 성질을 쉽게 바꿀 수 있는 콜라겐 성분의 일명 '잡기 결합 조직'으로 주로 구성되어 있어서 세 가지 탄력 상태로 존재할 수 있다. 첫 번째는 표준 상태다. 두 번째는 누가 건드렸을 때 나타나는 뻣뻣한 상태다. 세 번째는 해삼을 세게 눌렀을 때 볼 수 있는 부드러운 상태로, 이때 해삼의 몸은 거의 액화될 수도 있다(비좁은 공간에 몸을 쏟아붓는 데 유용하다). 그 어떤 상태에 있든 완전히 원래대로 되돌아갈 수 있으며 콜라겐은 오이의 몸체를 다시 단단하게 만들어준다.

상태를 변경하는 능력은 포식자와 맞설 때 유용하다. 일부 종은 내장적출이라는 실용적인 방어 기제를 갖고 있어 공격자에게 끈적하고 독성이 있는 내장을 배출한다. 뻣뻣한 상태와 부드러운 상태의 조합은 어느 부분을 남기고 어느 부분을 없앨지 제어하는 데 도움이 된다. 다행히 내부 장기는 몇 주 내에 다시 자란다. 마찬가지로, 조건이 좋지 않으면(물이나 먹이가 제대로 갖춰지지 않은 경우) 해삼은 생식선을 적출하거나 재흡수한다. 어쩌면 잔인한 세상에 아기를 데려갈 수 없다는 항의의 표현일지도 모른다.

하지만 조건이 맞으면 이 기다란 극피동물은 계속 번식한다. 암컷과 수컷이 딱히 친밀한 관계는 아니다. 수컷 오이는 정자를 방출하고 암컷 오이는 난자를 방출하며 양쪽 모두 최선의 결과, 다시 말해 접합체가 물속 어딘가에 형성되기를 바랄 뿐이다. 그러나 적어도 10종은 가로분열, 쉽게 말해 반으로 갈라지는 분열을 통해 무성생식을 할 수 있다. 몸 앞쪽과 뒤쪽을 서로 다른 방향으로 비틀기 시작해 가운데가 점점 가늘어지다가 마침내 갈라질 때까지 계속 몸을 꼰다. 대부분 양쪽 모두 생존하지만, 앞쪽은 성공 가능성이 비교적 높지 않다.

이 모든 것만으로도 충분하지 않다는 듯 해삼은 해양 생태계에 매우 중요하다. 퇴적물 섭식자로서 이들은 모래를 섭취해 잔여물을 소화한 뒤 깨끗한 모래를 주변으로 돌려보낸다. 바다 지렁이와 매우 비슷한 방식이다. 이들은 또한 퇴적층을 혼합하고(이 과정에서 산소 함량을 늘린다), 영양분 재활용을 돕고 물의 산성도를 줄이며(산호의 성장에 도움이 된다) 생물 다양성을 늘린다. 휴! 뇌조차 없는 생물에 대한 책임감이 느껴진다.

해삼은 재생 능력 때문에 중국에서 인기 있는 요리 재료 겸 약재다. 남근 형태의 생김새와 내부 장기를 내뿜는 능력으로 인해 최음제로 여겨진다. 여기에 더해 고가의 해삼은 킬로당 1800달러 이상으로 거래되므로 연회에서 해삼을 제공하는 건 부를 과시하는 수단이다. 세계 각지에서 발견되지만, 아시아 태평양 해역에 가장 많은 종이 서식한다. 현재 전 세계 열대해안의 90퍼센트 이상이 해삼을 중국으로 수출하는 국가에 속해 있다. 안타깝게도 해삼은 지나치게 과잉 채취되고 있다. 그 한편으로 수요는 꾸준히 늘어나 매년 약 2억 마리의 해삼이 채취되고 있으며 일반 종과 절멸 위기종이 모두 소비되는 중이다. 결과적으로 우리가 이들의 초능력을 제대로 연구할 기회를 갖기도 전에 이 매혹적인 진미가 모두 누군가의 배 속으로 들어갈 수도 있다는 이야기다.

감투빗해파리

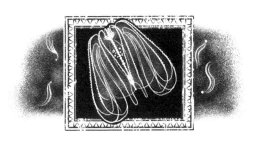

학명	*Mnemiopsis leidyi*
사는곳	바다 곳곳
특징	항문이 있다가 사라짐. 한 시간에 한 번 꼴로 등장.

작고 말랑말랑하고 반짝이며 해양 서식지에 큰 피해를 준다. 소박한 감투빗해파리는 5센티미터짜리 무지갯빛 젤라틴 덩어리로 치명적인 침입자라기보다는 유원지에서 파는 값싼 싸구려 장난감처럼 보인다. 이 겸손한 동물은 유즐동물, 즉 빗해파리로 여러분이 생각하는 그 해파리가 아니다. 둘은 완전히 다른 문에 속한다.

유즐동물은 지금까지 약 200종이 기재됐다. 유즐동물은 해면동물보다 조금 더 복잡하고 그 복잡성 정도가 딱 해파리 수준이지만, 다른 모든 동물보다 단순하다. 진짜 해파리와 마찬가지로 빗해파리 역시 일반적으로 투명하고 대개 물로 이루어져 있으며 대부분 육식성이지만 빗 또는 섬모줄^{ctene}이라는 별개의 요소가 있는 점이 다르다. 섬모줄은 섬모라 불리는 작은 무지갯빛 털이 8줄로 늘어선 부분으로 작은 노처럼 작동하며 움직임을 만든다.

빛을 굴절시키는 빗으로 바닷물에서 헤엄치는 것도 꽤 멋지지만 유즐동물의 진정한 명성은 신경계를 가진 가장 오래된 동물, 어쩌면 가장 먼저 발달한 생물 부문까지 차지하는 것이다. 과학계는 이 문제에 대해 둘로 나뉘는데, 일부 연구자는 유즐동물을 지지하고 다른 일부는 가장 오래된 동물 분야 수상자로 해면(해면동물)을 지지한다.

눈에 잘 띄지 않는 감투빗해파리는 꽤 흥미로운 특징이 있긴 하지만 겉보기에는 재앙을 예고할 만한 뭔가가 전혀 없다. 다른 빗해파리들처럼 감투빗해파리 역시 쏘지 않으며 루시페라아제 효소와 발광 기질인 루시페린을 사용하여 빛을 내는 생체발광 생물이다. 다른 빗해파리는 길고 끈적끈적한 세포가 있는 촉수로 먹이를 잡는 반면, 감투빗해파리는 구강부 양쪽에 있는 입술 모양의 근육질 돌출부 두 개를 이용해 마치 떠다니는 투명한 입처럼 먹이를 통째로 삼켜 사냥한다. 식사를 마치면 (약 1시간에 1번꼴로) 배변을 위해 나타나는 일시적인 항문을 사용하고, 사용하지 않을 땐 사라진다. 처음에는 므네미오프시스속에 세 가지 다른 감투빗해파리가 있다고 여겨졌다. 이제 과학자들은 비록 여러모로 다양하기는 하지만 셋 다 단일 종이라는 데 동의한다.

서부 대서양이 원산지인 이 빗해파리는 1980년대에 선박 평형수 : 선박의 균형을 유지하기 위해 선박 내부에 저장하는 바닷물에 실려 흑해로 전파됐다. 수중 침입자의 전파 경로로 잘 알려진 방법이다. 감투빗해파리는 생활환경에 융통성을 발휘하고 오염에도 강하다. 다양한 온도와 염분에도 잘 견딘다. 이들은 작은 갑각류, 물고기알과 유생, 그 외 새 거주지에 풍부한 많은 것들을 먹는다. 이들은 회복탄력성, 왕성한 식욕, 포식자 부족 등을 바탕으로 순식간에 불어나 흑해를 감투빗해파리 구덩이로 바꿨고, 그 수준은 곧 1세제곱미터당 300 유즐동물에 도달했다. 그 결과 이미 취약했던 생태계가 파괴되고 어업이 망가졌으며, 빗해파리들은 인근 바다로 퍼져나갔다. 감투빗해파리는 자웅동체로서 자가 수정이 가능하고 매일 2000개의 알을 낳을 수 있다. 한 마리만 있으면 가능하다. 이후 수십 년 동안 이들은 흑해, 아조프해, 카스피해, 마르마라해, 지중해, 북해, 발트해 등 바다 일곱 군데의 재앙이 되어 경쟁자를 압도하는 능력으로 인간과 토종 야생동물에게 중요한 어류 자원을 먹어 치웠다. 만족할 줄 모르는 외래 빗해파리가 도착한 후, 이미 매우 취약한 상태였던 카스피해물범뿐만 아니라 철갑상어 5종의 수도 더욱 감소했다. 결과적으로 감투빗해파리는 IUCN이 선정한 세계 최악의 100대 침입종 목록에서 불명예스러운 자리를 차지하게 됐다.

첫 번째 침입 후 거의 20년이 지나 또 다른 외래 유즐동물인 베로에 오바타*Beroe ovata*가 흑해에 도착했다. 고맙게도 감투빗해파리를 즐겨 먹는 이 동물 덕분에 흑해의 물고기들은 조금 안심할 수 있었다. 아조프해와 북해에서는 겨울 수온이 낮아 계절에 따라 빗해파리가 죽지만, 재침입은 여전히 정기적으로 발생한다. 다행히 2016년에 체결된 협약에 따르면 모든 선박은 평형수에 있는 생물을 죄다 없애야 하며, 이는 향후 침입 가능성을 줄인다. 결국 가장 작고 말랑말랑한 존재조차도 생태계에 엄청난 영향을 미칠 수 있다는 사실을 기억할 만하다.

THE MODERN BESTIARY

뮤렉스바다고둥

학명	*Bolinus brandaris*
사는 곳	대서양 일부 지역
특징	인간 때문에 암컷에게서 수컷의 생식기가 자라나기도 함.

도료로 음경 길이를 늘릴 수 있을까? 간단하게 답하자면, 그렇다. 길게 답하자면, 여러분이 해양 고둥이고 오염 방지제가 포함된 도료에 노출됐다면 그렇다. 그리고 누가 됐든 간에 자신의 성기에 도료를 바르겠다는 아이디어를 떠올리기 전에 말해두건대, 그건 좋은 일이 아니다.

　해상 여행 초창기부터 해군 기술자들은 미생물이나 식물, 작은 동물이 선박 표면에 쌓이는 생물 부착 문제를 다루어 왔다. 선체, 배관, 출수구 격자,

왠지 익숙한 **나를 닮은 동물 사전**

그 외 장비에 다양한 수생생물이 쌓이는 것은 선박에 좋지 않은 소식이다. 선체를 손상하거나 안전 문제를 일으키거나 항력을 증가시켜 선박의 속도를 늦추기도 한다(이로 인해 연료가 더 많이 소비되고 운영 비용도 늘어난다). 당연히 해운 업계는 구리판을 선체에 못 박는 초기 방법부터 가장 현대적인 상어 피부 모방 코팅에 이르기까지 동물이 선박을 이동 주택으로 삼는 걸 방지하기 위한 모든 종류의 방식을 시도해왔다. 1960년대와 1970년대에 일반적으로 사용된 해결책 중 하나는 트리부틸틴이나 트리페닐틴과 같은 살생 성분의 유기주석 화합물을 함유한 방오 도료였다. 이 물질들이 환경에 침출되면 야생동물이 보트에 달라붙는 걸 방지할 뿐만 아니라 표적이 아닌 종에도 영향을 미친다.

방오 도료의 영향을 받은 동물은 지중해와 대서양 일부 지역에 서식하는 바다고둥인 뮤렉스바다고둥이었다. 가시가 삐죽삐죽 돋은 껍데기를 가진 이 복족류는 페니키아인들이 매우 귀중한 '티리언 퍼플' 염료를 생산하는 데 쓰이며 수천 년 동안 상업적으로 중요한 역할을 해왔다. 고둥의 (점액을 생성하는) 아가미아랫샘에서 추출한 호화로운 색소는 시간이 지나도 색이 바래지 않는다. 그리고 비용이 많이 드는 복잡한 생산 과정 때문에 가장 부유한 사람들만이 살 수 있었으며 지위와 권력의 상징이 됐다. 실제로 로마 시대에는 이 사치스러운 색으로 염색한 재료의 사용이 사치법에 의해 제한되었으며, 4세기에는 황제만이 '보라색 의상'을 입을 수 있었다. 현재 이 종은 지중해 주변, 특히 스페인의 일부 지역에서 소비된다.

대부분의 육상 복족류는 자웅동체이지만(32쪽의 바나나민달팽이 참고), 뮤렉스바다고둥과 같은 신복족류는 생식형이다. 다시 말해 수컷과 암컷 고둥이 분리되어 있다. 이미 사랑을 찾을 확률이 절반으로 줄어든 상황에서 바다고둥은 더 큰 문제에 봉착했다. 방오 도료에서 침출되는 낮은 농도의 유기주석 화합물로 인해 암컷 고둥에게도 수컷의 생식기가 자라난 것이다.

수컷의 부위가 암컷에 겹쳐지는super-imposed, 임포섹스imposex라고 알려진 현상이다. 일부 고둥 종은 다수 혹은 혼합 생식기로도 여전히 번식할 수 있지만, 뮤렉스바다고둥과 같은 다른 종은 일반적으로 새로 생겨난 정관이 생식기 구멍을 막아 암컷이 불임이 되는 탓에 번식할 수 없다.

임포섹스는 약 200종에 영향을 미치며, 화학 물질로 인한 동물의 내분비 교란에 대한 가장 명확하면서 가장 잘 정리된 사례 중 하나다. 2008년 후반에 발효된 선박의 유해 방오 시스템 관리Control of Harmful Anti-fouling System에 관한 국제 협약에 의해 살생 유기주석의 사용이 제한됐음에도 불구하고 특히 조선소, 항구, 선착장 등지에서 현재까지 오염 현상이 발견되는 중이다. 또한, 법률 변경의 결과로 일부 서식지에서 임포섹스에 영향을 받는 복족류의 발생률이 줄어들었는데도 불구하고 새로운 문제가 발생하고 있다. 고둥이 섭취한 뒤 이를 섭취한 사람의 위장으로 다시 유입되는 미세 플라스틱이다.

뮤렉스바다고둥은 매우 민감한 종이며 환경 오염에 대해 매우 뛰어난 생물지표다. 광범위하게 보자면, 임포섹스의 발생은 해당 지역이 유기주석 화합물에 얼마나 큰 영향을 받았는지 평가하는 데 도움이 된다. 심각도는 수정관 배열 지표Vas Deferens Sequence Index, 상대적 음경 길이 지표Relative Penis Length Index, 상대적 음경 크기 지표Relative Penis Size Index와 같은 생체 모니터링 지표를 통해 측정된다. 이는 종의 일부 구성원이 더 작은 음경을 선호하는 몇 안 되는 상황 중 하나라고 단정할 수 있다.

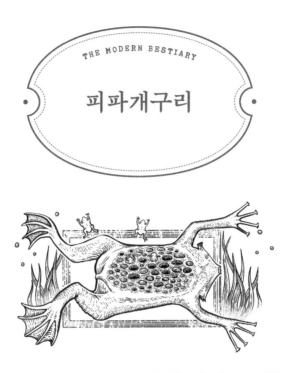

피파개구리

THE MODERN BESTIARY

학명	*Pipa pipa*
사는 곳	남아메리카 열대지방
특징	암컷의 등에서 알이 부화함.

환공포증이 있는가? 다시 말해 여러 개의 구멍을 보면 마음이 불편한가? 그
렇다면 이번 편은 건너뛰어도 된다.

소개할 두꺼비의 길이는 약 10~20센티미터, 무게는 약 0.5킬로그램이
며 팔다리가 있는 직사각형 팬케이크와 비슷하게 생겼다. 피파개구리는 양
서류라기보다는 회색이나 갈색의 마른 잎처럼 보이며 아마도 개구리류 중
에서 가장 잘생긴 친구는 확실히 아니다. 지금까지는 별반 놀랄 게 없다.

이 종은 남아메리카의 열대지방에서 발견된다. 물에서 지내는 걸 아주 좋아하며 탁한 물이 고인 연못 바닥이나 천천히 흐르는 시냇물과 강바닥에 서식한다. 피파개구리는 기회가 된다면 사체를 먹지만, 물고기나 무척추동물과 같은 살아 있는 먹이도 특별히 즐긴다. 하지만 이빨이나 혀가 없는 데다 눈은 미발달됐다. 그렇다면 어떻게 사냥할까?

그 답은 이들의 촉감에 있다. 이 개구리(그건 그렇고 두꺼비와 개구리의 구분은 어느 정도 비공식적이며 두꺼비는 개구리의 일종이다)에는 두 가지 비장의 감각 무기가 있다. 첫 번째는 보통 물고기에서 찾아볼 수 있는 기관인 측선으로 움직임, 압력, 진동을 감지하고 이를 전기 자극으로 변환한다. 두 번째는 섬뜩한 앞 발가락이다. 뒷다리의 발가락은 개구리 특유의 정상적인 물갈퀴 발가락인 반면, 앞다리에는 물갈퀴가 없는 대신 매우 기다란 마녀 같은 발가락이 있다. 각 발가락 끝에는 각각의 발가락이 있으며 이들에겐 또한 각각의 미니 발가락이 프랙탈 스타일로 달려 있다. 이 별 모양의 부속지는 두꺼비가 물의 움직임을 인지하게 도와 먹잇감의 위치를 알 수 있게 해 준다.

사냥은 어떻게 진행될까? 피파개구리는 매복 포식자다. 이들은 앞 발가락을 뻗은 채 연못 바닥에 꼼짝하지 않고 누워 가만히 기다린다. 아무 생각 없는 물고기가 너무 가까이 다가오면 두꺼비는 입을 쩍 벌리고 슉! 빨아들인다. 입 밖에 남아 있는 먹이의 일부는 앞발로 그러모은다. 이 덫이 작동할 만큼 충분한 흡인력을 만들어내기 위해 개구리는 내장(폐, 간, 위 등)을 압축하고 이를 몸길이의 3분의 1만큼 몸 뒤쪽으로 밀어서 입 구멍을 크게 확장할 수 있다.

이 흡입 섭식 기제 역시 피파개구리의 가장 이상한 특징이 아니다. 상을 수여할 부문은 암컷이 등을 통해 출산한다는 수수께끼 같은 사실이다. 교미하는 동안 수컷은 포접이라 불리는 사랑의 손길로 암컷을 붙잡는다. 수컷은 암컷의 등에 달라붙어 암컷이 알을 낳으면 바로 수정시킨다. 이런 일이 발생하면(그리고 두꺼비의 교미는 시간이 좀 걸리곤 한다. 12~24시간!) 암컷은 주변을 헤엄치며 공중제비를 해대는데 이 과정에서 수정란은 암컷의 등에 쌓이게 된다. 호르몬 변화로 인해 암컷의 등 피부가 부풀어 오르고 알은 그 속으로 파고들어 작은 주머니에 둥지를 틀게 된다. 40~120개의 알은 고르지 않은 벌집 모양을 이루는데, 이게 바로 환공포증을 불러일으키는 일반적인 원인이다.

새끼 개구리는 어미의 등 안에서 계속해서 탈피하며 알부터 올챙이를 거쳐 완전한 모습을 갖춘 어린 개체가 되기까지 모든 발달 단계를 끝마친다. 수정 후 약 2~3개월이 지나 독립생활을 시작할 준비가 되면 작은 피파 개구리들이 모습을 드러낸다. 이들은 마치 사지가 달린 여드름처럼 어미의 등에서 튀어나오고, 그다음 어미는 남은 피부를 벗겨낸다. 진정한 피부과적 삶의 기적이다.

키모토아
엑시구아

학명	*Cymothoa exigua*
사는 곳	물고기의 입 안
특징	물고기의 혀를 퇴화시키고 혀를 대신하며 입 안에서 살아감.

스몰토크 주제로 이런 말은 어떤가? '혀 대신 삼엽충이 있다면 어떨지 생각해 본 적이 있으세요?' 몇몇 물고기 종의 경우 이는 전혀 이론적인 질문이 아니다. 등각류라고 불리는 작은 해양 갑각류 덕분이다.

등각류는 지금은 멸종된 삼엽충과 유사하다. 이들은 타원형이고 체절로 분할된 외골격과 일곱 쌍의 다리가 있다. 이들은 보통 물에서 찾아볼 수 있지만 쥐며느리(슬레이터나 공벌레, 또는 콩벌레라고도 부른다)와 같은 일부 등각류는 육상 생활을 선호한다. 상당수의 수생 갑각류는 기생동물이며 특히 갈고리벌레과Cymothoidae는 소름 끼치는 습관으로 유명하다. 이들은 체외 기생동물(숙주 몸속이 아닌 표면에 산다는 의미다)이며 보통 물고기를 숙주로 삼는다. 이 등각류는 피부, 아가미, 지느러미, 입 등 신체의 다양한 부위에 들러붙는다. 때로는 근육에 구멍을 뚫기도 한다. 그렇지만 한 종은 이보다 한 단계 더 나아간다. 바로 키모토아 엑시구아다. 이 종의 전문 분야를 추측하는 일은 어렵지 않다.

물고기혀니라는 별명을 가진 이 생물은 별명 그대로의 일을 한다. 피해자의 입 안에 들어간 옅은 살구색의 등각류는 발톱을 사용해 혀의 혈관을 절단하고 혀를 퇴화시킨다. 그런 다음 자가 장기 이식 시도를 통해 14개의 다리로 남아 있는 혀뿌리와 입 바닥에 달라붙어 물고기의 혀를 대신하는 멋지고 살아 있으며 다리 달린 대체품이 된다. 흥미롭게도 대체로 크기가 적당하고 물고기 입 안에 아늑하게 들어맞기 때문에 대리 혀 역할을 꽤 잘 수행한다. 물고기 혀는 대부분의 다른 척추동물처럼 근육질이 아니라 뼈가 있으며 주요 기능은 먹이를 제자리에 고정하는 것이다. 먹이를 찾는 동안 혀가 입천장을 누르면서 먹이를 서개구치(입천장에서 자라는 이빨) 쪽으로 밀어낸다. 도미의 입에서 발견된 키모토아 엑시구아의 흉부에 서개구치에 긁힌 자국이 있다는 보고는 이들이 혀로서 훌륭히 역할을 수행한다는 사실을 나타낸다. 살아있는 보철물로서의 이들을 말해주는 또 다른 키모토아 엑시구아를 가진 물고기는 기생충에 감염되지 않은 물고기보다 약간 야위었을지언정 상당히 건강해 보인다는 점이다. 어쨌든 등각류는 혈액과 물고기 점액을 먹는다. 그래도 혀가 아예 없는 것보다는 나은 것 같다.

혀 파먹기만으로 충분하지 않다는 듯 갈고리벌레의 이력서에는 또 다른 기이한 특성이 존재한다. 바로 '수컷성숙암수한몸protandrous hermaphroditism'이라는 점이다. 괜찮은 물고기를 찾으면 등각류는 아가미를 통해 이동하여 상점을 세운다. 대서양과 동태평양의 따뜻한 바다에서 최소 8종의 서로 다른 물고기 종에서 발견되는 것을 봐서 등각류는 물고기에 그리 까다롭지 않다. 그러나 여기에 반전이 있다. 모든 키모토아 엑시구아는 수컷으로 시작돼 길이가 1센티미터를 넘을 때만 암컷으로 변한다. 두 마리의 키모토아 엑시구아가 한 물고기에 있을 경우 작은 개체는 수컷으로서 아가미에 남아 있는 반면, 큰 개체는 입으로 들어가 혀를 자르며 성전환을 겪는다. 암컷은 수컷의 두 배 크기로 몸길이 3센티미터가 넘는다. 그들은 또한 알(수백 개)을 보관하기 편리한 주머니인 육아낭을 갖고 있다. 수컷은 보통 아가미에 남아 있지만 부부 금슬을 위해 물고기 입으로 튀어나올 때도 있다. 맞다, 바로 그거다. 물고기는 자신도 모르게 자신의 턱 안에 교미하는 갑각류 한 쌍을 품는 것이다. 그걸 물고는….

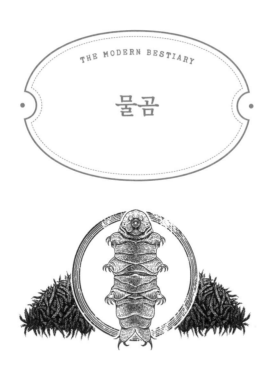

THE MODERN BESTIARY

물곰

학명	phylum Tardigrada
사는 곳	지구 곳곳
특징	우주에 갔다가 무사히 귀환한 개체가 있음!

과학자들은 전체적으로 평화롭고 친절하며 딱히 눈에 거슬리지 않는 존재다. 그러나 지난 몇 세기 동안 이상하게도 한 가지 병적인 목표에 집착하는 소규모 무리 하나가 있는 듯하다. 이들의 목표는 가장 극단적이고 정교한 방법으로 물곰을 죽이는 것이다.

물곰이란 무엇이며, 왜 이들을 죽이고 싶어 할까? 위험한가? 질병을 퍼뜨리기라도 하나? 연구자들의 분노를 살 만한 일을 저질렀나? 전혀 아니다.

완보동물 또는 이끼 돼지라고도 알려진 물곰은 평균 길이가 0.5밀리미터에 불과한 아주 작은 무척추동물이다. 완보동물문에는 약 1300종이 있는데, 모두 다리가 여덟 개인 미쉐린맨 ː미쉐린 타이어 마스코트의 현미경 버전처럼 보인다. 이처럼 작은데도 뇌, 창자, 생식선, 심지어 다리에 작은 발톱까지 갖췄다. 이 통통하고 느릿느릿한 작은 짐승은 인간에게 아무 해를 끼치지 않는다. 이들은 보통 박테리아를 먹지만 일부는 초식성이고 다른 일부는 자신보다 훨씬 작은 무척추동물을 잡아먹는 육식성이다. 과학자들이 완보동물을 망가뜨리는 데 집착하는 유일한 이유는 이들이 도전을 좋아하기 때문이다. 문으로서 완보동물은 지구(그리고 그 너머)에서 가장 파괴하기 어려운 동물이니 말이다.

물곰은 이름 그대로 젖은 곳이면 어디서든 발견된다. 담수, (조간대부터 수심 4.5킬로미터 이상의 깊이까지) 해양 서식지는 물론 축축한 땅에서도 사는데, 이 경우 이끼, 젖은 모래나 낙엽이 이상적인 환경이다. 그러나 이러한 수생-육상 환경은 건조해지기 쉬우므로 완보동물은 예측 불가능성에 대처할 방법이 필요하다.

상황이 안 좋아지면 이끼 돼지는 신진대사를 중단하고 특수한 가사 상태cryptobiosis에 돌입한다. 이는 동결, 건조, 산소 부족, 고농도의 화학 물질로 인해 유발된다. 이 상태에 제대로 들어가기 위해 이들은 툰tun이라 불리는 돔 모양을 이룬다. 몸을 수축시키고 다리를 쏙 집어넣고 표면적을 최대한 줄이는 것이다. 툰은 수분 손실을 늦추고 이어질 건조 과정에서 장기 손상을 방지한다. 그런 다음 완보동물은 물을 트레할로스와 같은 생물 보호제로 대체한다. 또한 열충격 단백질(98쪽의 사하라은개미 참고)과 방사선으로부터 DNA를 보호하는 손상 억제 단백질과 같은 다른 보호 분자도 강화한다. 액체 상태의 물을 다시 사용할 수 있게 되면 물곰은 스스로 활성화되어 '물만 추가'하면 되는 간편식처럼 이전에 멈췄던 부분부터 다시 시작한다.

이들의 특수한 가사 상태는 현미경을 발명한 안톤 판 레이우엔훅이 1702년에 처음으로 관찰했다. 완보동물 자체는 1773년 독일의 동물학자인 요한 아우구스트 에프라임 괴제가 처음 기재했다. 그 이후로 과학자들은 이들의 한계를 시험해왔다. 그리고, 세상에, 이들의 한계란 너무나도 광범위했다. 이들의 일반적인 수명은 겨우 몇 달에 불과하지만, 툰 형태로는 물 없이도 수십 년 동안 생존할 수 있다. 이들은 절대 영도(섭씨 영하 272.8도)보다 약간 높은 온도부터 섭씨 150도 이상까지의 온도를 견딜 수 있다. 이들은 믿기 힘들 정도의 압력을 버티고 포유류를 수백 번 이상 죽일 수 있는 수준의 감마선과 엑스레이도 견뎌낸다. 이들의 놀라운 회복력은 툰 형태로 겪는 대사 정지 상태에 기인하지만, 심지어 수분이 충분하고 활동적인 이끼 돼지마저 동물 대다수보다 회복력이 뛰어나다. 이들은 영하 196도부터 38도까지의 온도 범위와 (수심 1000미터에서의 압력과 동일한) 약 100기압에서 신나게 생존할 수 있다.

놀라운 강인함으로 인해 물곰은 우주 연구의 모델 생물이 됐다. '완보동물 죽이기'의 최신 장에서는 우주로 보내진 이끼 돼지가 진공을 어떻게 해결하는지(아주 감사하게도 멀쩡하다)와 태양 자외선에 완전히 노출됐을 때 어떻게 되는지(소수는 무사히 귀환했다)를 다뤘다. 2019년에는 달에 추락한 이스라엘 탐사선에 완보동물이 탑승하고 있다는 사실이 밝혀지면서 엄청난 소란이 일어났다. 인류가 생명체, 그것도 무적의 생명체를 달에 뿌려버린 걸까? 물곰이 충돌에서 살아남을 수 있었는지 조사하기 위해 2단 광가스 총에 장전된 물곰 몇몇이 진공실에 있는 모래 표적을 향해 발사됐다. 그 결과 이들은 최대 초속 900미터, 혹은 1.14기가파스칼의 충격압을 견딜 수 있는 것으로 밝혀졌다. 그러나 이는 충돌하는 우주 탐사선의 충격압보다 훨씬 낮은 수치다. 결국, 우리는 불굴의 외계 생명체를 창조하지 않았다. 아직까지는.

와틀드물꿩

THE MODERN BESTIARY

학명	*Jacana jacana*
사는 곳	남아메리카
특징	암컷이 수컷보다 크고 화려한 외모를 가졌으며, 암컷끼리 경쟁함.

'너무 까다롭게 굴지 마! 다 똑같아!'

짝을 찾아야 한다는 압박에 직면한 존재는 인간뿐만이 아니다. 그러나 동물의 세계에서는 누가 까다롭게 굴 건지, 좀 더 단순할 것이다.

이 모든 것은 비용으로 귀결된다. 재정이 아니라 에너지 측면에서 말이다. 각각의 성별은 생식 세포의 생산(정자 또는 난자, 크게 또는 작게, 많게 또는 적게), 자손의 발달(태아 임신 또는 포란), 산후 관리(자식 먹이기, 따뜻하게 데워

230

왠지 익숙한 나를 닮은 동물 사전

주기, 생존 보장하기)로 인해 생식과 관련된 비용이 발생한다. 이 모든 과정에는 에너지가 필요하며, 종에 따라 한쪽 성별이 다른 쪽보다 양육에 더 많이 투자할 가능성이 높다. 하지만 이 투자가 까다로움과 어떻게 연결될까?

로버트 트리버스가 1972년에 제시한 양육 투자 이론Parental investment theory에서는 부모 역할에 더 많이 투자하는 성별은 배우자 선택에서도 더 까다롭게 굴며, 덜 투자하는 성별은 배우자를 얻기 위해 다른 이들과 경쟁해야 한다고 설명한다. 이 이론에 따르면 임신, 수유, 큰 알 생산 등 더 많이 투자하는 암컷은 눈부신 외모, 선물, 구애 행동 등을 통해 수컷의 구애를 받아야 한다. 이런 외형은 상대가 배우자 후보로서 얼마나 적합한지, 그리고 번식에 따른 번거로움을 겪을 가치가 있는지를 알려줄 수 있다. 일반적으로 암컷은 번식에 있어서 '제한 요인'이기 때문에 더 까다로운 성별이다. 이때 선택 압력을 받는 수컷은 더 공격적이거나 인상적이거나 소유욕이 강해진다(101쪽의 사이가영양, 281쪽의 기아나바위새 참고).

생물체 대다수는 암컷이 번식에 더 많은 투자를 하는 반면, 남미의 와틀드물꿩 같은 종은 수컷이 양육을 전적으로 부담한다(물장군도 이런 종이다, 161쪽 참고). 물꿩은 터무니없이 긴 발가락이 특징인 섭금류다. 이들은 가위손의 발가락 버전과도 같은 특대 발가락을 통해 무게를 더 넓은 표면에 분산시키고 수련 잎 위를 걸을 수 있어 '예수 새'라는 별명을 얻었다. 물꿩은 또한 반전된 성 역할을 보여준다. 암컷이 더 크고 더 공격적인 성별이다. 암컷의 와틀(부리 주위의 펄럭이는 피부)은 수컷보다 더 밝은 주홍색을 띠며 날개 발톱, 즉 날개에서 튀어나온 케라틴질의 가시 같은 무기 조각 역시 수컷보다 더 크다. 암컷 물꿩은 다부제다. 이들은 이동 중에 여러 짝을 거느리며 수컷을 두고 경쟁하고 자신의 영역을 방어한다. 암컷은 수컷 한 마리당 최대 4개의 알을 낳은 후 다음 짝에게로 옮겨가며, 알이 먹혀 사라지면 필요에 따라 보충해 둔다. 알은 암컷의 몸 크기에 비해 매우 작으며 생산하는 데 약 3주밖에 걸리지 않는다. 이에 비해 물꿩 아비는 약 4개월 동안 홀로 새끼를 돌본다.

수컷은 단독 돌보미다. 수컷은 알을 품거나 그늘을 만들어 햇볕 아래서 알을 보호하는 일을 모두 해내고, 알이 부화한 후에는 새끼를 보호하며 먹이 찾는 법을 가르치고 자신의 날개 아래에 품는다. 위험에 처했을 때, 새끼 와틀드물꿩은 두 가지 탈출 전략 중 하나를 사용한다. 아비의 부름에 따라 이들은 물속으로 뛰어들어 부리 끝을 스노클처럼 사용하며 최대 30분 동안 물속에 머문다. 반대로 물 쪽에서 위협이 닥치면 아비의 날개 아래 숨는다. 더욱 특이하게도 (구경꾼들이 그의 깃털 아래로 길게 튀어나온 기괴한 긴 발가락에 정신이 팔린 동안) 아비는 특수한 날개 뼈로 새끼들을 집어 안전한 곳으로 데리고 간다. 수컷은 또한 포식자의 주의를 분산시키기 위해 부상을 입은 척하거나 자신이 새끼들과 함께 탈출하는 동안 침입자를 공격해 달라고 암컷에게 요청하기도 한다.

이러한 산발적인 방어 말고는 어미는 새끼와 거의 얽히지 않는다. 아비가 죽거나, 산란 시기를 잘못 계산한 탓에 한 수컷이 알이 가득 찬 둥지와 움직이는 새끼들 한 무리를 동시에 돌보는 사태에 맞닥뜨릴 때만 새끼와 대면한다. 이런 긴급 상황에서 암컷은 필요한 모든 양육 의무를 떠맡을 수 있다. 모든 측면에서 물꿩 숙녀들은 꽤 부러울 만한 자유로운 삶을 누린다.

왠지 익숙한 나를 닮은 동물 사전

예티크랩

학명	*Kiwa tyleri*
사는 곳	바닷속의 열수 분출공
특징	미국 배우 데이비드 핫셀호프의 이름을 딴 별명이 있음.

로알드 달의 저서 『멍청 씨 부부 이야기The Twits』의 사악하고 역겨운 주인공인 멍청 씨는 항상 덥수룩한 수염에 붙어 있는 작은 음식 조각을 먹을 수 있기 때문에 절대로 굶주리는 일이 없다. 바다 깊은 곳에는 자연 버전의 멍청 씨가 살고 있다. 예티크랩은 달이 사망한 지 25년 후에 발견됐다.

예티크랩은 키와속에 속하는 갑각류의 일종이다. 그러나 그들은 진짜 크랩, 즉 게가 아니며 실제로는 땅딸막한 바닷가재squat lobster라고 불리는 분류군에 속한다. 속명 키와는 폴리네시아 조개 여신의 이름에서 유래했지만, 종 중 하나인 키와 티렐리는 미국 텔레비전의 신인 데이비드 핫셀호프의 이름을 따서 '호프 게'라고도 불린다. 이 별명은 예티크랩의 생김새에 대한 단서를 담고 있다. 예티 게는 짧고 뻣뻣한 강모로 덮여 있으며 〈SOS 해상 구조대 베이워치〉가 낳은 스타 ː 이 시리즈 드라마의 주인공 역할은 데이비드 핫셀호프가 맡았다만큼 수북한 가슴 털을 자랑한다. 음, 정확히는 가슴이 아니라 아래쪽 갑각이지만 말이다. 다른 예티크랩은 덥수룩한 발톱과 다리를 갖고 있다. 털이 많은 신체 부위는 멍청 씨의 수염과 같다. 거기서 먹이가 나온다는 이야기다.

　　5센티미터 길이의 호프 게는 남극해의 이스트 스코샤 해령에서 발견되며, 지구가 지질학적으로 활동하는 곳에 생겨난 수중 균열인 열수 분출공에 서식한다. 그곳에서는 지질구조판의 움직임 때문에 미네랄이 풍부한 뜨거운 물이 분출되어 좀 극단적이기는 하지만 특정 박테리아에게 최고의 생활 조건이 갖춰져 있다. 이 박테리아는 스스로 양분을 생산하는 독립영양생물이다. 그러나 (광합성을 통해) 햇빛의 에너지를 변환해 양분을 생산하는 식물이나 육상 박테리아와는 달리, 이들은 화학합성을 하며 메탄이나 황 화합물을 연료원으로 사용한다. 박테리아 자체는 다른 동물의 먹이가 되어 열수 분출공을 진정한 야생동물의 핫 스팟으로 만든다.

　　그리고 정말로 진짜 핫 스팟이다! 활성 열수 분출공 꼭대기에서 뿜어 나오는 물은 섭씨 380.2도까지 온도가 치솟지만 변화가 급격하다. 하부 구조는 약 3~19도로 계속 변동하며 한 방향 혹은 다른 방향으로 몇 센티미터만 떨어져도 온도 차이가 난다. 대조적으로 이를 둘러싼 남극해의 수온은 수심 2600미터 깊이에서 평균 약 0도다. 결과적으로 해저의 가장 뜨거운 환경 중 하나는 세계에서 가장 추운 바다로 둘러싸여 있다. 이는 예티크랩에게는 나쁜 소식인데 십각류인 이들은 극지방 온도를 견디지 못해 활동을 멈추고 마비되기 때문이다. 이들이 선호하는 온도는 최고 24도까지기 때문에 서식지에 많은 제한을 받는다. 분출공은 수중 열섬을 형성하며, 다글다글 모인 작은 호프 게들에 의해 밀도가 1제곱미터당 700마리 이상일 정도로 점점 더 붐비고 있다. 경쟁은 치열하며, 작은 눈먼 게(태양이 빛나지 않는 깊이에서 누가 눈이 필요할까?)는 열수공 굴뚝의 가능한 모든 부분에 달라붙는다. 몸집이 큰 수컷은 가장 따뜻한 지점을 선택하는 반면, 번식기 암컷은 주변부쪽으로 뻗어 가 가장 시원한 지점을 고른다.

공간뿐만 아니라 자원도 부족하다. 물론 여기저기서 자라나는 박테리아의 수는 게가 그 사체를 주워 먹기 충분하지만, 열렬한 갑각류가 너무 많아서 먹잇감을 직접 기르는 것이 가장 안전하다. 이게 바로 뻣뻣한 강모가 필요한 지점이다. 강모는 박테리아에게 완벽한 성장 기반을 제공한다. 수중 메탄 누출 지역에 서식하는 근연종 예티크랩 키와 푸라비다*Kiwa puravida*는 개별 박테리아 농장에 비료로 최적의 미네랄을 흘려보내기 위해 털이 부숭부숭한 발톱을 천천히 흔들기도 한다. 털투성이 발톱에서 박테리아를 적극적으로 배양하란 소리는 가장 매력적인 해법처럼 들리진 않겠지만, 문자 그대로 간식을 항상 손에 쥘 수 있도록 보장한다.

좀비벌레

학명	*Osedax* spp.
사는 곳	수심 30미터~3000미터 심해 곳곳
특징	100만 마리가 고래 한 마리의 뼈를 먹고 살아감.

고래가 죽으면 무슨 일이 일어날까? 이들의 거대한 몸은 해저로 떨어져 수천 미터 깊이에 이른다. 빠르게 가라앉는 데다 수중에는 주목할 만한 청소 동물이 없기 때문에 이들은 비교적 손상되지 않은 채 바닥에 도착한다. 추락한 고래는 수십 년 동안 심해의 생물을 지탱할 수 있는 독특하고 영양이 풍부한 생태계를 만든다. 이처럼 추운 수심에서 지질과 단백질이 풍부한 고래는 진기하고도 특별한 선물이다. 이들의 살점은 상어, 게, 먹장어(167쪽 참

왠지 익숙한 나를 닮은 동물 사전

고)에 의해 뜯겨나간다. 이후에 남겨지는 뼈는 아름답고 섬세하며 다채로운 꽃으로 덮여 있어 사랑하는 친척들이 막 묻힌 무덤과 비슷하다. 하지만 이 꽃은 사실 꽃이 아니다. 벌레다. 좀비벌레. 그리고 이들이 거기 있는 이유는 뼈를 먹기 위해서다.

뼈를 먹는 벌레(속 이름 오세닥스를 직역한 의미다)로도 알려진 좀비벌레 는 좀 더 일상적인 존재인 지렁이의 먼 친척이다. (불과 몇 센티미터에 불과한) 작은 크기에 분홍빛이 도는 빨간색 '줄기'와 깃털 먼지떨이같이 생긴 '꽃잎' 이 있어 동물이라기보다는 식물처럼 보인다. 꽃잎처럼 보이는 부분은 사실 숨을 쉴 때 쓰는 호흡용 촉수다. 한 종은 심지어 '뼈를 먹는 콧물 꽃' 벌레라 는 뜻의 오세닥스 무코플로리스*Osedax mucofloris*라는 아주 매력적인 학명을 얻었다. 식물과 마찬가지로 이 벌레에도 뿌리가 있는데 몸을 고정하는 역할 뿐만 아니라 먹이를 얻는 수단으로도 사용된다. 뼈를 먹는 동물인 것 치고 놀랍게도 좀비벌레는 매우 중요한 신체 부위, 즉 입과 내장을 빠뜨린 듯하기 에 이 기능은 필수다. 대신, 이들의 부드러운 뿌리 같은 조직은 산과 효소를 분비해 지질이 풍부한 고래 골격에 구멍을 뚫고, 용해된 영양분은 벌레 안에 서 사는 공생 박테리아에 전달된다. 공생체는 유기 화합물을 대사해 숙주에 게 먹이를 준다. 고래의 구멍은 벌레의 은신처로도 쓰인다.

뼈를 먹는 벌레는 매우 흔하다. 대서양과 태평양, 스웨덴부터 캘리포 니아를 거쳐 남극에 이르는 바다의 수심 30~3000미터에서 발견된다. 고래 한 마리의 골격에 50만에서 100만 마리의 성체가 살 수 있다. 그렇지만 여기 에 숨은 애로사항이 있다. 그 성체가 모두 암컷이라는 점이다. 만약 벌레의 식습관이 이상하다고 생각했다면 성생활에 대해 알아볼 때까지 기다리시 길….

모든 오세닥스는 성적으로 이형이다. 암컷은 수컷과 매우 다르게 생겼 다. 좀비벌레 숙녀들은 줄기 모양의 젤라틴 관 안에 수백 마리의 미소 크기 수컷으로 이루어진 하렘을 거느리고 있다. 암컷의 나이가 많거나 몸집이 클수록 하렘도 크다. 모든 수컷, 아니 꼬맹이들이라고 하는 게 맞으려나, 여하튼 이들은 정자로 가득 찬 유생에 불과하며 노른자 방울에 의존해 에너지를 얻는다(수컷에게는 먹이를 공급할 공생 박테리아가 없다). 이 일부다처제 관계는 엄밀하게 말하면 정자 수용을 위한 말도 안 되는 물물교환이다. 번식력이 매우 뛰어난 암컷은 끊임없이 유생을 생산하며 새끼 대다수는 깊은 바닷속에서 성공하지 못하지만 일부 운이 좋은 개체들은 다른 고래가 떨어지는 곳으로 자신의 길을 찾을 것이다. 유생의 성별은 환경 조건에 따라 결정되는 것 같다. 산란 후 죽은 고래 위에 안착한 개체는 암컷이 되고, 암컷 위에 착지한 개체는 수컷이 되는 것이다. 암컷은 1센티미터당 3~20마리의 밀도로 고래 골격에 군집을 형성할 수 있으며, 이들이 자리를 잡은 뒤 늦게 도착한 유생은 수컷이 되어 여자친구 안에서 생활한다.

불행하게도 상업적 포경은 가라앉은 사체의 수를 줄이고 뼈를 먹는 벌레와 같은 동물에게 귀중한 영양 공급원을 없애 버려서 심해의 종 풍부도를 낮추는 데 한몫한다. 고래 사체가 적다는 것은 유생이 새로운 서식지를 찾기 위해 더 먼 거리를 가야 한다는 사실을 의미한다. 이는 어쨌든 쉬운 일이 아니다. 해부학적 제약이 무엇이든, 암컷 좀비벌레는 확실히 한 가지 일에 뛰어나다. 바로 고래 무덤이라는 특수한 환경에서 최대한 번식 효율을 높이는 것이다. 이 기술을 보면 이들은 번영할 기회를 얻을 만하다.

벌
폭탄먼지벌레
부비새
캘리포니아덤불어치
카리브해암초오징어
채텀섬블랙로빈
바위비둘기
포투
유럽칼새
흡혈박쥐
잠자리
에메랄드는쟁이벌
날치
기아나바위새
벌새
줄리아나비
레이산알바트로스
아프리카대머리황새
나방
뉴칼레도니아까마귀
구세계과일박쥐
난초사마귀
파라다이스나무뱀

주기매미
꿀빨이새
집단베짜기새
뱀파이어핀치
배추나비고치벌
벵골대머리수리
금화조

하늘

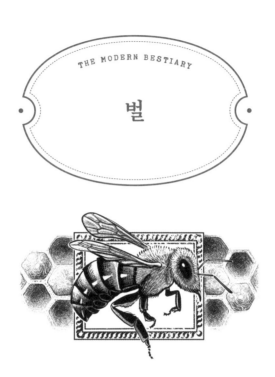

THE MODERN BESTIARY

벌

학명	superfamily Apoidea
사는 곳	지구 곳곳
특징	인간의 기준으로 말도 안 되는 번식 방법을 가지고 있음.

어린이를 위한 성교육을 '새와 벌'에 대한 대화로 부르기로 정한 사람이 누구든 그는 성교육에 대한 관점이 꽤 이상했다 The birds and the bees는 어린이에게 성교육할 때 쓰는 은유. 새도 어느 정도 부적절한 생활방식을 가지고 있지만 (149쪽 오리 참고), 벌은 정말이지 기괴하다고 표현할 수밖에 없는 다양한 번식 행동을 보여주니까 말이다. 인간의 기준으로는 그중 뭐 하나 건강해 보이는 게 없다.

안토필리아 계통clade Anthophila의 7개 과에 걸쳐 발견되는 2만여 종의 벌에는 한 가지 공통점이 있다. 반수이배체haplodiploidy, 즉 수정된(이배체) 알은 암컷으로 발달하고 수정되지 않은(반수체) 알은 수컷으로 변하는 번식 시스템이다. 생식 능력이 있는 암컷은 수정낭에 정자를 저장하고 원하는 대로 난자를 수정시켜 자손의 성별을 조절할 수 있다. 그러나 문제의 사실은 반수이배체 번식의 결과로 수컷 벌에게는 아버지가 없다는 점이다.

엄밀히 말하면, 암컷 벌 역시 수컷 롤모델이 없다. 왜냐하면 부모 둘 다 모두 새끼를 돌본다는 확실한 증거가 남은 벌은 케라티나 니그롤라비아타 *Ceratina nigrolabiata* 한 종뿐이기 때문이다. 다른 벌의 경우 상황은 장밋빛이 아니다. 꿀벌 수벌(아피스속*Apis*)은 새끼를 만날 수 있을 만큼 오래 살지 못하기 때문에 아무리 노력한들 양육 아빠가 될 수 없다. 꿀벌은 여왕벌의 짝짓기 비행 중에 날개 위에서 짝짓기한다. 성관계는 짧고 달콤하며 1~5초 동안 지속된다. 벌들이 교미할 때 폭발적인 사정으로 정액이 암컷의 수란관으로 분사되며, 때로는 펑 하는 소리가 들리기도 한다. 안타깝게도 폭발이 너무 강력한 나머지 수벌의 엔도팔루스endophallus(성기에 해당하는 부분)는 뜯어지고 수컷도 곧 죽는다. 꿀벌의 사랑 생활은 〈퀸카로 살아남는 법Mean Girls〉에서 인용한 다음 문장이 가장 잘 요약한다. '섹스하지 마, 임신할 테니까. 그러곤 죽는 거지.' 그럼에도 불구하고 암컷은 최대 20마리의 수컷과 교미하며, 일단 일을 마치고 나면 가득 찬 정액뿐 아니라 뜯겨진 성기의 잔해도 암컷과 함께한다.

다른 벌들도 별로 나을 게 없다. 강제적인 성관계는 드문 일이 아니며, 많은 종의 암벌은 교미에 있어서 선택의 여지가 많지 않다. 수컷은 뻔히 보이는 저항에도 불구하고 아래턱과 다리로 암컷 벌을 붙잡는다. 단독 생활을 하는 북미의 사막벌과 같은 일부 벌은 짝을 찾는 데 너무 열심인 나머지, 문자 그대로 땅속에서 암컷을 파내어 둥지에서 이제 막 나온 암컷을 임신시킬 것이다. 한편, 유럽의 초콜릿 채광벌chocolate mining bee은 근친상간을 어느 정도 즐기는데, 암컷의 70퍼센트가 같은 둥지의 동료 수컷과 교배한다. 마지막으로 섹스돌도 있다. 많은 수컷 벌이 암컷 벌의 생김새와 냄새를 모방한 꿀벌난초bee orchid에 속는다. 식물은 수벌을 끌어 자신과 교미하도록 한다. 이 과정에서 수분이 이루어진다. 다양한 꿀벌난초는 서로 다른 수분 매개자의 취향을 충족시킨다.

양봉꿀벌과 같은 진사회성 종(86쪽의 벌거숭이두더지쥐 참고)은 합동 육아와 번식 분업이 특징이며 암컷 대다수는 독신으로 산다. 일벌들은 여왕벌이 산업적으로 생산하는(하루에 최대 2500개체) 동생들을 돌보기 위해 성관계를 포기한다. 꿀벌이 '슈퍼 자매'라는 점에서 이런 움직임은 이해하기 쉽다. 이 꿀벌 자매들은 자신의 어미나 잠재적 자손보다 서로 더 가까운 관계다. 일벌들은 어미 유전자의 50퍼센트를 물려받지만, 아빠(반수체로 각 유전자의 복사본을 하나씩 갖고 있다)의 유전자를 100퍼센트 물려받기 때문이다. 따라서 자매들은 유전 물질의 무려 75퍼센트를 각자 공유한다.

하지만 케이프 꿀벌 아종과 같은 일부 일벌은 처녀생식을 통해 딸을 낳을 수 있다. 불행하게도 이 일꾼 클론은 벌집에 성가신 존재다. 일하기는커녕 알만 낳아대고 이 알들은 더욱 번식에 집착하는 클론들로 성장한다. 결국 군집은 사라진다.

독신주의부터 근친상간, 폭발하는 성기까지. 혹시 사람들이 '새와 벌'에 대해 이야기하는 이유는 모든 가능성을 토론하기 위해서가 아닐까?

폭탄먼지벌레

THE MODERN BESTIARY

학명	subfamily Brachininae
사는 곳	지구 곳곳
특징	섭씨 100도까지 오르는 폭발물을 직접 제조해 적에게 발사함.

딱정벌레는 날 수 있다. 하지만 다른 날아다니는 곤충과 달리 재빨리 날아 오르진 못한다. 이들은 비행하기 전 날개를 겉 날개에서 꺼내 펼쳐야 하는 데, 위험이 닥쳤을 때 이 작업은 너무 오래 걸린다. 탈출 순서의 지연을 대신 해 딱정벌레는 자신을 보호하는 다른 방법을 진화시켰다. 가장 놀라운 방법 은 폭탄먼지벌레아과에 속하는 500여 종이 사용한다.

폭탄먼지벌레는 체육 수업의 비행 과목에 그리 뛰어나진 못했겠지만,

화학 수업에는 확실히 집중했다. 이들은 자신만의 화학 무기를 생산한다. 적과 맞닥뜨린 순간 바로 두 개의 복부 분비샘 중 하나에서 방출되는 뜨거운 독성 분사물이다. 폭탄먼지벌레의 꽁무니 내부는 다양한 시약을 각각 별도로 비축한 탱크들이 늘어선 실험실 저장소와도 같다. 각 꽁무니샘에는 두 개의 구획이 있다. 내부 구획은 하이드로퀴논과 과산화수소 용액을 보관하는 대형 저장소다. 외부 구획은 과산화효소와 카탈라아제 등의 효소 혼합물이 들어 있는 반응실이다. 대포를 배치하기 위해 딱정벌레는 저장소 액체의 일부를 반응실에 꽉꽉 눌러 담아 불안정한 실험을 급하게 시작한다. 과산화수소에서 유리된 산소는 하이드로퀴논을 퀴논으로 산화시키는데, 이는 많은 동물에게 매우 자극적인 화합물이다. 추진제 역할을 하는 산소는 딱정벌레의 아랫도리에서 물질이 발사되도록 촉발한다. 일련의 반응이 발열반응이기 때문에 방출된 에너지는 혼합물 온도를 섭씨 100도까지 높이고 그중 약 5분의 1이 증발한다. 폭발에는 펑 하는 시끄러운 소리가 동반되며 이는 포식자에 대한 추가적인 억제 역할을 한다. 이제 딱정벌레는 유독하고 불쾌하며 너무 뜨거워서 도저히 먹이가 될 수 없다.

포격수는 부식성 대포의 '노즐'을 놀랄 만큼 정확하게 조종 가능하다. 말하자면 자신의 오른쪽 앞다리에 앉은 개미뿐만 아니라 그 다리의 특정한 체절까지 정확히 조준할 수 있다. 명사수는 몇 센티미터의 발사 범위로 자신의 뒤, 머리 위, 배 아래 등 어떤 방향으로든 스프레이 분사를 겨눈다. 탱크가 빌 때까지 46발을 쏠 수 있으며, 초당 거의 1000발에 가까운 놀라운 빈도로 발사해댄다. 이러한 놀라운 통계는 엔지니어들을 경악하게 만들었으며, 폭탄먼지벌레의 꽁무니 구조는 개선된 항공기 엔진에 모방될 것 같다.

이 위험한 방어 기술은 공격 전뿐만 아니라 공격 도중과 공격 후에도 발휘된다. 일부 폭탄먼지벌레는 시원한 머리와 뜨거운 엉덩이로 치명적인 곤경에서 스스로 벗어날 수 있다. 개구리나 두꺼비에게 먹혔을 때 습격자의 배 속에서 몇 개의 폭발물을 터뜨리면 목숨을 건질 수 있다. 양서류는 사납고 더럽게 뜨거운 딱정벌레를 뱉어낼 뿐만 아니라 소화관의 한참 아래쪽에서 폭발이 일어나면 말 그대로 위장을 뒤집어 공격적인 먹이를 제거할 수 있다. 이 행동이 실제로 딱정벌레의 폭발로 인해 발생하는지 확인하기 위해 일본 고베대학교 연구팀은 두꺼비 내부에서 뭔가가 터지는 소리에 귀 기울였다. 대포를 쏜 딱정벌레들은 잡아먹힌 지 한 시간이 지난 후에도 털끝 하나 다치지 않은 채 모험을 마치고 나올 수 있었고, 지옥을 맛보고 온 기분을 아냐며 뽐냈다.

개구리나 두꺼비에게 먹혔을 때 습격자의 배 속에서 몇 개의 폭발물을 터뜨리면 목숨을 건질 수 있다.

동물에게 왜 이런 정교한 방어 시스템이 필요할까? 리처드 도킨스와 존 크렙스는 '목숨과 저녁 식사' 법칙을 통해 먹히는 종에 대한 더 강력한 선택압selection pressures을 설명한다. 먹잇감은 자신의 목숨을 위해 무조건 포식자보다 빨리 달려야(아니면 좀 더 일반적으로, 진화해야) 한다. 반면 포식자가 달리는 이유는 그냥 저녁 식사를 위해서다.

폭탄먼지벌레와 두꺼비의 경우 저녁 식사는 '속쓰림'이라는 단어에 정말이지 문자 그대로의 의미를 부여한다.

THE MODERN BESTIARY

부비새

학명	*Sula granti, Sula nebouxii*
사는 곳	아메리카 대륙 해안
특징	형제끼리 살해가 가끔 일어나며 부모는 그저 지켜보기만 함.

이름을 보고 킬킬대지 마시길 : booby는 멍청이, 젖가슴이라는 뜻이 있다! '부비^{booby}'라는 단어는 실제로 '멍청이'나 '바보'를 의미하는 스페인어 단어 bobo에서 유래했다. 육지에서 어설퍼 보였기 때문이든, 선원들이 쉽게 잡아먹을 수 있을 만큼 길들여졌기 때문이든 부비새는 좀 박정한 이름을 얻었다.

부비새에는 일곱 종이 있는데 가장 잘 알려진 것은 푸른발부비새다. 선명한 하늘색 발은 이들의 체력과 번식력을 광고하는 데 중요한 역할을 한다.

색이 더 선명할수록 더 섹시한 부비새다. 그러나 평범한 검은 발의 나스카부비새는 아마도 푸른 발 사촌보다 더 흥미롭고 확실히 더 무자비할 것이다.

나스카부비새와 푸른발부비새 모두 아메리카 대륙의 열대성 서해안 인근에서 찾아볼 수 있으며 갈라파고스 제도에서 번식한다. 이들은 땅에 알을 낳는다. 한 쌍은 부모의 책임을 공유한다. 두 종 모두 몸집이 더 큰 쪽인 암컷은 끼루룩끼루룩 울거나 꽥꽥대는 반면, 수컷은 휘파람을 분다. 하지만 자세히 살펴보면 두 종의 행동은 매우 다르다.

다른 바닷새(290쪽의 레이산알바트로스 참고)와 마찬가지로 부비새는 일반적으로, 적어도 서류상으로는 일부일처제로 여겨진다. 나스카부비새는 자신의 애인을 진심으로 대하지만, 푸른발부비새는 암컷의 절반 이상이 짝외 교미에 뛰어들 만큼 간통을 자연스럽게 여긴다. 이처럼 높은 불륜 비율 때문에 가족이라는 개념은 좀 더 느슨해졌다. 길 잃은 새끼 부비새는 혈연이 아닌 성체에게 입양될 수 있는데, 대부분 아비가 자신의 친자 관계를 확신하지 못하기 때문이다. 전혀 궁금해할 필요가 없는 어미들은 혈육이 아닌 새끼들에게 훨씬 더 공격적이다.

이들은 괜찮은 동반자일 수는 있지만 분명 훌륭한 부모가 될 수는 없다. 만약 끊임없이 싸워대는 자식들을 보며 잘못 키웠다고 생각한 적이 있다면, 부비만큼 나쁜 부모는 아니라고 확신해도 좋다. 나스카부비새는 두 개의 알을 낳고 둘 다 품는다. 첫 번째 새끼는 두 번째 새끼보다 며칠 일찍 부화하므로 크기와 체력 면에서 앞서 있다. 동생이 태어나면 부비 부모는 가만히 앉아서 더 강한 새끼가 약한 애를 괴롭히는 것을 침착하게 지켜본다. 이건 한낱 친한 사이에서 오가는 짓궂은 장난이 아니다. 부비새는 급기야 완전히 미친짓까지 감행한다. 바로 형제 살해다. 이 현상은 새들 사이에서 아주 드문 일은 아니다. 보통 조건적으로 발생한다. 먹이가 부족하고 약한 새끼들의 생존 가능성이 적은 경우에만 발생한다는 뜻이다. 실제로 푸른발

부비새는 이런 이유 때문에 형제 살해를 감행한다. 두 마리 모두에게 충분한 먹이가 있는 한, 손위 새끼는 어린 새끼를 참을 것이다. 그렇지만 배가 꼬르륵거리기 시작하는 순간, 작은 새끼는 떠나야 한다. 그러나 나스카부비새에게 형제 살해는 무조건적이고 의무적이다. 환경 요인에 상관없이 매번 살해 사건이 발생한다는 의미다. 알 두 개 중 단 한 마리만이 성체가 된다. 나스카부비 새끼는 부화 후 일주일 이내에 남동생이나 여동생을 죽이는 경향이 있다. 이 행동의 기저에 깔린 진화론적 이유는 1962년 더글라스 파이피도워드가 제안한 알 보험 가설로 설명된다. 내용은 간단하다. 첫 번째 '핵심' 알이 실패할 경우를 대비해 두 번째 '주변' 알이 있다는 것이다. 직설적으로 말하자면 부비새는 상속인과 여분의 자녀를 생산한다.

흥미롭게도 형제 살해에 관한 한 부모의 개입이 차이를 만든다. 린 루히드와 데이빗 앤더슨이 실시한 연구에서 나스카부비새의 새끼는 더 얌전한 푸른발부비에 의해 양육되었으며 그 반대의 경우도 이루어졌다. 푸른발 부모가 키운 어린 나스카는 덜 공격적이었고, 동생들의 생존 확률도 더 높았다. 반면 나스카 성체가 키운 어린 푸른발들은 서로를 죽일 가능성이 더 높았다. 푸른발 부모가 새끼를 달래려고 노력하는 동안 나스카 부모는 새끼를 부추긴 것 같다!

안타깝게도 어린 나스카부비새는 자신의 가족에게만 위협받지 않는다. 번식하지 않는 나스카 성체의 약 80퍼센트는 혈육이 아닌 새끼들에게 흥미를 가지며 매우 잔인해질 수 있다. 노골적으로 어린 새끼를 죽이지는 않지만, 물거나 흔들거나 깃털을 잡아당기곤 한다. 이는 새끼에게 지속적인 영향을 미친다. 어린 시절 더 많이 괴롭힘을 당한 부비일수록 성체가 되었을 때 어린 새를 더 많이 괴롭힌다. 폭력의 악순환은 이어진다.

캘리포니아 덤불어치

THE MODERN BESTIARY

학명	*Aphelocoma californica*
사는 곳	북아메리카 서부
특징	어떤 먹이부터 먹을지 철저하게 계획함.

만약 매일 아침 차 키, 지갑, 휴대폰 등을 찾느라 진땀을 빼는 일이 지겹다면, 방법이 있다. 새를 잡아와 키우면 된다.

캘리포니아덤불어치는 원래 서부덤불어치western scrub-jay로 알려졌고 우드하우스덤불어치와 함께 하나의 종으로 분류되며 북미산 청회색 새다. 이들은 까치와 구세계('구세계'라는 용어는 좀 식민지적인 느낌이긴 하지만, 적어도 이 글을 쓰는 시점에는 아프리카-유라시아의 야생동물을 표현할 때 쓰이는 생물지리학 용어다. 표준 사용법에는 구세계어치, 구세계원숭이 또는 구세계과일박쥐(302쪽)와 같은 구절이 포함된다.) 어치의 먼 사촌이며, 다른 까마귓과 새와 마찬가지로 나중을 위해 먹이를 숨겨둔다.

열쇠를 어디에 뒀는지 자주 잊어버리는 우리와 달리 캘리포니아덤불어치는 자신이 무엇을 숨겼는지, 어디에 숨겼는지, 언제 숨겼는지에 대한 통합 기억을 형성한다. 특정한 저장에 대해 '언제 어디서 무엇을'까지 기억하는 능력은 동물이 일화 기억을 할 수 없다는 가정에 반기를 든다. 심지어 덤불어치가 계획을 세우는 것 같다는 증거도 있다. 이들은 먹이가 얼마나 썩기 쉬운지 기억할 수 있어서 식량을 회수할 때 곧 사라질 것 같은 식량의 은닉 장소를 먼저 방문한다.

덤불어치는 자신이 모은 먹이에만 집중하지 않는다. 기회가 된다면 다른 이들이 비축해 놓은 식량을 훔칠 것이다. 이들은 뛰어난 기억력을 가지고 있어서 다른 이들이 식량을 저장해 두었던 장소로 돌아가 원 소유자가 현장을 떠난 순간 약탈할 수 있다. 덤불어치는 좀도둑을 피하기 위해 먹이를 비축할 때 다양한 전략을 쓴다. 첫째, 이들은 다른 새들이 거의 없는 지역에 은닉 장소를 찾으려고 노력한다. 둘째, 아무도 보지 않거나 주위에서 엿보기가 불가능할 때 먹이를 숨긴다. 셋째, 다른 새가 있으면 정확한 위치를 식별하기 어렵게 하기 위해 가능한 한 멀리, 그늘진 곳에 먹이를 숨긴다. 그러나 위의 조건이 갖춰지지 않아 구경꾼 앞에서 먹이를 숨겨야 하는 경우 어치들은 목격자가 사라지자마자 돌아와 식품 저장고의 위치를 변경할 것이다. 흥미롭게도, 은닉 장소를 바꾸는 건 이전에 스스로 도둑질을 한 경험이 있는 덤불어치들이다. 이런 행동은 순진무구한 새에서는 관찰된 바가 없다. 이들은 또한 누가 자신들을 감시하고 있는지, 누구를 경계해야 하는지 계속해서 정보를 쌓아간다.

덤불어치들은 복잡한 병참 전략을 세우지 않을 땐 다른 많은 새처럼 더 즐거운 오락에 뛰어든다. 온천 치료다. 하지만 이 치료법에는 살아있는 곤충을 이용한 목욕이 포함되기 때문에 아마도 인간들의 온천보다는 좀더 역동적일 것이다. 곤충 온천의 전문 용어는 '앤팅anting'이지만 개미뿐만 아니라 폭탄먼지벌레(245쪽)나 노래기(74쪽)와 같은 다른 무척추동물도 새를 가꾸는 목적으로 쓰인다.

'수동적 앤팅'은 덤불어치가 개미둑에 몸을 쭉 뻗은 채 날개와 꼬리를 개미둑에 비비고 곤충이 깃털 위로 기어갈 수 있도록 하는 행위를 말한다. '적극적 앤팅'을 할 땐 곤충을 집어 부리로 부수고 이걸로 깃털 사이를 문지른다. 정확한 목적은 불분명하다. 하지만 이 행위가 깃털 유지 관리에 도움이 되고 개미의 포름산(아니면 곤충에서 나오는 다른 물질들)은 기생충이나 박테리아, 곰팡이 감염과 박멸하는 데 도움을 줄 수 있다. 일부 새들은 불쾌한 독소가 '비워진' 개미를 먹기도 한다.

THE MODERN BESTIARY

카리브해
암초오징어

학명	*Sepioteuthis sepioidea*
사는 곳	따뜻한 해역 곳곳
특징	바다에 살지만 몸길이의 50배 이상을 날아갈 수 있음.

'짧고 굵게 살자'를 좌우명으로 삼은 카리브해암초오징어는 아마도 수중 세계의 록스타라는 칭호를 얻게 될 것이다. 버뮤다섬에서 브라질까지 이르는 따뜻한 해역에 서식하는 이 종은 (13미터짜리 대왕오징어와 비교하면) 몸집이 작고 외투막 혹은 '후드'가 있으며, 길이가 약 20센티미터에 불과한 몸에 중요 기관을 대부분 품고 있다. 하지만 스타일, 카리스마, 누구나 인정하는 멋짐 앞에서 크기는 중요하지 않다.

왠지 익숙한 나를 닮은 동물 사전

이 연체동물은 가만히 앉아 있질 못한다. 부레가 없어서 끊임없이 움직여야 하며 그렇지 않으면 가라앉는다. 카리브해암초오징어는 제임스 딘처럼 오토바이를 운전하진 못할지언정 훨씬 더 멋진 일을 할 수 있다. 귀찮거나, 위협을 받거나, 그냥 엄청 흥분했을 때 이 오징어는 헤엄치지 않고… 난다. 왜? 할 수 있으니까. 그리고 실제로 비행할 때 에너지가 덜 들기 때문이다.

오징어는 이동할 때 두 가지 모드를 이용한다. 다리 사이에 있는 깔대기에서 물을 분사하여 추진력을 얻거나, 어뢰 모양의 외투막 양쪽에 있는 두 개의 둥근 지느러미를 사용하여 노를 저을 수도 있다. 분사용 깔때기는 앞, 뒤 어느 쪽이든 방향을 따지지 않기 때문에 어떤 방향으로든 빠르게 이동할 수 있다. 그러나 물속을 헤쳐나가 본 사람이라면 누구나 알고 있듯이 물의 밀도는 효율적인 이동을 방해한다. 이를 극복하기 위해 오징어는 로켓과도 같은 깔때기 분사의 도움을 받아 표면에서 약 2미터 위로 점프하고 날개 모양의 지느러미를 펼치며 몸길이의 최소 50배 이상을 날아간다. 정지하고 싶을 땐 다리를 벌리고 다시 물속으로 착지한다. 카리브해암초오징어의 이러한 행동은 2001년 처음 관찰됐으며, 이를 통해 다른 6종의 오징어도 유사한 능력이 확인됐다. 일부는 비행 능력을 높이기 위해 다리 사이에 점액질의 막을 펼치기도 하는 듯하다.

다른 두족류와 달리 카리브해암초오징어는 무리를 이루는 데 그리 도도하게 굴지 않는다. 군집성 종이기 때문이다. 결과적으로 이들의 사회적 의사소통 능력은 단독 생활을 하는 연체동물보다 훨씬 더 나을 가능성이 높다. 빛이 잘 드는 얕은 물에서 활동한다는 것은 사회적 상호 작용에서 생김새가 중요한 역할을 한다는 것을 의미한다. 오징어 떼school는 모두 스스로 짝을 찾으려고 노력하는 '무서열 경쟁scramble competition'이라는 점에서 대학 파티와 비슷하다. 참가자들이 빨간색, 호박색, 녹색 옷을 입고 솔로인지 아닌지를 보여주는 신입생들의 '신호등 파티'와 마찬가지로 오징어는 시각적 신호를 통해 동종에게 자신의 가용성을 알린다. 단 오징어는 색맹이기 때문에 바다 밑에서 열리는 광란의 파티에서는 색상을 쓰지 않는다. 이용하는 것은 문양이다.

필요에 따라 수축하거나 팽창하는 색소세포chromatophore 덕분에 카리브해암초오징어는 깜박임, 얼룩말 무늬, 안장 무늬, 줄무늬를 포함한 총 16가지의 다양한 의상을 걸칠 수 있다. 이러한 피부 문양은 이 동물의 짝짓기 욕구를 나타내지만, 경쟁자에게 경고하는 역할을 할 수도 있다. 위협을 받으면 오징어는 포식자를 산만하게 만들거나 겁먹게 하는 의상을 걸치고(95쪽의 빨간눈청개구리 참고), 외투막에 두 개의 검은 '눈'을 번쩍인다. 게다가 이들은 상대방이 갈피를 잡지 못하도록 먹물을 뿜어낸다. 이는 또한 다른 오징어들이 날아가도록 하는 신호이기도 하다.

오징어는 상대방과 서로 합의 하에 자유로운 사랑을 지향한다. 수컷과 암컷 모두 여러 상대와 짝짓기를 하지만 암컷은 몇 번의 교미 후에 활력과 열정을 잃는 편이다. 적절한 문양을 번쩍이며 어느 정도 추격전을 펼치곤 둘이 함께 근드적근드적 흔들리며 헤엄을 친 뒤 수컷은 암컷의 다리 밑에 정포를 놓는다. 정자는 암컷의 동의 없이 암컷의 외투막 아래로 옮겨지지 않는다. 오징어는 호불호가 확실하다!

안타깝게도 자손을 낳으면 오징어의 평온한 삶도 끝난다. 이 종은 일회번식성(26쪽의 안테키누스 참고)으로 수컷은 교미한 뒤, 암컷은 알을 낳은 뒤 1년도 채 살지 못하고 죽는다. 이들은 나이 많고 현명한 역할 모델 없이 부모의 록앤롤 생활방식을 반복할 운명에 처한 자신들의 자손을 결코 만날 수 없다.

THE MODERN BESTIARY

채텀섬블랙로빈

학명	*Petroica traversi*
사는 곳	뉴질랜드
특징	전 세계에 5마리만 남았다가 250마리까지 늘어난 절멸 위기종.

태초에 군도가 있었다. 정확히는 뉴질랜드 남섬에서 동쪽으로 약 800킬로미터 떨어진 채텀제도다. 그곳은 다른 곳에서는 볼 수 없는 많은 새들이 살고 있는 새들의 에덴동산이었다. 불행하게도 사람들, 특히 유럽인 정착민과 이들이 데려온 고양이와 쥐의 도착은 지역 조류에게 최후의 날을 의미했다. 진화 과정에서 만나 본 적 없는 포유류 포식자에게 익숙하지 않던 채텀까마귀, 채텀팬버드, 챔텀레일과 같은 새들이 멸종되었다. 참새 크기의 동그란

하늘

검은 솜털 덩어리인 채텀섬블랙로빈 역시 이들과 운명을 함께한 것으로 여겨졌다. 1938년, 리틀 망게레Little Mangere 섬에서 소수의 개체군이 발견될 때까지는 말이다.

높이가 200미터도 안 되는 바위 더미가 널브러지고 약 5헥타르 넓이의 급속히 황폐해지고 있는 관목 숲이 있는 리틀 망게레는 낙원이 아닌 것으로 판명됐다. 1973년 블랙로빈의 수는 18마리에 불과했고, 6년 후에는 그 수가 총 7마리로 줄어들었다. 이들 7마리의 생존자들은 새로 조성된 숲이 더 나은 서식지가 될 수 있고 포식자가 없는 근처의 망게레섬Mangere Island으로 옮겨졌다. 그럼에도 불구하고 이들은 잘 지내지 못했고 1980년에는 블랙로빈의 전체 개체수는 5개체가 고작이었다. 그중에는 다리 띠 색깔을 따서 올드 블루라고 불렸던, 독자 생존이 가능한 암컷 한 마리도 포함돼 있었다.

이 시점에서 수호천사가 나타났다. 뉴질랜드 야생동물 보호국의 돈 머턴은 좀 더 개입주의적인 보존 접근 방식을 취했다. 블랙로빈은 번식 속도가 느린 종이다. 성적으로 성숙하기까지 2년이 걸리고 약 6살까지 살며 한 배에 2개의 알만 낳는다. 하지만 한 배에서 낳은 알무더기 하나를 잃어버리면 다른 알무더기를 생산할 수 있는데, 머턴은 이 습성을 활용했다. 멸종 위기에 처한 연작류에게 최초로 교차 양육 프로그램이 시작되었다. 처음에 로빈 알은 채텀섬와블러에 의해 양육되었다. 그러나 태어난 지 열흘이 지난 새끼를 키울 수 없게 되자 와블러는 더 나은 양부모가 될 수 있는 채텀톰팃으로 대체됐다. 톰팃이 알을 품는 동안 로빈은 알을 낳는 데 집중했고, 그리하여 귀중한 알의 생산량이 늘어났다.

1979년에서 1981년 사이, 올드 블루와 그의 짝인 올드 옐로는 유일하게 성공적인 번식 쌍이 되어 종을 멸종으로부터 구하고 현존하는 모든 블랙로빈의 아담과 이브가 됐다. 올드 블루는 적어도 열세 살까지 살았으며, 마지막까지 꾸준히 알을 생산하며 총 열한 마리의 새끼를 키웠다.

258

1984년에 그들을 관찰한 결과, 일부 암컷은 둥지 중앙이 아닌 가장자리에 알을 낳았는데 그곳에서는 제대로 알을 품을 수 없다. 회복 프로그램의 초기 단계에서는 모든 알이 매우 귀중했다. 따라서 야생동물 보호국 직원은 제대로 발달할 수 있도록 알을 둥지 중앙에 재배치했으며 이는 1989년까지 이어졌다. 그 무렵에는 블랙로빈 암컷의 절반 이상이 테두리에 알을 낳았다. 이 행동이 유전적이라는 이야기다. 이를 몰랐던 순수한 직원은 새들이 자연 선택에 적응하지 못하게 만들고 자손의 생존 가능성을 줄이는 부적응 형질을 부추긴 것이다. 다행히도 1990년에 손을 많이 대지 않는 보존 접근 방식이 도입되며 알 재배치가 중단되었고 그 결과 테두리에 낳는 암컷의 비율이 약 20퍼센트로 떨어졌다.

최근의 블랙로빈 개체수 조사에서는 그 수가 약 250마리로 기록됐다. 개체군의 극심한 근친교배로 개체들이 질병에 취약한 상태임에도 불구하고 종의 수는 증가하고 있다. 새는 현재 절멸 위기종으로 등록되어 있다. 조류는 유전적 병목현상에 놀라울 정도로 회복력이 있는 것으로 보이며, 분홍비둘기(최소 10개체), 레이산오리(7개체), 기록을 보유한 모리셔스황조롱이(4개체) 등 수많은 다른 종들이 벼랑 끝에서 돌아왔다. 충격적일 정도로 적은 수에도 불구하고 이들 종은 모두 번식력이 높고 잘 번식하는 중이다. 좋은 일이다.

바위비둘기

학명	*Columba livia*
사는 곳	지구 도시 곳곳
특징	어디에 데려다 놓든 다시 집으로 돌아올 수 있음.

1936년 폴란드 초콜릿 제조자 얀 베델은 회사의 최신 제품 이름을 얻을 수 없는 진미를 의미하는 프타치예 믈레즈코Ptasie mleczko, 즉 '새의 젖'으로 정했다. 그러나 새의 젖 자체는 전설에서 암시하는 것처럼 얻을 수 없는 물건은 아니다. 베델은 단순히 그의 가게 앞에 곡물을 뿌려서 얻었을 수도 있는데, 이 신화 속의 기쁨은 수수한 비둘기에게서 얻을 수 있기 때문이다. 감사하게도 베델의 과자는 비둘기 모이주머니의 내벽에서 떨어져 나온 액체로

채워진 세포의 혼합물이 아니라 초콜릿에 싸인 바닐라 마시멜로우다.

모든 비둘기와 산비둘기는 새끼에게 '모이주머니 젖'을 먹인다. 이 젖은 부모의 식도에 있는 주머니에서 역류하는 지방과 단백질이 풍부한 반고체 물질이다. 스쿼브squab라고 불리는 새끼 비둘기는 생후 첫 주 동안 이 맛없는 음식을 먹고, 그 이후에는 점차 부모의 모이주머니 즙에 흠뻑 젖은 곡물을 먹게 된다. 부화한 스쿼브가 성체용 먹이를 소화할 수 없기 때문에 일어나는 일이다. 또한 스쿼브는 눈이 멀고 성긴 솜털로 덮여 있으며 부리가 너무 크다. 말 그대로 그 어떤 부분도 눈에 띄지 않는다.

야생에서는 스쿼브가 절벽의 구멍에서 부화한다. 그러나 비둘기들에게는 '야생'의 범위가 매우 유동적이다. 일반적인 비둘기는 지중해와 서아시아가 원산지인 바위비둘기에서 유래했다. 이들은 적어도 5000년 전에 가축화되었지만(아종 콜룸바 리비아 도메스티카Columba livia Domestica가 형성되었다), 그 후 많은 개체가 다시 자유를 선택했다. 야생으로 돌아간 집비둘기는 이제 원래의 바위비둘기의 서식 분포를 훨씬 뛰어넘어 널리 퍼져 있다. 게다가 인공 구조물은 바위 절벽을 완벽하게 모방했기 때문에 비둘기가 도시 지역에서 잘 살아가는 건 놀라운 일이 아니다.

길들인 비둘기는 요리(우유를 먹는 스쿼브의 부족한 외모는 맛으로 보완된다), 친교, 지위를 위해 길러졌다. 그러나 무엇보다도 가장 중요한 것은 소통에서의 역할이었을 것이다. 이들의 놀라운 항해 기술은 뉴스 보도의 선구자인 폴 로이터와 같은 이들이 평화 시 메시지를 보내는 데 사용되었으며, 율리우스 카이사르, 칭기즈칸, 제2차 세계대전 참전 군인 또는 소위 이슬람 국가들이 전쟁 시에 메시지를 보내는 데도 쓰였다.

전제는 단순하다. 비둘기를 새로운 장소로 데리고 가서 놓아주면 거의 마술처럼 집으로 돌아가는 길을 찾아낸다. 이들은 빠르게(시속 97킬로미터) 장거리(최대 1800킬로미터)를 비행할 수 있지만 (집 다락을 향해) 한 방향으로

만 날아가므로 응답은 다른 개체를 통해 보내야 한다. 프랑스-프로이센 전쟁(1870~1871년) 동안 비둘기는 열기구를 타고 포위된 파리 밖으로 수송되었으며 일단 안전해지면 파리 사람들에게 메시지와 함께 다시 보내졌다. 제1차 세계대전의 비둘기 영웅인 세라미는 심각한 부상을 입고도 메시지를 전달해 아군의 오인 사격으로부터 미군 194명을 구했다.

비둘기 항해의 기본 메커니즘은 여전히 미스터리로 남아 있다. GPS 로거를 사용한 연구에 따르면 새들은 익숙한 경로에서 도로나 자신들이 찍은 랜드마크와 같은 시각적 신호를 사용하여 방향을 잡는 걸로 나타났다. 하지만 진정한 도전은 완전히 낯선 장소, 때로는 수백 킬로미터 떨어진 곳에 풀려났을 때 집을 찾는 것이다.

비둘기가 지구 자기장을 감지하여 탐색할 수 있다고 제안하는 의견도 있다. 이는 까다로운 일이다. 새들은 방향을 정하기 위한 내부 자기 나침반을 갖고 있지만, 자신의 터전을 기준으로 한 자신의 위치를 아는 경우에만 유용하다. 그러므로 비둘기가 집으로 가는 길에 냄새를 맡을 가능성이 더 높다. 집 주변의 향기에 대한 냄새와 바람의 방향을 결합하면 어느 방향으로 날아야 하는지에 대해 생각해낼 수 있다. 1971년 이탈리아의 동물학자 플로리아노 파피는 후각을 잃은 비둘기는 자신의 위치를 감지할 수 없다는 사실을 입증했으며 후속 연구에서도 이 결과가 확인됐다. 이와는 반대로 지자기 조작은 비둘기의 귀환 능력에 영향을 미치지 않았다.

야생에서 사는 집비둘기의 일부 개체군은 사육된 역사만큼 이어졌지만, 다양한 야생 무리는 다른 어떤 유형의 비둘기보다 사육 품종과 더 가까운 유전적 유사성을 보여준다. 어쩌면 도시의 무법자들이 다시 한 번 우리의 친구가 될 수도 있지 않을까?

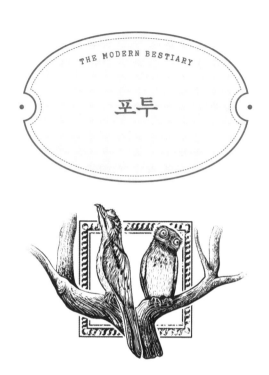

THE MODERN BESTIARY

포투

학명	*Nyctibius griseus*
사는 곳	멕시코, 아르헨티나
특징	눈을 감고도 앞을 볼 수 있음.

"자, 이제부터 새출발이다!" 어린 포투들이 이 말을 알아듣는다면 그들의 심장은 빠르게 뛸 것이다. 이 새들에 있어 삶의 목표는 새로운 일, 즉 부러진 나무 조각인 척하는 것이다.

　쏙독새류와 개구리입쏙독새와 친척 관계인 포투는 신열대구 : 중남미의 열대지방에 사는 7종으로 이루어진 과이며, 가장 널리 퍼져 있는 것은 일반 포투다. 이 새들은 멕시코에서 아르헨티나까지 서식하지만, 열대 앵무나 토코

투칸과는 달리 색이 선명하거나 화려하지 않다. 포투의 깃털은 엄청나게 칙칙한데 그럴 만한 이유가 있다. 왜냐하면 원활하게 나무와 한 몸처럼 보여야 하기 때문이다.

비둘기 크기의 이 새는 회갈색 깃털 외에도 커다란 입과 믿을 수 없을 정도로 괴짜 같은 눈으로 이루어져 있으며 〈머펫 쇼The Muppet Show : 1976~1981년 미국에서 방영된 머펫들의 코미디 프로그램〉의 등장인물처럼 생겼다. 일반적인 포투의 눈은 그루팔로Gruffalo : 영국 동화작가 줄리아 도날드슨이 창작한 괴물처럼 밝은 노란색 바탕에 검은 눈동자가 있으며 툭 튀어나왔다. 이와는 달리 그레이트 포투는 눈이 마주친 사람의 영혼을 꿰뚫을 것만 같은 상상을 초월하게 소름 끼치는 칠흑색 눈을 갖고 있다. 이 종은 야행성이며 거대한 헤드라이트로 곤충(특히 딱정벌레, 나방, 메뚜기)을 감시하다가, 터무니없이 큰 입으로 통째로 곤충을 삼킨다. 새들은 사냥을 위해 자신이 가장 좋아하는 나뭇가지에서 빠르게 돌진하고 비행 중에 먹이를 낚아챈다. 이들은 걷기에 그리 능하지 않아서 땅에 있는 곤충을 먹으려 들진 않는다.

이들의 거대한 눈은 야행성 사냥에 매우 유용하지만 낮에는 포식자를 부르는 광고나 다름없다. 하지만 포투의 방어 전략은 뻔뻔한 태도와 담력을 기반으로 한다. 포투는 해가 떠 있는 시간대에는 종일 꼼짝하지 않은 채 부러진 통나무로 위장한다. 위험이 다가오면 눈을 감고 입을 다문 채 천천히 머리를 위로 뻗어 더 나뭇가지처럼 변한다. 아주 살짝 눈을 가늘게 뜨거나 눈을 완전히 감고도 눈꺼풀에 있는 두 개의 작은 홈을 통해 끊임없이 위협 요소를 관찰할 수 있다. 포투는 자신의 위치를 알려주지 않기 위해 계속 눈을 감고 있다. 위협 요소가 무엇인지 확인하기 위해 약간씩 움직일 수 있지만 갑작스러운 움직임은 없으며 모든 것이 훌륭하고 안정적이다. 마지막 순간까지 움직이지 않을 수도 있지만, 포식자가 너무 가까이 다가가면 포투는 날아가거나 갑자기 이상한 눈을 뜨고 부리를 내밀어 상대를 겁먹게 만든다.

가족을 꾸려야 할 때가 되어도 포투의 삶은 크게 변하지 않는다. 이들은 둥지에 신경 쓰지 않는다. 암컷은 자신이 가장 좋아하는 부러진 나뭇가지나 그루터기, 아니면 이상적으로 상단이 약간 움푹 들어갔거나 옹이구멍이 있는 울타리 기둥을 골라 하나의 알을 낳는다. 밤에는 일부일처제인 한 쌍이 교대로 알을 품으며 낮에는 주로 수컷이 이 일을 한다. 이건 큰 희생처럼 보이지 않는다. 어쨌든 늘 그랬던 것처럼 가만히 앉아서 하루를 보내는 것이다. 알 위에 올라앉아서도 할 수 있는 일이다. 부화한 새끼는 타고난 역할을 할 준비가 되어 있다. 그러니까 부러진 가지 말이다. 새끼는 처음에는 부모의 깃털 속에 웅크리고 가만히 서 있다가, 나중에는 아늑한 은신처를 벗어나 부모 옆에 있거나 홀로 선다. 새끼의 위장은 성체와는 다르다. 희끄무레하고 푹신한 깃털은 곰팡이에 감염된 나무와 비슷하다. 어쨌든 아이는 할 일을 한다. 부모와 함께 꼼짝하지 않고 서서 50여 일을 보내고 나면 어린 포투는 혼자 꼼짝하지 않고 서 있을 시기를 맞는다. 손이 가지 않는 어린 시절부터 순조로운 청소년기를 거쳐 차분한 성인기까지, 이 새들은 생에 흥미로운 일화를 쌓지 않을지도 모르지만 단조로움을 예술로 승화시키는 방법은 알고 있다.

> 포투는 해가 떠 있는 시간대에는 종일 꼼짝하지 않은 채 부러진 통나무로 위장한다.

THE MODERN BESTIARY

유럽칼새

학명	*Apus apus*
사는 곳	유럽, 아프리카
특징	한 번도 멈춤 없이 10개월을 비행할 수 있음.

수 세기에 걸쳐 유럽인들은 칼새가 안 보이는 시기에 이들이 어떻게 되는지 자문해왔다. 새들은 5월과 9월 사이에 유럽인들의 머리 위를 날아다니다 사라진다. 어디로 간 걸까? 아리스토텔레스는 칼새가 제비, 흰털발제비와 함께 동면한다고 주장했다. 칼새의 동면처hibernacula(겨울용 은신처)가 웅덩이 바닥의 진흙에서 발견된다는 견해는 거의 2000년 동안 이어졌다. 18세기 후반, 영국 최초의 생태학자로 여겨지는 길버트 화이트는 노동자들에게 월

왠지 익숙한 **나를 닮은 동물 사전**

동 가능성이 있는 장소를 파게 해 이 건을 조사했다. 그러나 동면하는 새를 찾는 행운이 따르지 않았기 때문에 동면이 아닌 칼새가 이동한다는 쪽으로 생각이 기울었다.

시간이 지나고 화이트가 옳았다는 것이 밝혀졌다. 유럽칼새는 번식기에만 유럽에 서식한다. 나머지 시간 동안은 아프리카 동물이다. 이 검정에 가까운 회색 새들은 하늘의 지배자다. 비행할 때 이들은 몸보다 긴 날개, 짧고 공기 역학적인 꼬리, 달라붙는 데 쓰는 작은 발이 달린 부메랑 모양이다 (학명인 아푸스는 '발이 없는'이라는 뜻으로, 칼새가 발 없는 제비라는 고대의 믿음을 반영한다. 하지만 실제로는 벌새와 더 가깝다).

칼새는 새 중에서 가장 오래 공중에 머문다. 둥지를 떠나는 순간부터 날개를 펼친 채 단 한 번도 멈추는 일 없이 10개월을 보낼 수 있다. 식충동물로서 비행 중에 잡을 수 있는 모든 것을 먹으며, 부리는 매우 짧지만 아주 넓게 벌릴 수 있어 2~10밀리미터 길이의 작은 조각을 삼킬 수 있다. 이들은 먹이에 까다롭지 않으며 영국에서 최소 312종의 서로 다른 먹이를 먹는 행위가 관찰되기도 했다. 또한 칼새는 비행 중에 물을 마시고 비행 중에 둥지 재료를 수집하며, 독특하게도 비행 중에 짝짓기한다. 심지어 비행 중에 잠을 자는 것으로 보이는데, 아마도 높은 고도로 올라갈 때를 이용하는 것 같다. 하지만 이러한 공중 낮잠의 세부 사항은 여전히 수수께끼다.

땅에 내려앉는 유일한 순간은 새끼를 키울 때다. 한 둥지를 계속 쓰기 때문에 매해 관찰할 수 있다. 19세기에 천연두 백신으로 유명한 에드워드 제너는 이들의 이런 행동 양상을 연구한 최초의 사람 중 한 명이었다.

새 울음소리가 아직 특정되지 않았기 때문에 각 개체의 발가락을 잘라내는 다소 불쾌한 방법으로 칼새를 표시했고(적어도 그는 발이 있다는 사실은 알아냈다) 특정 새들이 매년 봄에 같은 둥지로 돌아와 필요에 따라 둥지를 수리한다는 사실도 밝혀냈다. 1948년 데이비드와 엘리자베스 랙은 옥스퍼드

자연사 박물관에서 칼새의 군집 번식에 관한 연구를 시작했으며, 이는 오늘날까지 이어지고 있다. 세계에서 가장 오랫동안 지속된 단일 조류종 연구 중 하나다.

최근 주변의 광도를 바탕으로 위치를 확인하는 경량 위치 측정기 덕분에 칼새가 여행에서 무엇을 하는지 알게 됐다. 사하라사막 이남 아프리카의 월동 장소에 도달하기 위해 칼새는 연료 공급을 위한 여러 경유지를 거치는 더 긴 경로를 선택한다(비행을 중단한다는 의미가 아니라 단지 곤충이 많은 지역을 돌아다닌다는 의미). 이들은 하루 평균 500킬로미터씩 이동한다. 봄에는 2000킬로미터 정도 더 짧은 직항 경로를 선택하고, 20퍼센트 더 강한 순풍의 도움으로 하루 800킬로미터씩 이동하는 속도로 훨씬 더 빠르게 주행한다. 칼새는 18년 이상 살 수 있기 때문에 기록 보유자는 평생 600만 킬로미터 이상을 여행했을 가능성이 높다. 이는 달까지의 왕복 거리의 8배에 해당한다.

이러한 힘든 여정을 대비하기 위해 칼새는 어릴 때부터 프로 운동선수처럼 행동한다. 둥지에 있는 동안 날개 끝으로 '팔굽혀펴기'를 연습한다. 한 번에 몇 초 동안 몸을 바닥에서 들어 올리는 것이다. 또한 체중도 주시한다. 팔굽혀펴기를 통해 날개 길이에 대비해 몸이 너무 무겁지 않은지 확인하고, 그런 상황이라면 목표 체중에 도달할 때까지 단식한다. 조류 올림픽에서 이들은 논스톱 비행 분야의 확실한 챔피언이다.

흡혈박쥐

THE MODERN BESTIARY

학명	*Desmodus rotundus*
사는 곳	라틴 아메리카
특징	위탁 양육, 먹이 나눔 등 사회적 연대를 실천함.

이번 편은 피, 동지애, 자기희생에 관한 이야기다. 하지만 제1차 세계대전의 참호나 숭고한 농민 혁명에 관련된 일화는 아니다. 바로 흡혈박쥐에 관한 이야기다.

흡혈박쥐는 세 종으로 나뉘며 모두 라틴 아메리카에 서식한다. 이들은 세계 유일의 조혈성 포유류로 다시 말해 오로지 혈액만을 먹는다. 이들은 몸집이 작고(약 9센티미터, 날개폭은 그 두 배) 수명이 길다. 일부 암컷은 사육

상태에서 30세의 고령까지 살기도 한다. 일반적인 흡혈박쥐는 포유류의 피를 빠는 반면, 조류를 선호하는 종도 있다. 먹이로 쓰이는 주요 포유류는 가축이지만 박쥐는 간혹 인간, 특히 밖에서 잠을 자는 인간을 무는 데 의지해 광견병이나 그 외 질병을 전염시키며 공중 보건 문제를 일으킨다.

드라큘라의 아이들은 엄격한 식단에 완벽하게 적응했다. 흡혈박쥐는 박쥐 종 중에서 가장 이빨 수가 적지만, 18개의 이빨은 면도칼처럼 날카롭다. 이들은 반향 정위(296쪽의 나방 참고)로 장거리에 걸쳐 방향을 파악한 다음 잠자는 동물의 호흡 소리에 귀를 기울여 개별적으로 선호하는 먹이를 식별한다. 먹잇감에 도착하면 코에 있는 특수 단백질로 열을 감지해 따뜻한 피가 피부 근처에서 흐르는 물 만한 부위를 고른다. 해당 부위를 절개한 후 흡혈박쥐는 특수한 홈이 있는 혀로 흐르는 피를 핥는다. 이때 타액의 항응고제로 혈액 응고를 막는다. 항응고제 이름이 뭐냐고? 드라큘린. 과학자들은 좀 희한한 종족이 맞다.

각 액체 식사는 10분에서 1시간 정도 이어지며 박쥐의 몸무게는 최대 3배까지 늘어날 수 있다. 불필요한 짐을 싣고 날아가는 것을 막기 위해 박쥐는 저녁 식사를 시작한 지 몇 분 이내에 많은 물을 배출한다. 다른 박쥐와 달리 이 흡혈귀들은 최대 초속 1.2미터의 속도로 네 발로 걷고 달리는 데 매우 능숙하며 풀쩍풀쩍 뛰어다니기도 한다. 이 기술은 몸집이 큰 동물의 몸에서 완벽한 식사 장소를 찾을 때 유용하다.

그러나 흡혈박쥐는 단지 피에 굶주리고 선혈이 낭자한 기계가 아니다. 더 온화하고 따뜻한 면도 존재한다. 이들은 최대 수백 마리의 개체가 군집을 이루며 산다. 그 안에서 10~20마리의 암컷이 모여 긴밀한 연합을 형성한다. 이들은 서로의 부름을 알아듣고, 서로의 털을 다듬어주며 시간을 보낸다. 이들은 또한 밥도 같이 먹는다.

박쥐가 식사하지 못하면 문제가 발생한다. 굶어 죽기 전 겨우 70시간 정도 살 수 있다. 다행히 같은 군집의 친구들이 이를 해결해준다. 더 성공적인 수렵꾼은 배고픈 친구와 피를 나눠 먹는다(입맛이 싹 사라지는 방식인 구토를 통해서다). 흡혈귀는 확실히 엄격한 페어플레이 규칙을 공유한다. 이전에 먹이를 기부한 적이 있다면 돌려받을 가능성이 훨씬 더 높다. 그리고 도움은 가족 관계를 넘어선다. 암컷 박쥐는 자손이나 친족뿐만 아니라 같은 보금자리 내의 혈연관계가 없는 성체로부터도 영양을 공급받는다. 상호 구토는 혈연이나 상호 몸단장보다 더 중요하다.

야생에서 수컷이 안정적인 유대 관계를 형성하는 경우는 적기 때문에 먹이를 공유하는 것은 대부분 암컷이다. 배고픈 박쥐는 보통 여러 다른 박쥐로부터 먹이를 받으며 사회적 유대의 '지원 네트워크'를 구축한다. 또한 기증자는 열렬하고 의지가 넘친다. 이들은 먹이를 받기보다 먹이 기부를 시작하는 경우가 더 많다. 또한 놀랍게도 간혹 열성적인 후원자의 제안이 수혜자에 의해 거부될 때도 있다(항상 자신에게 물어보길 바란다. 점심용으로 누가 토해 낸 혈액이 더 좋은가?).

박쥐 연대는 저녁 식사 나누기 이상으로 확장된다. 죽은 군집 동료가 남긴 새끼를 키우는 암컷 흡혈박쥐가 보고된 바 있다. 그 동료는 밀접하게 연관되어 있지만, 친족은 아니었다. 친구의 건강이 쇠퇴하기 시작하자 이 암컷은 먹이를 토하고 친구와 친구의 새끼를 단장하는 데 더 많은 시간을 보냈다. 결국 암컷은 어미를 잃은 새끼에게 젖을 먹이기 시작했다. 같은 과에 속하는 다른 박쥐 종보다 젖을 떼는 데 세 배나 더 오랜 시간이 걸리기 때문에 이는 최소 9개월이 소요되는 인상적이고도 헌신적인 위탁 양육이다. 친족이 아닌 입양은 다른 암컷 흡혈박쥐에서도 기록된 바 있다. 흡혈박쥐는 이기적인 흡혈귀가 아니라 사회적 양심에 대해 생각하게 하는 동물이다.

THE MODERN BESTIARY

잠자리

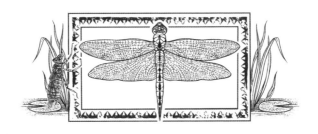

학명	suborder Epiprocta
사는 곳	지구 곳곳
특징	맘에 들지 않는 짝이 다가오면 죽은 척을 함.

잠자리는 정말 빨리 날 수 있다. 이들은 앞뒤로, 위아래로, 좌우로 난다. 제자리를 뱅글뱅글 맴돌 수도 있고 눈 깜짝할 사이에 방향을 바꿀 수도 있으며, 심지어 짝짓기할 때 나란히 날아갈 수도 있다. 3000종의 잠자리(잠자리아목) 중에서 단지 수십 종만이 계절에 맞춰 이동하지만, 그렇게 하는 종들 역시 아주 전문적으로 이동한다. 된장잠자리는 모든 곤충 중 가장 긴 이동 경로를 자랑한다. 여러 세대에 걸친 이동 거리는 1만 8000킬로미터이며 이 기

간 중 각 개체는 약 6000킬로미터를 여행한다. 인도 북부에서 소말리아까지 논스톱 대양 횡단 여행도 감행한다. 이들은 드넓은 대양과 해발 6300미터의 히말라야산맥을 가로질러 날아간다. 이쯤으로도 충분치 않다는 듯, 잠자리의 네 날개는 서로 독립적으로 움직일 수 있어 기동성 측면에서 흠잡을데가 없다. 이처럼 뛰어난 비행 기술을 갖춘 이 곤충은 매우 성공적인 포식자이며, 자신이 쫓는 먹이의 최대 95퍼센트를 잡아낸다.

하지만 뜻밖에도 이 눈부신 육식성 곡예 헬리콥터는 대부분의 삶을…수중에서 보낸다. 잠자리는 실잠자리와 함께 잠자리목에 속한다. 나비나 딱정벌레처럼 알-유충-번데기-성충 단계를 거치는 완전변태 곤충도 있지만 잠자리는 불완전변태로 알, 약충, 성충의 세 단계만 거친다. 성체와 마찬가지로 잠자리 약충도 포식성이지만 성체와는 달리 수생 생활을 한다.

잠자리의 약충은 나이아드라고도 불리는데, 고대 그리스의 물의 여신의 이름에서 유래했지만 이들이 이름처럼 우아하고 섬세하지는 않다. 오히려 물귀신에 더 가깝다. 이들은 다른 곤충(동료 잠자리 포함)의 수생 유충을 먹을 뿐만 아니라 올챙이나 가끔 작은 물고기까지 잡는 탐욕스러운 사냥꾼이다. 먹을수록 자라며, 자랄수록 허물을 벗는다. 일부는 성체 형태에 도달할 때까지 이 작업을 17번이나 이어간다. 이들은 물속에서 몇 달에서 몇 년까지 살 수 있다. 나이아드는 크기가 크기 때문에(일부 종은 거의 10센티미터에 달한다) 중요한 수생 포식자이며, 특히 물 마름 등으로 인해 물고기가 살 수 없는 연못에서는 더욱 그렇다. 그리고 이들은 물새나 더 큰 물고기의 먹이가 된다.

수중 생활을 가능하게 하기 위해 어린 잠자리는 예상치 못한 경우에 특히 유용한 특징을 갖고 있다. 바로 엉덩이다. 약충의 꽁무니는 엉덩이 계의 스위스 군용 칼로, 그 어떤 상황에도 소지자가 대응책을 준비할 수 있게 해주는 다기능 도구다. 보다 정확하게 말하자면 아기 잠자리가 활용하는 네 가지 주요 엉덩이 기능이 있다. 첫 번째는 규칙적이고 눈에 띄지 않는 엉덩이 기능, 즉 폐기물 배출이다. 두 번째는 메리리버거북(182쪽)이나 해삼(212쪽)과 마찬가지로 직장에 있는 내부 아가미를 통한 호흡이다. 세 번째 기능은 훌륭한 탈출 반응이다. 머리 부분의 괄약근이 닫히고 복부가 수축하면 약충 꽁무니에서 최대 초속 50센티미터의 속도로 물줄기가 발사되며 약충을 제트기로 만든다. 빠른 탈출에 아주 편리하다. 마지막 역할은 1986년 영화 〈에일리언〉의 제작자에게 영감을 준 것이 틀림없다. 바로 늘일 수 있는 턱이다. 이번에는 항문에 있는 또 다른 괄약근을 닫음으로써 압력을 높인 다음, 늘일 수 있고 장갑을 장착한 입술(음순)을 쏘아낸다. 스파이크와 갈고리로 무장한 경첩형 음순은 쉬는 동안 몸 아래로 접혀 있다가 사냥 중에 엄청난 속도로 튀어나온다. 이 엉덩이로 움직이는 포식자들은 확실히 '엉덩이ass'를 '나쁜 놈 badass'으로 만든다.

　잠자리의 단호한 태도는 성체가 되어도 지속된다. 살아가면서 가장 혹독한 실망이 찾아올 상황을 맞닥뜨리면, 수컷이 싫은 암컷 별박이왕잠자리는 죽음을 가장해 수컷과의 상호 작용을 피한다. 수컷이 접근하면, 그 시점까지 즐겁게 날아다니던 암컷은 갑자기 땅에 추락해 마치 죽은 양 꼼짝하지 않고 한 자리에 머물며 원치 않는 구혼자가 떠날 때까지 기다린다. 데이트가 시원찮을 때 시도해보기에는 좀 극단적인 전략이지만, 잔인할 정도로 효과적이다.

에메랄드는쟁이벌

학명	*Ampulex compressa*
사는 곳	아시아, 아프리카, 태평양 섬, 브라질의 열대지방
특징	바퀴벌레를 좀비로 만들 수 있음.

우아하고 고급스러우며 반짝이는 빛을 발한다. 에메랄드는쟁이벌이 보석 말벌이라고도 불리는 것은 놀라운 일이 아니다. 이 종은 아시아, 아프리카, 태평양 섬, 그리고 브라질 열대지방에서 찾아볼 수 있다. 큰 눈, 금속성 녹청색 몸체, 붉은색의 중간다리와 뒷다리를 가진 2센티미터 길이의 이 곤충은 마치 파베르제의 달걀 : 러시아의 보석상이자 세공사 파베르제가 19세기 중순부터 황제를 위해 만든 69개의 달걀 모양 보석 장식 공예품. 파베르제의 달걀은 사치품의 대명사이기도 하다에서

막 나온 것처럼 보인다. 그러나 에메랄드는쟁이벌 암컷에 대해 알게 된 후에도 이들을 '귀중하다'고 부르는 이는 아무도 없을 것이다. 이들은 래치드 간호사 : 영화 〈뻐꾸기 둥지 위로 날아간 새〉에 등장하는 위압적이고도 강압적인 폭군 간호사 캐릭터와 맞먹는 절지동물이다.

말벌은 아마도 모든 곤충 중에서 가장 교묘하게 교활한 곤충 중 하나일 것이다. 323쪽의 배추나비고치벌을 참고하자. 그리고 보석 말벌은 아름다움과 잔인함의 완벽한 조합을 구현한다. 는쟁이벌과의 다른 구성원과 마찬가지로 이 종은 바퀴벌레를 사냥하는 기생말벌이다. 암컷은 먹이를 애벌레의 먹이원으로 사용한다. 그러나 보석 말벌은 단순히 바퀴벌레를 죽이는 데 그치지 않는다.

어린 말벌을 위한 살아있는 저장고 역할을 하기 전에 바퀴벌레는 진압당하고 둥지로 끌려가야 한다. 자발적으로 이런 희생을 치르는 동물은 거의 없으며(일부 바퀴벌레는 발로 차거나 물며 공격자를 저지하려 한다) 바퀴벌레가 자신만큼, 혹은 그보다 더 크기 때문에 어미가 될 보석 말벌은 물류 문제를 안게 된다. 이 정도 크기의 몸부림치고 저항하는 곤충을 운반하는 것은 애초에 선택지가 아니다. 다리가 여섯 개인 희생양이 제 발로 오게 만드는 쪽이 더 쉽다.

지배는 두 단계로 진행된다. 먼저 바퀴벌레의 흉부를 쏘아 2~3분간 일시적으로 앞다리를 마비시킨다. 이 구속은 말벌이 바퀴벌레의 뇌를 수술하는 두 번째 단계를 위해 필요하다. 암컷 말벌은 머리 신경절에 정확히 독침을 쏘아 수술을 진행한다. 최첨단 약물 전달 시스템을 연상시키는 암컷의 정확한 조준은 환자를 좀비로 만든다. 바퀴벌레는 마비된 것이 아니라 몽롱한 상태다. 수술 후 첫 30분은 몸단장을 하는 데 쓴다. 결과적으로 말벌의 독은 운동 저하증, 혹은 나른한 상태를 불러온다. 피해자는 여전히 몸을 단장할 수 있고 발라당 뒤집거나 날 수 있지만, 탈출 반응은 망가진다. 더욱이 독

왠지 익숙한 나를 닮은 동물 사전

침은 바퀴벌레의 신진대사를 변화시켜 결과적으로 산소를 덜 소비하고 수분을 덜 잃으며 보통 더 오래 생존하게 된다. 살아 있는 식량 저장 단위가 되기 위한 훌륭한 준비다.

> **말벌은 아마도 모든 곤충 중에서 가장 교묘하게 교활한 곤충 중 하나일 것이다.**

일단 먹이가 제압되면 보석 말벌은 아래턱으로 더듬이 중 하나를 자르고 곤충의 혈액에 해당하는 혈림프를 들이마신다. 새끼의 숙주로서 바퀴벌레의 적합성을 확인하거나, 또는 이쪽이 더 그럴듯하지만, 자신의 알 생산량을 늘리기 위한 추가 단백질을 얻기 위해 하는 행위다. 그런 다음 암컷 말벌은 새로이 고분고분해진 바퀴벌레를 마치 목줄을 맨 개를 다루듯 더듬이로 붙잡아 둥지로 이끈 뒤 바퀴벌레의 다리 사이에 한두 개의 알을 낳는다. 바퀴벌레가 반항하진 않지만, 보석 말벌이 작은 자갈로 둥지 입구를 막는 탓에 산 채로 둥지에 갇히게 된다.

말벌의 알이 부화한 지 약 5일이 지나면 유충은 다리의 얇은 외피를 통해 들어가 바퀴벌레의 몸속을 씹으며 안으로 파고든다. 이들은 비록 무감각할지언정 아직 살아 있는 숙주의 내부 장기를 먹으며 3일 후에 번데기가 된다. 5주 후, 마침내 죽은 바퀴벌레의 사체에서 성체 말벌이 나타난다.

실험실 조건에서 에메랄드느쟁이벌은 총 두 달간 격일로 새로운 바퀴벌레에 기생했다. 야생에서는 다음 새끼를 위한 소름 끼치는 보육원용 목표물을 쉽게 찾기 어려울 듯하니 이 숫자는 아마도 더 적을 것이다.

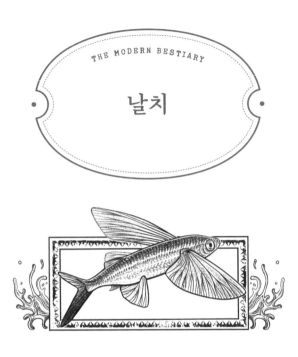

날치

THE MODERN BESTIARY

학명	family Exocoetidae
사는 곳	전 세계의 따뜻한 바다
특징	바닷속에서 솟아올라 수면 3미터 위까지 활공이 가능함.

비행은 멋진 여행 방식이다. 제대로 된 날개가 있다면 말이다. 그렇지 않더라도 활공은 여전히 좋은 선택지다. 가장 높은 나무 꼭대기까지 올라가 도약하여 공중에 있는 동안 충돌을 완화하면 그만이다. 뱀(308쪽 참고), 도마뱀붙이, 날다람쥐, 개구리 등 활공하는 척추동물 대부분은 동남아시아 출신이다. 아마도 가장 키가 큰 나무들이 자란 숲과 더불어 그사이에 걸쳐져 이동할 때 쓰기 좋은 덩굴식물의 수가 상대적으로 적은 덕분일 것이다. 60미터 높이의

278

왜지 익숙한 나를 닮은 동물 사전

나무를 천천히 내려갔다가 다음 나무로 올라가는 것보다 그냥 뛰어넘어가는 게 더 쉽고 빠르다. 그러나 일부 활공 동물에는 나무가 필요하지 않다. 그들은 바다 깊은 곳에서 스스로 발사하여 하늘로 올라간다.

날치는 그런 동물이다. 전 세계의 따뜻한 바다에 널리 분포하며 크기가 15~50센티미터인 이들은 날치과에 속하는 약 60종으로 이루어진다. 과의 학명은 그리스어로 '외부'를 뜻하는 ex와 '침대'를 뜻하는 coitos에서 유래했는데, 이는 적어도 대 플리니우스의 『박물지』에 따르면 날치들이 해변으로 나와 잠을 잔다는 사실 때문이다. 실제로는 그렇지 않지만 이름은 그대로 유지됐다.

날치의 경우, 이런 공중 모험은 육지에서 건방진 밤을 보내기 위함이 아니라 참치, 황새치, 청새치와 같은 해양 포식자로부터 도망치는 수단이다. 물고기는 이륙하기 위해 비행기와 마찬가지로 속도에 의존한다. 이륙하기 전에 날치(이 시점에는 아직 헤엄치)는 초당 몸길이 20~30배의 속도로 해수면에 접근하며, 날개 모양의 지느러미를 측면으로 접어 몸을 유선형으로 만든다. 그런 다음 이들은 바다에서 뛰어올라 날개를 펼치고 이른바 '활주'에 돌입하는데, 그동안 꼬리로 초당 50~70회 정도 맹렬하게 물을 때린다. 30번 정도의 꼬리 치기 후에 이들은 이륙한다. 자유 비행 중에는 날개를 펴고 꼬리를 높이 치켜든 채 가만히 있는 모습이 마치 전투기 함대처럼 보인다. 하강할 때는 꼬리를 내리며, 물고기는 다시 활주로를 이동해 새로이 이륙하거나 아예 잠수할 수 있다. 군함새와 같은 공중 포식자가 있는 경우 후자가 더 나은 선택일 것이다.

날개가 위아래 이중으로 달린 비행기가 있는 것처럼 날치에도 두 변이가 있다. 날개 2개와 날개 4개로 나뉘는 것이다(단 후자의 날개는 서로 포개지지 않는다). 전자는 커진 가슴지느러미 덕분에 활공하는 반면, 후자는 가슴지느러미와 배지느러미를 모두 양력을 일으키는 면으로 사용하므로 더 길게 비행할 수 있다. 흥미롭게도 제이콥 데인의 연구에 따르면 지느러미가 너무 많이 자라는 것은 칼륨의 세포 유입을 조절하는 유전자에 의해 발생하며, 이는 결국 배아 발달과 조직 재생에 영향을 미친다고 한다. 실험실에서 자란 제브라 피시(보통 크기의 지느러미를 가진 종) 중 이 유전자에 돌연변이가 일어난 개체들은 날치와 유사하게 날개가 발달했다.

이걸로도 충분하지 않다는 듯 모든 날치 종은 비대칭의 수직으로 갈라진 꼬리를 가지고 있으며 바닥에 있는 더 길고 뻣뻣한 갈래는 방향타 역할을 한다. 이들은 편평한 각막을 가진 눈 덕분에 자신이 어디로 가는지 알고 있으며, 이 특수한 모양을 통해 수중과 공중 모두에서 초점을 맞출 수 있다.

이러한 적응을 통해 만들어진 이 바다의 붉은 남작 : 제1차 세계대전 중 연합군의 전투기 수십 대를 격추한 독일 공군의 전설적인 비행사 만프레드 폰 리히트호펜 남작을 일컫는 말은 매우 인상적인 통계를 달성했다. 이들은 초속 15~20미터의 속도로 표면 위 8미터까지 활공한다. 날아갈 때 물고기는 물 밖에 머무는 시간보다는 이동 거리를 최대화한다. 이들은 육상에 서식하는 수목 활공 동물의 두 배인 400미터에 달하는 기록적인 활공 거리를 기록하며 놀라울 정도로 잘 해내고 있다. 활공 성능 측면에서 물고기 날개는 매, 제비, 아메리카원앙의 날개와 비슷하다. 가장 큰 종의 날개 하중, 즉 전체 날개 표면적에 의해 운반되는 질량은 펠리컨이나 가마우지와 유사하다.

이런 항공학적 성취를 통해 날치는 칼새나 알바트로스와 막상막하로 겨룰 수 있을 것이다. 공기 호흡만 가능하다면 말이다!

기아나바위새

학명	*Rupicola rupicola*
사는 곳	남미 북부
특징	주위에서 커플이 탄생하면 야유를 보냄.

'이쪽입니다. 숙녀 여러분! 남미 북부 최고의 쇼가 시작됩니다!' 깃털 달린 서커스 호객꾼처럼 수컷 새들의 무리가 지나가는 암컷 새들에게 큰 소리로 간청한다. 지금이 이들의 순간이고, 이들이 빛날 기회다. 이 수컷들은 공연을 위해 준비하는 것 외에는 거의 아무것도 하지 않는 삶을 산다.

바로 기아나바위새다. 수컷은 밝은 주황색이고 볏이 있으며 오해의 여지가 없다. 적어도 다른 새들에겐 그렇지 않다. 그러나 머리에 피자 커터가 달린 두툼한 당근으로 오해받을 수도 있다. 회갈색 암컷은 훨씬 작은 볏을 자랑하며 확실히 더 평범해 보인다.

외모에 걸맞게 암컷 바위새는 현실적이고 간단명료한 삶을 산다. 그들은 바위가 많은 지역(종의 일반명이 이런 이유에서 붙여졌다)에 진흙과 식물성 섬유로 견고한 둥지를 짓고 수년에 걸쳐 수리한다. 한두 개의 알을 낳아 미혼모로서 새끼를 키운다. 과일나무에서 먹이를 찾다가 우연히 수컷과 마주칠 수도 있지만, 대부분의 경우 그게 전부다.

반면 수컷은 인상을 남기는 데 평생을 바친다. 바위새는 레킹lekking 성적과시 종이며 이는 수컷들이 암컷을 유혹하기 위해 경쟁적으로 자신을 과시한다는 것을 의미한다. '놀이' 또는 '게임'을 의미하는 스웨덴어에서 유래한 랙lek은 이러한 과시가 이루어지는 공간을 말한다. 수컷들은 가로 길이가 1미터인 숲 바닥에 모든 낙엽을 제거한 뜰을 마련하고 주변에 횃대를 확보한다. 렉에는 50개 정도의 뜰이 포함되며 중앙에 위치한 렉은 가장 가치가 높다. 암컷이 그 장소 위로 날아오르면 수컷들은 큰 소리로 인사하고 뜰에서 날개를 치며 정교한 구애춤을 춘다. 이때, 암컷이 어떤 수컷에게 관심이 생겼을 경우 암컷은 렉 위 약 2~6미터 높이에 자리 잡고 어떤 영역에도 얽매이지 않은 채 수컷을 지켜본다. 이 시점에서 수컷은 땅에 웅크리고 과시용 자세를 잡는다. 여기서는 고요함이 중요하다. 수컷은 땅바닥에 납작하게 누워 주황색 깃털의 푹신한 쿠션으로 장식된 등을 암컷을 향한 채 꼼짝하지 않고 기다린다. 암컷은 자신이 본 상대가 마음에 들면 면밀한 점검을 위해 그의 뜰에 내려앉고, 그동안 그는 더욱 부푼 볏이 있는 머리를 땅에 댄 채 최대한 피자 커터스럽게 보이려고 노력한다.

마침내 암컷은 선택을 마치고 발을 굴러 운이 좋은 수컷에게 짝짓기할 준비가 되었음을 알린다. 그런 일이 일어나면 다른 모든 수컷은 암컷의 주의를 돌리려는 마지막 시도로써 '교미 경계 경보' 혹은 큰 비명을 지르며 야유를 퍼붓는다. 이걸로도 암컷이 마음을 바꾸지 않으면 짝짓기가 진행된다. 그 영광스러운 순간은 이웃 수컷의 날카로운 경고음과 함께 10~15초 동안 지속된다. 경고음이 대사로 들린다면 "야, 쟤네 저기서 한다!" 정도일 것이다. 그 후 암컷은 보통 다음 번식기까지 수컷에 관한 관심을 잃는다. 이 종은 일부다처제기 때문에 일부 수컷은 여러 번 짝짓기하는 반면, 다른 수컷(때때로 렉의 절반 이상)은 전혀 짝짓기하지 못한다.

중앙집중화된 레킹 장소는 암컷이 효율적으로 선택하게 해준다. 암컷은 개별 영역을 조사하러 돌아다닐 필요가 없으며 재빨리 훑어보는 것만으로도 수컷을 관찰할 수 있다. 암컷이 렉을 방문하는 유일한 이유는 만남 때문이다. 이 장소에는 먹이나 둥지를 짓기 위한 추가 자원이 없다. 수컷은 눈에 잘 띄어야 하며, 어두운 숲에서 이 형광 주황색 새들은 불꽃 같은 인상을 남긴다. 그러나 이들은 또한 맹금류, 야생 고양이, 뱀과 같은 포식자의 관심을 끌기도 한다. 좋게 보자면 렉은 숫자 측면에서 안전하다. 과시 중인 많은 수의 수컷은 포식자에 대항하는 많은 감시자와 같다. 이 독특한 주황색 지역에는 실질적인 이점이 있는 셈이다.

벌새

학명	family Trochilidae
사는 곳	아메리카 전역
특징	몸보다 부리가 더 긴 종이 있음.

나비처럼 먹고 벌처럼 난다. 벌새가 무하마드 알리의 유명한 명언을 자신들이 원하는 방향으로 왜곡했을 수는 있겠지만, 한 가지는 확실하다. 이 작은 새는 유명한 권투 선수만큼 강인하다고 주장할 만하다. 벌새과에 속하는 약 360종은 곤충과 같은(하지만 더 나은) 존재가 되겠다는 하나의 열망을 공유하는 것만 같다. 그리고 벌새들은 자신들의 원대한 계획을 따르면서 기록과 예상을 동시에 깨간다.

알래스카에서 티에라델푸에고에 이르기까지 아메리카 대륙 전역에서 발견되는 이 우아한 깃털 달린 새들은 토파즈, 에메랄드, 브릴리언트, 코케트, 마운틴 잼처럼 아름다운 이름을 가진 아과로 나뉜다. 가장 작은 종인 꼬마벌새(압정 두 개 무게인 2그램의 기록을 세웠다)는 세계에서 가장 작은 새이기도 하다. 이 보다 겨우 10배 무거운 자이언트벌새는 벌새 중 가장 크다. 결국 곤충 지망생은 너무 크면 안 된다.

벌새는 나비처럼 먹이를 먹는 걸 매우 중요하게 여긴다. 이들은 이를 증명하는 다양한 적응을 갖춘 전문화된 꿀 섭식 동물이다. 원래 조류는 설탕을 맛보는 능력을 상실한 동물군이지만, 벌새는 두 번째 진화를 통해 단맛을 인식할 수 있고 얻을 수 있는 가장 달콤한 음식을 선호한다. 갈래로 갈라지고 홈이 있는 혀는 초당 15~20회 핥는 속도로 꿀을 짜내고 핥는다. 이러한 효율성은 새의 일일 칼로리 섭취량을 충족하는 데 중요하다. 벌새는 희석된 설탕 꿀을 먹으며 하루에 체중의 5배 이상을 소비한다. 꿀을 먹지 않을 때는 간식으로 나무 수액과 과실을 먹고 단백질을 약간 얻기 위해 무척추동물을 잡으며 심지어 미네랄 섭취를 위해 흙을 먹기도 한다.

벌새는 정기적으로 같은 식물을 방문하고(덫을 확인하는 덫 사냥꾼과 비슷하다) 그 과정에서 꽃가루를 운반한다. 새들의 수분 서비스는 이들이 표적으로 삼은 길쭉한 꽃의 바닥에 있는 꿀로 보상받는다. 이러한 동업은 상호 진화로 이어지기도 한다. 더 길쭉한 꽃에는 더 긴 부리의 벌새가 필요하며 이는 꽤 웃긴 변화로 이어진다. 칼부리벌새는 유일하게 부리가 몸보다 긴 새다. 먹이를 찾는 도구로서의 경쟁적 이점에도 불구하고 이 부리는 운반하기에 매우 불편하다. 앉을 때에는 근육의 긴장을 줄이기 위해 부리를 위쪽으로 올려놔야 한다. 몸을 다듬는 데도 소용이 없어서 칼부리벌새는 발로만 몸을 닦는다.

곤충과 같은 주둥이만으로는 충분하지 않다. 벌새는 날 때도 곤충처럼 난다. 새들은 벌처럼 공중을 맴돌면서 꽃에 접근하고, 초당 최대 80번씩 날개를 치며 뒤로 물러난다. 이 뛰어난 항공학적 성취에는 생리학적 조정이 여럿 필요하다. 벌새는 상대적으로 거대한 가슴(체질량의 4분의 1 이상을 차지)과 몸 대비 조류 중 가장 큰 심장을 자랑한다. 공중에서 맴돌 때 드는 에너지 비용을 충당하기 위해 이들은 모든 척추동물을 통틀어서 대사율이 가장 높다. 이들의 다리는 최소한으로 줄어들었고 불필요한 무게를 줄이기 위해 모든 새 중에서 총 깃털 수가 가장 적어서 천 개 미만인 경우도 있다. 그리고 날지 않을 때는 토포torpor 상태에 들어가 에너지를 절약한다. 이는 체온이 섭씨 40도에서 18도로 떨어지고 심장 박동수가 분당 1200회 이상에서 100회 미만으로 느려지는, 거의 동면과 같은 상태를 말한다.

이 정도로도 충분하지 않다는 듯, 구애하러 갈 때에는 비행 게임을 시작한다. 수컷 애나스벌새는 송골매의 두 배에 달하는 초당 몸길이 385배의 기록적인 속도로 공중 다이빙을 해대며 몸 크기 대비 가장 빠른 척추동물 자리를 꿰찼다. 이 작은 새는 10g의 구심 가속도를 견뎌내는데 비교하자면 7g는 전투기 조종사가 잠깐 정신을 잃고 일시적으로 실명되기에 충분한 가속도다. 벌새가 이렇게 까지 하는 이유는 무엇일까? 단순히 꼬리 깃털로 끽끽거리는 소리를 내는 것이다. 새가 더 빠를수록 끽끽거리는 소리도 더 커진다. 이게 생명과 사지를 위험에 빠뜨릴 만한 가치가 있는 일처럼 보이진 않겠지만, 암컷 벌새는 확실히 깊은 인상을 받으며 가장 요란한 곡예비행을 선호한다.

줄리아나비

THE MODERN BESTIARY

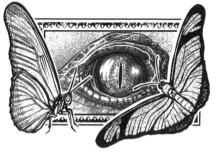

학명	*Dryas iulia*
사는 곳	열대지방
특징	주둥이로 악어의 눈을 찔러 눈물을 마심.

동정이나 슬픔 등을 꾸며낸 진실하지 않은 감정 표현을 의미하는 '악어의 눈물'이라는 표현은 고대부터 사용해왔다. 진짜로 악어를 울게 만드는 건 무엇일까?

악어는 보통 엉엉 울어 대는 존재로 알려지진 않았지만, 실제로 악어를 울게 만드는 생물이 존재한다. 이 생물은 무해해 보이는 줄리아나비로 악어의 눈물을 마시기 위해 악어를 울린다. 라크리파기lachryphagy('눈물 먹기'로 번역된다)로 알려진 이 행위는 비열함, 천박함, 대담함의 매우 기괴한 조합처럼 보일지도 모르겠지만 그냥 필요한 미네랄을 얻는 방법일 뿐이다. 나비는 눈물을 짜내기 위해 주둥이로 파충류의 눈을 찌르기까지 한다. 나비들의 괴롭힘에 희생양이 되는 것은 악어(특히 카이만)뿐만이 아니다. 거북이도 영양가 있는 눈물의 우수한 공급원이다.

> **나비는 눈물을 짜내기 위해 주둥이로 파충류의 눈을 찌르기까지 한다.**

눈물 마시기는 '퍼들링puddling'이라고 불리는 더 넓은 의미의 행동 중 하나다. 일반 용어로 옮기자면 '영양분을 얻기 위해 이상한 물질을 마시는 행위'다. 나비를 비롯한 몇몇 곤충은 진흙탕, 썩은 식물이나 동물의 일부, 똥, 오줌, 말 그대로 피, 땀, 눈물에 이르기까지 가장 이상한 액체를 섭취한다. 줄리아나비에서 퍼들링을 하는 쪽은 주로 수컷이다. 정포(정자가 저장된 꾸러미)를 생성하려면 미네랄이 필요하다. 미네랄이 풍부한 이 소포는 교미 중에 결혼 선물로서 암컷에게 전달된다. 한편 암컷은 초식을 고수하고 꽃가루의 영양분으로 알을 생산한다. 암컷과 수컷 모두 꿀을 먹는다.

줄리아나비는 꽃시계덩굴에 알을 낳는데, 꽃시계덩굴 식물은 배고픈 줄리아나비 애벌레에게 먹힐 거라는 예상 때문에 이 사실에 그리 열광하지는 않는다. 결과적으로 다양한 꽃시계덩굴종은 초식성 곤충에 대한 방어 수단을 진화시켰다. 좀 복잡한 곤충도 포함해서다. 가장 기본적인 보호 메커니즘은 부수기 어려운 두꺼운 잎과 유충의 몸을 뚫을 수 있는 변형된 갈고리 모양의 잎 털을 자라게 하는 것이다. 더 정교한 속임수도 있다. 일부 꽃시계덩굴은 꽤 그럴듯한 나비알 모양 미끼를 키워 내 알이 이미 자리를 잡았으니 산란 중인 암컷은 떠나라고 신호를 보낸다. 일부는 완벽한 산란 장소처럼 보이는 덩굴손을 만들어낸다. 그러나 알이 자리 잡으면 덩굴손은 분리돼 떨어지고 식물은 골칫거리 식객을 버려 버린다. 꽃시계덩굴은 곤충 억제 효과를 발휘할 수 있는 미량의 시안화물을 포함한 화학적 방어 전략도 갖고 있다. 게다가 대다수의 종은 개미에게 아주 유혹적인 설탕을 생산해 동맹을 찾는다. 개미는 달콤한… 어 그러니까 턱을 갖고 있을 뿐만 아니라 나비 애벌레를 공격해 잡아먹는다.

그러나 줄리아나비는 이러한 속임수 중 일부를 간파할 수 있다. 발에 있는 화학수용체를 이용해 발로 '맛'을 보는 암컷들은 산란 장소를 매우 꼼꼼하게 찾아낸다. 이들은 포식성 개미로부터 새끼를 보호하는 동시에 먹이와의 짧은 거리를 유지할 수 있도록 식물 위가 아닌 옆에 알을 낳곤 한다. 유충은 질긴 잎 대신 덩굴손을 먹고 잎의 갈고리를 피해 다닌다. 사실 시안화물의 경우 실제로 줄리아나비에게 유리하게 작용하는데, 포식자에게 불쾌감을 주기 때문이다.

꽃시계덩굴에 있는 시안화물은 줄리아나비와 그 친척들의 인지용 상징이 됐다. 선명한 주황색 날개는 경고 신호 역할을 한다. '난 고약한 맛이 나니 먹지 마.' 줄리아나비를 포함해 다른 신열대구 나비들도 주황색을 경고 표시로 사용한다. 다른 맛없는 신열대구 나비들도 마찬가지다. 이렇게 의미가 비슷하고 정직한 신호를 뮐러 의태라고 하며, '주황색공포증'를 불러일으키는 나비들은 메시지를 강화한다. 빨강머리에게 접근하지 말 것!

THE MODERN BESTIARY

레이산
알바트로스

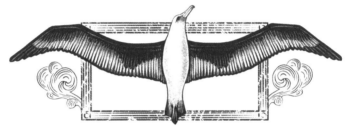

학명	*Phoebastria immutabilis*
사는 곳	하와이 북서부
특징	암컷 두 마리가 부부가 되어 새끼를 양육할 수 있음.

'진지한 관계를 추구하며 매끈한 흰색과 검은색 깃털이 달린 날개 길이 2미터짜리 암컷'. 레이산알바트로스의 데이트 어플 프로필을 읽어보자. '춤, 해산물, 장거리 여행을 좋아함. 하와이 거주. 수컷이든 암컷이든 상관없음.'

데이트에 관해서라면 알바트로스는 헌신을 가장 최우선으로 여기는데, 바닷새 생활방식에 따라 결정된다. 레이산알바트로스는 외딴 해양 섬에 둥지를 튼다. 이들의 번식지는 거의 하와이 북서부에서만 찾아볼 수 있다.

하지만 먹이인 두족류를 찾기 위해 해양 수역을 훑어보며 아주 먼 거리를 날아가야 한다. 속 편한 독신자에게는 무한정 긴 여정도 괜찮지만, 가족을 부양하려면 좀 더 평범하고 규칙적인 일상이 필요하다.

알바트로스는 5~7세가 되면 짝짓기할 수 있다. (정교한 자세와 소리가 함께하는) 춤을 비롯한 구애 후에 행복한 한 쌍은 번식하게 된다. 알을 낳으면 성체 두 마리가 교대로 둥지에 앉는다. 육아는 둘 모두의 일이다. 알은 약 65일 동안 품어야 하고 부화한 새끼를 3개월 더 돌봐야 한다. 몇 주 동안 방치된 새끼들에겐 사형 선고가 내려진다.

한 부모가 알을 품는 동안 다른 부모는 수천 킬로미터에 달하는 먹이찾기 여행을 떠난다. 하와이에서 알을 품고 있던 레이산알바트로스가 '휴가' 때는 일본에서 발견된다. 한편 비번인 부모가 홋카이도나 다른 목적지로 날아가는 동안 둥지에 묶인 부모는 갇힌 채 기다린다. 기록된 가장 긴 대기 시간은 58일이었다. 교대 근무 내내 새들은 둥지에서 움직이지 않고 먹이도 먹지 않으며 가끔 비를 몇 방울씩 받아 마실 뿐이다. 근무하는 동안 체중의 5분의 1 이상이 사라지기도 한다. 이런 헌신에서 가장 중요한 것은 두 마리의 협동력이다. 하지만 모두에게 배정될 만큼 이성 짝이 충분하지 않다면 알바트로스는 어떻게 해야 할까?

2008년에 린제이 영Lindsay Young과 동료들은 미혼 수컷이 부족한 하와이 오아후의 레이산알바트로스 서식지에서 번식 쌍의 31퍼센트가 하나의 알에 대한 양육 의무를 공유하면서 혈연관계가 아닌 암컷 두 마리로 이루어져 있다고 보고했다. 대부분 알은 짝을 이룬 수컷에 의해 수정되는데, 이는 사회적으로 일부일처제인 새들조차도 때로는 곧고 좁은 길에서 벗어난다는 사실을 나타낸다. 만약 두 어미가 같은 시기에 알을 낳는다면 한 마리만 부화한다. 누구의 알인지는 무작위인 것 같다. 불공평하게 들릴 수도 있지만 알바트로스는 안타까울 정도로 관찰력이 없으며 알 대신 둥지에 놓인 커피잔이나 맥주 캔도 행복하게 품는다. 그건 그렇고 이런 부주의성은 맛있는 오징어 대신 떠다니는 비닐봉지를 삼키는 경우 치명적일 수도 있다.

알바트로스는 보통 평생에 걸쳐 짝짓기를 한다. 따라서 성공적인 암암 쌍은 수년 동안 붙어 다니며 두 마리 다 번식 기회를 누릴 수 있다. 부화율은 암수 쌍보다 낮지만, 새끼 비율은 비슷하며 이는 두 어미 가족이 여전히 새끼를 잘 키울 수 있음을 나타낸다. 전통적인 암수 쌍보다 번식 성공률이 낮다 하더라도 암컷과 암컷의 결합은 번식을 전혀 하지 않는 것보다 확실히 낫다. 암컷으로만 이루어진 쌍은 서로의 깃털을 골라주고 서로를 보호하면서 오랫동안 함께해왔음을 보여준다.

레이산알바트로스의 경우 이 긴 여정이 정말 길어질 수도 있다. 1956년 12월 10일, 당시 보수적으로 추정한 나이가 다섯 살일 때 다리에 개체 식별 링을 달게 된 위즈덤이라는 암컷은 세계에서 가장 나이가 많은 걸로 확인된 야생 조류다. 위즈덤은 자신에게 식별 링을 달아 준 연구원인 챈들러 로빈보다 오래 살았을 뿐만 아니라 아마도 배우자와 사별한 후에 새로운 짝도 얻은 듯하다. 2021년 2월, 70세의 나이에 (30~40번째) 새끼를 부화시킨 위즈덤은 아이에 대한 열정이 시들지 않았다.

외상성 수정, 몰래 교미하기, 해삼 엉덩이 속의 난교로 가득한 세상에서(47, 53, 194쪽 참고) 로맨스와 건전한 가족 가치가 완전히 죽지는 않았다는 사실을 스스로 상기하는 건 참 좋은 일이다.

THE MODERN BESTIARY

아프리카
대머리황새

학명	*Leptoptilos crumeniferus*
사는 곳	아프리카 열대지방
특징	청결을 위해 대머리를 선택했다고 추정됨.

아프리카들소, 코끼리, 표범, 사자, 코뿔소는 '빅 파이브'로 불리며 아프리카의 가장 상징적인 동물로 알려져 있다. 그러나 아프리카에서 가장 못생긴 종인 점박이 하이에나, 혹멧돼지, 주름민목독수리, 누, 아프리카대머리황새를 포함한 아프리카의 '어글리 파이브'에 대해 들어본 관광객은 거의 없을 것이다. 아무리 제 눈에 안경이라지만, 다섯 마리 중 마지막 동물은 확실히 못생긴 동물로 주목을 받을 만하다.

아프리카대머리황새는 키가 최대 150센티미터에 달하는 거대한 새로, 매우 넓은 날개폭을 가졌다. 그 길이가 320센티미터로, 이보다 큰 새는 안데스콘도르와 일부 알바트로스, 펠리컨 정도일 뿐이다. 크기도 인상적이지만, 더욱 인상적인 것은 새의 생김새다. 아프리카대머리황새는 칼라가 달린 구부러진 등에 앞쪽은 흰색 깃털이 있어서 '장의사'라는 별명을 얻었다. 길고 막대기처럼 얇은 다리는 원래 검은색이지만 황새가 시원함을 유지하기 위해 대변을 발라놓았기에 실제로는 하얗게 보인다. 커다란 부리로 무장한 머리는 대머리다. 그러나 독수리처럼 깔끔하고 고른 대머리는 아니다. 군데군데 딱지와 불그스름한 반점으로 덮인 데다 보풀이 이는 듯한 깃털이 여기저기에 돋았다. 마치 심각한 사고를 당하면서 가발도 타 버린 것처럼 보인다. 목은 분홍색과 자홍색이며 털이 벗겨져 있고 기다랗다. 여기에 다른 대머리황새에 대한 지배력을 주장하기 위해 부풀릴 수 있는 주름지고 늘어진 주머니(목 자루)가 달려 있다.

모순적이게도 옷을 사랑하는 멋쟁이들은 마릴린 먼로가 〈7년 만의 외출〉에서 착용한 마라부뮬marabou mule : 앞을 털로 장식한 뮬을 비롯해 고급 복식의 털 장식에 사용되는 정교하고도 아름다운 솜털을 대머리황새marabou stork와 연관시켰다. 란제리 장식용으로 사용되는 섬세한 털의 출처는 대머리황새의 '밑꼬리 덮개' 혹은 엉덩이 깃털이다.

외모가 흉하긴 할지언정 대머리황새의 습성은 좀 더 매력적일지 궁금해할 수도 있을 것이다. 어쩌면 사랑스러운 성격과 뛰어난 유머 감각의 소유자이지 않을까? 짧게 대답하자면, 아니다. 이 황새의 경우, 불쾌한 외모는 혐오스러운 생활방식에 맞춰 특별히 진화한 결과물이다.

아프리카 열대지방에 서식하는 이 종은 청소동물로 그다지 까다롭지 않다. 대머리황새는 독수리를 비롯한 다른 썩은 고기를 먹는 동물과 함께하며 흰개미부터 죽은 코끼리까지 거의 모든 동물성 물질을 먹는다고 알려져 있다. 깃털이 없는 두피는 커다란 사체를 먹는 동안 위생을 유지할 수 있도록 적응된 결과물로 추정된다. 실제로 강력한 부리, 머리, 목에는 응고된 피와 동물의 잔해가 계속 주렁주렁 달려 있다.

번식기에는 새끼들의 단백질 수요가 높아지기에 살아 있는 먹이를 사냥한다. 이들의 식단은 물고기, 개구리, 설치류로 구성된다. 악어알과 부화한 새끼는 물론 조류, 특히 가마우지, 펠리컨, 플라밍고도 포함될 수 있다. 대머리황새는 또한 들불에 이끌려 불길 앞에서 행진하며 불길에서 살고자 뛰쳐나오는 모든 것을 붙잡는다.

지난 수십 년 동안 대머리황새의 야생 썩은 고기는 점차 인공 썩은 고기로 대체됐다. 새들은 매립지, 도살장, 어장을 자주 방문하며 찾을 수 있는 모든 것을 먹는다. 그러니까 배설물, 플라스틱, 신발, 스타킹, 금속 조각 같은 것들…. 이들에게 식사 예절 따위 존재하지 않는다. 큰(최대 600그램) 먹이를 덩어리째 삼키고 소화액으로 영양분을 구석구석 발라낸 뒤 나머지는 토해낸다. 대머리황새가 먹은 가장 터무니없는 먹이는 정육점 칼일 것이다. 동물의 내장으로 덮여 있던 이 칼은 황새의 배 속으로 들어갔다가 며칠 후 피와 잔여물이 깨끗하게 사라진 채 흠집 하나 없는 상태로 발견됐다. 방탄 위장 덕분에 대머리황새는 쓰레기 수집가로서 중요한 역할을 한다(아프리카의 도시화 증가 속도는 매우 놀라울 정도다). 하지만 플라스틱과 금속 섭취로 인한 장기적인 영향은 아직 밝혀지지 않았다.

대머리황새에 대해 알고 있는 모든 사실을 고려하면 이 황새는 아가를 물어다주진 않는다. 잡아먹는 쪽에 가까울 것이다.

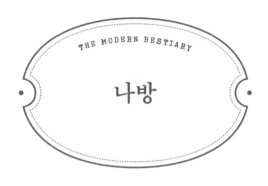

나방

THE MODERN BESTIARY

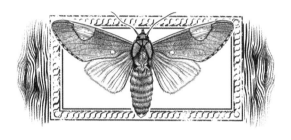

학명	Lepidoptera목
사는 곳	지구 곳곳
특징	소리를 질러서 먹이를 찾아낼 수 있음.

따뜻한 여름밤은 마법처럼 낭만적이고 평화롭다. 실제로는 서서히 다가오는 제트 엔진만큼 시끄럽고 소름 끼치는 비명으로 가득 차 있다는 사실을 깨닫기 전까지는 말이다. 아니 어쩌면 깨닫지 못할 수도 있다. 왜냐하면 다행히도 귀청이 터질 듯한 이 비명은 초음파 범위(20~200킬로헤르츠)라서 인간 대다수가 들을 수 없을 만큼 높기 때문이다. 비명은 동물계의 밴시 : 아일랜드 에서 구슬픈 울음소리로 누군가의 죽음을 미리 알려준다고 전해지는 여성 유령인 박쥐가 날아

다니는 저녁 식사를 잡기 위해 음파 탐지를 사용할 때 나오는 소리다. 식사 거리는 바로 나방이다.

음파 탐지를 위해 박쥐는 입이나 코로 크게 비명을 지르거나 딸깍 소리를 낸 다음 울음소리가 물체에 반사될 때 생성되는 메아리, 즉 반향을 듣는다. 이런 식으로 주변 세계에 대한 청각적 '그림'을 그린다. 배회할 때 박쥐는 탐색을 위해 길게 울고, 맛있는 곤충을 발견하면 '먹이 웡웡거림'을 시작한다. 다시 말해 울음소리를 늘려가며 먹이를 찾는다.

그러나 나방에겐 마음대로 활용할 수 있는 다양하고도 교활한 방어 수단이 있다. 나비와 함께 나방은 인시목에 속한다. 그러나 나비는 공통 조상에서 진화한 반면, 나방은 그처럼 깔끔한 단일계통 그룹을 형성하지 않는다. 이들은 단순히 나비로 분류되지 않는 인시목의 모든 종이다. 분류학적으로 엉망이기는 하지만 배고픈 박쥐를 피하는 능력은 뛰어나다.

이들의 가장 간단한 전략은 회피다. 나방은 박쥐의 활동이 덜한 봄에 나타나거나 일주성이 되어 최악의 상황을 피한다. 비행 중에는 빙글빙글 돌거나 지그재그로 이동하거나 나선형으로 비행하며 박쥐의 탐지용 음파에서 벗어날 수 있다. 다른 방법도 있는데, 진화를 통해 박쥐 탐지 시스템으로 무장하는 것이다. 그 비밀은 바로 귀에 있다(귀는 원래 나방이 타고나는 부위가 아니다). 나방의 귀는 입, 흉부, 아니면 복부에 위치하며 귀는 소리에 반응해 진동하는 막과 진동을 포착하는 몇몇 청각 수용체 세포로 이루어진다. 귀 하나당 세포 1~4개만 있는 나방 귀는 자연에서 가장 단순한 감각 기관 중 하나다. 그러나 부족한 정교함을 기능성으로 보완하며 곤충이 다가오는 박쥐를 감지하고 마지막 순간에 후퇴하거나 피할 수 있도록 한다.

일부 나방은 회피를 뛰어넘는 단계로 나아간다. 이들은 박쥐 신호를 방해하기 위해 집중을 방해하는 큰 소리를 낸다. 불나방은 진동막이라 불리는 흉부의 부위를 눌러 다가오는 박쥐의 초음파를 방해하고 수컷 박각시나방은 생식기에 있는 특수한 긁개 세포에 복부를 비벼서 방해와 무례함을 함께 선보인다.

방해 기술은 귀가 없는 나방에 의해서도 행해진다. 청각 장애가 있는 집나방류는 박쥐에 반응할 때뿐만 아니라 끊임없이 딸깍거리는 것으로 알려져 있다. 이 정도 대응은 수동적인 편이다. 많은 종은 예측하기 어려운 표적이 되기 위해 더 불규칙하게 움직이는 반면, 박쥐나방은 식물 근처로 날아가 복잡한 식물 배경 속에 숨는다.

귀와 소리 내기 외에도 박쥐를 피하는 역할을 하는 신체 부위가 하나 더 있다. 산누에나방과에 속하는 누에나방은 날개를 사용한 속임수에 뛰어나다. 예를 들어 귀가 없는 산누에나방은 소음을 소거시킨다. 날개가 박쥐 소리를 반사하지 않고 흡수하는 비늘로 덮여 있어서 날개는 주인을 음파 탐지 장치에 잡히지 않도록 한다. 그러나 다른 산누에나방류는 뒷날개를 장식하는 길고 얇은 꼬리를 활용한 훨씬 더 나은 해결책을 갖고 있다. 이 꼬리는 장식용으로 보일 수도 있지만 중요한 기능을 한다. 미끼로서 거짓된 반향 감각을 만들어내는 것이다. 꼬리는 나방 뒤쪽에서 회전하며 박쥐의 주의를 본체가 아닌 중요하지 않은 부속물로 돌린다. 마치 음향계의 태그 럭비⋮몸을 서로 부딪치지 않는 안전한 럭비 게임 같다.

한편 박쥐 역시 포식용 기술을 갈고 닦는다. 나방이 들을 수 있는 범위보다 낮은 주파수에서 비명을 지르거나, 나방에 접근하는 순간에, 속삭이는 것처럼 더 조용히 울기도 한다. 6500만 년에 걸친 이 진화적 장비 경쟁은 계속해서 이어지고 있다.

THE MODERN BESTIARY

뉴칼레도니아 까마귀

학명	*Corvus moneduloides*
사는 곳	뉴칼레도니아
특징	인간을 제외하고 갈고리를 만든 유일한 동물.

태평양 남서쪽 군도인 뉴칼레도니아와 바누아투 남쪽에는 까마귀가 살고 있다. 대부분의 다른 까마귀들과 비슷해 보인다. 검은색이고 몸이 날씬하며 윤이 나는 깃털을 가지고 있다. 그러나 뉴칼레도니아까마귀는 전혀 평범하지 않다.

까마귀과에 속하는 까마귀류는 동물계에서 가장 명석한 두뇌를 지닌 동물로 여겨진다. 일본에서는 까마귀가 자동차 앞에 견과류를 놓아 딱딱한

껍질을 깨는 모습이 관찰됐다. 미국까마귀는 자신에게 나쁜 짓을 한 사람을 기억하고는 범인을 꾸짖을 뿐 아니라 다른 까마귀에게도 나쁜 인간들에 대해 알려준다. 4개월 된 큰까마귀는 사회적, 신체적 인지 능력이 성체 유인원을 능가한다.

까마귀가 여러 신화에서 존경받는 것은 놀라운 일이 아니다. 켈트족과 슬라브족은 까마귀가 신탁의 힘을 가지고 있다고 믿었다. 큰까마귀는 아메리카 원주민의 지혜를 상징했으며 북유럽 신 오딘에게 소식을 전했고 그리스신화에서 예언의 신인 아폴로와 연관되어 있었다. 그런데 뉴칼레도니아까마귀는 특정 전설에 확고히 뿌리내리지는 않았을지언정 특출나다.

다른 까마귀와 마찬가지로 이 까마귀는 잡식성이다. 먹이에는 과일, 견과류, 씨앗, 달걀, 곤충, 달팽이(딱딱한 바위에 떨어뜨려 내용물을 빼낸다) 등이 있다. 다른 까마귀와 구별되는 특징은 비정형적인 부리다. 더 짧고 뭉툭하며 곧은 부리는 매우 특이하게 아래턱뼈가 위를 향한다. 이 독특한 특성 덕분에 뉴칼레도니아까마귀는 도구를 사용하는 데 뛰어나다. 뉴칼레도니아에는 토착 딱따구리 종이 없기 때문에 까마귀는 무척추동물을 찾기 위해 나무를 탐색하면서 비슷한 생태적 지위를 차지한다. 그러나 딱따구리와 같은 강력한 머리와 부리가 없어서 여러 도구로 먹이에 접근한다. 막대기, 가시덩굴, 나뭇잎 등을 이용해 무척추동물을 잡아내는 것이다. 직선 부리로 막대기를 더 단단히 잡을 수 있으며 각도에 따라 도구가 양안 시야 범위에 들어오기 때문에 새는 자신이 하는 일을 잘 볼 수 있다.

도구 사용도 상당히 훌륭하지만 뉴칼레도니아까마귀의 가장 뛰어난 특성은 아니다. 이들은 적절한 장비를 찾을 수 없을 때 막대기를 다듬거나 나뭇잎을 올바른 길이나 모양으로 찢어 직접 도구를 만든다. 이들은 가시와 같은 식물의 자연적인 특징을 이용하여 먹이를 끌어낸다. 이들은 또한 유용한 갈고리를 만들기 위해 갈라진 나뭇가지를 'V' 모양으로 깎는다. 이들은 인간을 제외하고 야생에서 갈고리 도구를 제조하는 유일한 동물이다.

이러한 능력 때문에 뉴칼레도니아까마귀는 연구자들 사이에서 엄청난 관심을 끌었다. 인간이 사육하는 이 꾀돌이 새들은 야생에서 자연적으로 발생하지 않는 재료로 도구를 만들 수도 있다. 예를 들어 철사를 구부려 갈고리를 만들거나 판지를 알맞은 형태로 다듬는다. 짧은 나뭇가지와 연장용 부품을 함께 사용해 복잡한 도구를 생산할 수도 있다. 이들은 또한 먹이를 먹기 위해 다양한 물체와 관련된 다단계 퍼즐을 풀 수 있다. 보상을 받기 위해 올바른 순서로 수행되어야 하는 개별 행동을 8개까지 해낸 기록이 있다.

또한 뉴칼레도니아까마귀는 물의 변위를 이해한다. 새들이 직접 접근할 수 없는 높이의 물이 채워진 튜브에 떠다니는 간식을 띄워 주면 새는 먹이를 건질 수 있을 만큼 수위가 높아질 때까지 돌이나 다른 물체를 튜브에 떨어뜨린다.

이 지점에서 질문이 떠오른다. 이 간교한 까마귀들은 장인의 도구를 만드는 방법을 어떻게 아는 걸까? 이들은 사회적 학습에 그리 능하지 않다. 서로를 모방하거나 동종을 관찰해 기술을 습득하는 것 같지는 않다. 그러나 이들은 최종 디자인을 보고 도구를 복제할 수 있는 것처럼 보이며, 심지어 이를 개조할 수도 있다. 다음과 같은 설명은 앞뒤가 맞다. 야생에서 어린 까마귀는 부모와 함께 시간을 보내며 도구를 빌려 정기적으로 사용하고 잘 작동하는 도구에 대한 이미지를 떠올린다. 그런 다음 혁신을 통해 이런 도구를 수정하고 개선하며 '누적되는 문화적 진화'를 만드는 것이다. 까마귀는 시간이 지남에 따라 사회가 무언가의 개선을 축적하는 과정을 완성해간다. 새대가리? 그런 건 없다.

구세계과일박쥐

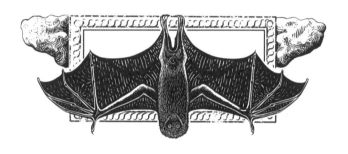

학명	family Pteropodidae
사는 곳	아프리카, 유라시아, 오세아니아의 열대지방
특징	몇몇 종은 구강성교를 즐긴다는 사실이 밝혀짐.

큰박쥐megabat는 배트맨 프랜차이즈의 새로운 캐릭터에 딱 맞는 이름처럼 들린다. 하지만 쾌락주의적인 생활방식과 대량 살상 능력을 갖춘 이 박쥐는 망토를 두른 십자군보다는 슈퍼 악당으로 캐스팅되는 쪽이 더 맞을 것이다.

구세계과일박쥐는 과일박쥐과에 속하는 약 200종의 박쥐로 아프리카, 유라시아, 오세아니아의 열대지방과 아열대지방에서 서식한다. 어쩌다 보니 큰박쥐라는 별명이 붙었지만 실제로 종의 약 3분의 1은 전혀 거대하지 않다. 가장 작은 박쥐인 점무늬날개과일박쥐의 무게는 고작 13그램이다(통칭 날여우박쥐라고 불리는 가장 큰 몇몇 종들과 비교하면 120배 작다). 좀 악몽 같은 생김새에 반향 정위를 파악하며 육식성인 작은 박쥐들과는 달리, 대부분의 구세계과일박쥐는 개처럼 생긴 유쾌한 얼굴에 초식성이며 예리한 시력, 후각, 뛰어난 공간 기억력을 이용해 돌아다닌다.

구세계과일박쥐는 종자 분산 동물로서 중요한 역할을 하며, 특히 종자가 작은 식물의 경우 더더욱 그렇다. 몸 크기와 멋진 이빨 덕분에 큰 박쥐는 적어도 새가 삼킬 정도로 큰 과일을 운반할 수 있다. 집에 오면 한쪽 발로 매달리고 다른 쪽 발을 사용하여 수확물을 다룬다. 씨앗 대부분은 박쥐 몸속에 오래 머물지 않지만(부드러운 과일은 빠르게 소화되어 들어간 지 10~70분 이내에 빠져나온다), 그럼에도 수십 킬로미터의 거리를 이동할 수 있다. 여기에 이들이 백만 마리 이상의 개체가 모인 군집에서 산다는 점을 고려하면(각각 종일, 매일매일 씨앗을 배설한다), 큰박쥐가 숲 전체를 다시 심을 수 있다는 사실은 놀라운 일이 아니다.

한편 구세계과일박쥐 중 15종 정도는 엄밀히 따지면 꿀박쥐이며, 특히 꽃을 방문하는 데 적응했다. 말레이시아동굴꿀박쥐와 같은 일부 박쥐는 꽃 향기 가득한 먹이를 먹기 위해 보금자리에서 최대 50킬로미터까지 이동한다. 주둥이와 혀가 긴 이들은 꽃 위에 내려앉아 꿀을 후루룩 마시고 동시에 수분 서비스를 제공한다. 박쥐가 수분하는 꽃은 곤충이나 새가 수분하는 꽃보다 더 크고 튼튼하며, 밤에 매력적인 향기를 발산하여 포유류 방문객을 유혹한다.

과일과 꿀 외에 큰박쥐가 즐겨 먹는 건 서로다. 다양한 과일박쥐 종이 교미 전, 도중, 때로는 교미 후에 구강성교를 한다는 사실이 보고됐다. 성관계 중 전희나 구강 자극이 길어질수록(그렇다. 이들은 그렇게 구부릴 수 있다), 성교가 길어지고 수정 가능성도 높아진다. 보닌날여우박쥐는 수컷끼리 구강성교를 하는데, 아마도 집단 내 갈등을 피하는 수단인 듯하다.

또 다른 흥미로운 관계는 병원체와의 관계다. 비행 중에 박쥐의 신진대사는 매우 높으며 체온이 섭씨 41도까지 올라가기도 한다. 이로 인해 DNA 손상이 발생할 수 있다. 박쥐는 잘 돌아가는 DNA 복구 경로를 통해 자신의 DNA를 보호하지만, 박쥐 몸속의 상주 바이러스는 그렇게 운이 좋지 않다. 살아남으면 머물 수 있다. 다른 포유동물과 달리 박쥐는 완전한 염증 반응으로 병원체를 박멸하려고 시도하지 않고 바이러스 전파를 제한하면서 약한 상태로 이들을 머무르게 하는 것을 좋아한다. 결과적으로 박쥐는 질병의 징후를 보이지 않으면서 다양한 병원체를 보유하고 있다. 이들은 사스, 메르스, 코로나, 니파, 헨드라, 그리고 추정컨대 에볼라와 같은 신형바이러스의 저장소다. 광견병을 옮기기도 한다.

이러한 열악한 조건은 병원체를 빠르게 진화시키거나 사멸시킨다. 이 슈퍼 병원체가 인간처럼 면역 체계가 덜 강력한 종을 감염시키면 문제가 시작된다. 몸집이 큰 과일박쥐는 전 지역에 걸쳐 식량으로 사냥되기 때문에 사람을 감염시킬 확률이 높다. 게다가 이미 서식지 훼손과 먹이 부족으로 위협받고 있는 큰박쥐는 스트레스를 받거나 영양실조에 걸리면 더 많은 병원체를 퍼뜨린다.

과일박쥐는 달달해 보이고 단 걸 좋아하며 달콤한 사랑을 나누지만, 이들과는 안전거리를 유지하는 것이 가장 좋다. 이들이 달콤한 복수를 할 수도 있기 때문이다.

난초사마귀

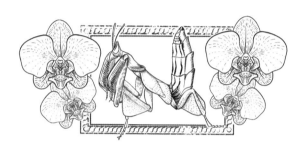

학명	*Hymenopus coronatus*
사는 곳	자바섬
특징	꽃의 색깔 뿐 아니라 완벽한 하나의 꽃을 모방할 수 있음.

19세기 호주 여행 작가 제임스 힝스턴은 동남아시아를 여행하던 중 자바섬의 정원을 둘러보았다. 그의 관심은 가장 놀라운 꽃, '살아 있는 파리를 잡아서 잡아먹는 붉은 난초'에 쏠렸다. 힝스턴은 여행기에서 그 식물이 '나비를 붙잡고' 그가 지켜보는 동안 '예쁘지만 치명적인 잎으로 그것을 둘러쌌다'라고 썼다. 그러나 작가가 본 것은 사실 살인적인 꽃이 아니라 놀랍도록 정확한 흉내내기였다.

흉내내기, 다른 말로 의태는 진화의 멋진 기술 중 하나다. 대벌레가 사용하는 것과 같은 보호 의태(65쪽 참고)는 위험으로부터 숨기 위해 주변 환경과 조화를 이루는 데 아주 좋다. 반면에 공격 의태는 포식자를 먹잇감에 보이지 않게 하는 데 유용하다. 난초사마귀는 두 가지를 모두 사용한다.

기능적으로 난초사마귀는 다른 사마귀들과 유사하다. 육식성이며 소름 끼치는 작은 삼각형 머리, 걷는 다리 4개와 잡는 다리 2개를 갖고 있다. 그러나 대부분의 사마귀가 녹색이나 갈색인 것과 달리 이 종은 '아주 치명적pretty deadly'에 '예쁘다pretty'를 더한다. 전체적인 생김새는 화려하다. 섬세한 흰색이나 분홍색 색상에 보라색 눈, 꽃잎을 닮은 납작한 돌출부로 장식된 다리가 있으며 어린 사마귀는 난초를 더욱 잘 모방하기 위해 복부가 위쪽으로 구부러졌다. 다른 꽃들 사이에 앉아 있으면 사마귀는 꽃과 구별되지 않는다.

많은 포식성 종이 먹이를 가두기 위해 꽃잎의 색깔을 모방하려고 노력하는 반면, 난초사마귀는 꽃 전체를 흉내 내는 유일한 동물이다. 특정 식물 종과 닮지 않았음에도 사마귀의 변장은 정말이지 눈길을 사로잡는다. 이 사마귀는 실제 난초보다 더 많은 수분 매개자를 유인한다. 불완전 의태 혹은 아주 매력적이면서도 일반적인 꽃처럼 보이는 생김새는 잠재적인 먹잇감의 다양한 취향을 만족시키며 여기저기에 어필할 수 있다. 비슷하게 생긴 수컷과 암컷 사마귀는 각자 다른 약탈 전략을 구사한다. 몸집이 작은 2센티미터짜리 수컷은 주변 환경에 섞여 먹이를 덮치는 매복 포식자이지만, 6~7센티미터 정도로 몸집이 큰 암컷은 최대한 눈에 띄려 하며 생김새로 수분 매개자를 유인한다. 벌, 파리, 나비는 새로운 꽃에 수분을 공급하기 위해 우회할 것이다. 그러고 나면 당연히도 이 아름다운 짐승의 치명적인 손아귀에서 벗어나기에는 너무 늦고 만다.

난초사마귀가 포식성 의태를 한다는 견해는 1877년 앨프리드 러셀 월리스Alfred Rusell Wallace가 처음 제안했다. 불쌍하고 속기 쉬운 벌은 난초와 특히 어려운 관계를 맺고 있는 듯하다. 일부 꽃은 성관계에 집착하는 수컷 벌 (242쪽 참고)을 유인하기 위해 암컷 곤충인 척하는 데다 여기에 꽃처럼 생긴 곤충이 다시 한번 천진난만한 존재를 잡아먹으니 말이다. 실제 난초와 마찬가지로 난초사마귀는 자외선을 흡수해 자외선을 반사하는 식물 잎보다 두드러지고 자외선으로 세상을 보는 벌과 말벌에게 확실히 눈에 띈다. 더욱이 사마귀는 겉보기에만 그럴듯할 뿐 아니라 꿀벌에게 매우 매력적인 냄새까지 풍긴다. 어린 사마귀는 꿀벌이 의사소통에 쓰는 것과 같은 화학적 혼합물을 방출한다.

동시에 꽃무늬 의상은 포식자를 속일 때도 매우 효과적인 것 같다. 새와 도마뱀은 위장(다른 꽃과 섞여 보이지 않게 된다)이나 먹을 수 없는 물체를 모방하는 가장 의태 때문에 난초사마귀를 꽃으로 '이해'한다. 아니면 둘 다일 수도 있다.

사마귀는 모델인 실제 난초보다 희귀하기에 성공적인 꽃 모방품이다. 이 때문에 먹잇감과 포식자 모두 통계적으로 위험한(하지만 잠재적으로 맛있는) 곤충보다 꽃을 만날 가능성이 훨씬 더 높으며 사마귀는 신비함을 유지할 수 있다. 플라워 파워flower power : 1960년대 히피 문화에서 '사랑과 평화'를 가리키는 말로 사용는 적당히 사용하는 것이 가장 좋다.

파라다이스 나무뱀

학명	*Chrysopelea paradisi*
사는 곳	남아시아, 동남아시아
특징	출렁거리며 나무 사이를 날아다닐 수 있음.

새인가? 비행긴가? 아니다. 날아다니는 뱀이다! 기술적으로는 활공하는 뱀에 더 가깝다. 파라다이스나무뱀은 날아오를 수는 없기 때문이다. 그래도 수평으로 30미터가 넘는 상당한 거리를 커버할 수 있다.

파라다이스나무뱀은 5종의 날아다니는 뱀 중 하나로, 이 뱀들은 모두 남아시아와 동남아시아의 고유종이다. 이 비행 파충류는 크기가 60~120센티미터로 작다. 무게는 최대 수백 그램에 이른다. 또한 황록색 비늘과 더불어 검은색 바탕에 눈에 띄는 주황색 반점이 있어 화려한 색상을 띤다. 나무뱀은 나무 위에서 살고 사냥하며 주로 도마뱀과 박쥐를 먹는다. 등반할 때 나무를 더 잘 잡을 수 있도록 배에 경첩이 달린 비늘이 있다. 등반도 힘든 일이겠지만, 더욱 어려운 것은 일단 정상에 오른 뒤 75미터 높이의 나무에서 떨어지지 않는 것이다.

> 유리한 항공역학을 얻기 위해 몸을 편평하게 만들고 몸의 단면을 원통형에서 삼각형으로 바꾼다.

나무에 사는 생물에게 활공은 추락이나 도약으로 인한 부상을 예방하는 데 도움이 되고 사냥이나 포식자로부터의 탈출에 편리해서 매우 유용한 기술이다. 하지만 팔다리가 없는 동물은 항공학적인 문제를 안고 있다. 먼저 눈에 띄는 하나는 날개, 피부판, 그 외 표면 강화 부속물이 부족하다는 점이다. 다른 하나는 시작할 때 박차고 뛰어오를 다리가 없다는 점이다. 하지만 파라다이스나무뱀은 최소 15미터 높이에서 뛰어올라 땅이나 초목에 안전하게 착지할 수 있다. 대체 어떻게 하는 걸까?

이들이 사용하는 첫 번째 방법은 변신이다. 유리한 항공역학을 얻기 위해 몸을 편평하게 만들고 몸의 단면을 원통형에서 삼각형으로 바꾼다. 출발 시 배를 집어넣고 갈비뼈를 펼쳐 가능한 한 끈 모양을 만든다. 갈비뼈는 측면과 앞으로 이동하며 이 동물의 몸을 머리부터 항문(엉덩이)까지 쭉 뻗게 한다. 몸 중앙부는 쉴 때보다 폭이 두 배 더 넓어진다. 갈비뼈를 늘리는 메커니즘은 코브라가 목의 후드를 들어 올릴 때와 같다. 뱀의 밑면은 거의 오목하지만 심장과 같은 일부 기관은 전체적으로 매끄러운 곳에서 약간 돌출돼 있다. 소화되지 않은 음식물이 남아 있으면 배 표면에 작고 불규칙한 돌기가 생겨 매끄러운 모양이 망가진다. 갈비뼈는 뱀을 잡아당겨 모양을 잡느라 바쁘기 때문에 파충류는 활공하는 동안 숨을 쉴 수 없어 비행시간이 제한될 수 있다.

비행의 두 번째 요령은 훌륭한 이륙이다. 적절한 시작점은 높은 곳, 이상적으로는 나뭇가지다. 파라다이스나무뱀은 스스로 날아오를 수 없기 때문에 점프하거나 뛰어들거나 떨어진다. 마지막이 가장 쉽다. 필요한 것은 매달린 자세에서 벗어나는 것뿐이다. 뛰어들 땐 머리부터 아래쪽을 향해 가지에서 물결치며 이동한다. 그러나 가장 일반적이고 효율적인 방법은 점프다. 뱀은 'J'자 모양으로 횃대에 꼬리를 감고 몸을 끌어 올려 공중으로 쏘아져 나간다. 이 기술은 시간이 더 많이 소요되지만 초기 속도를 높이고 다른 두 가지 이륙보다 더 많이 이동하게 해준다.

뱀 항공학의 세 번째 비밀은 역동적인 비행이다. 이 동물들은 수동적으로 활공하는 것이 아니다. 이들은 공중 출렁임을 이용해 공중에서 좌우로 미끄러지듯 움직이며 납작한 날개로 변한다. 빨리 출렁일수록 몸이 더 안정적이다. 작은 뱀일수록 더 빨리 출렁일 수 있다. 몸집이 작은 뱀이 더 잘 나는 편인 이유다. 또 머리가 상대적으로 안정적으로 유지되므로 공중에서 자신을 조종할 수 있고 필요하다면 회전도 가능하다.

엄청나게 높은 곳에서 굽이굽이 물결치며 내려오는 뱀 생각에 악몽을 꾸게 된다면, 이 뱀들이 인간에게 그다지 유해하지 않다는 점에서 최소한의 위안을 얻길 바란다.

THE MODERN BESTIARY

주기매미

학명	*Magicicada* spp.
사는곳	미국 북동부
특징	95데시벨이 넘는 울음소리가 사람 청력을 손상시킬 수 있음.

시끄럽고 불쾌하며 어떤 면에선 위협적이며 설득도 불가능하다. 매미는 최악의 결혼식 손님이다. 미국 북동부에서 결혼 계획이 있다면 이들의 존재를 고려하는 게 좋다. 진동하고 붉은 눈을 빛내며 주황색 날개가 달린 색종이 조각이 결혼식 계획의 특별한 특징이 아닌 이상 '5월에 결혼한 걸 깊이 후회하는' 상황에 놓일지도 모르니까 말이다.

주기매미(주기매미속에 속하는 7종)는 나뭇가지 안에서 알로 삶을 시작한다. 6~8주 이내에 부화해 지하로 이동한 뒤 그곳에서 뿌리 수액을 먹으며 청소년기를 보낸다. 이들은 이상할 정도로 그 기간을 정확하게 지킬 수 있다. 종에 따라 13년 또는 17년이다. 마침내 다시 나타날 준비가 된 약충들은 며칠 간격으로 한꺼번에 모습을 드러낸다. 출현 이벤트는 엄청나다. 매미 밀도는 헥타르당 350만 마리에 달하고 땅에는 문자 그대로 매미들이 우글댄다. 이들은 토양 온도 상승으로 인해 5월경의 봄에 출현한다. 이들이 연도를 어떻게 정확하게 아는지는 확실하지 않다. 생의 마지막 몇 주 동안 이들은 성체로 변태해 짝짓기하고 알을 낳고 끊임없는 소음으로 특별한 행사를 망치게 된다.

밥 딜런이 1970년 프린스턴대학교 졸업식에서 부른 노래 가사에는 메뚜기들이 그를 위해 노래하고 있었다는 내용이 있다. 딜런은 가사로 노벨상을 받을 순 있지만, 곤충학자는 절대 아니다. 그가 언급한 '메뚜기'는 사실 주기매미다. 이들은 기술적으로 노래를 부르는 게 아니라 복부 진동막을 요란하게 진동시키고, 그를 위해서가 아니라 짝을 유인하기 위해 이 짓을 한다. 95데시벨이 넘는 소음은 지나치게 커서 사람에게 영구적인 청력 손상을 일으킬 수 있을 정도다. 이들은 시끄러운 엉덩이로 축사를 압도할 뿐 아니라 손님의 머리에 오줌을 갈길 수도 있다. 착하게 표현해서 '매미 비' 또는 '감로'라고 부른다. 작은 위안은 물지 않는다는 점이다. 노린재처럼, 매미의 주둥이는 뭔가를 빨아먹는 것만 가능하다.

주기매미는 약충 상태로 무리 지어 나타나며, 이들 집단은 서로 인접한 위치에서 동시에 출현한다. 1907년 미국 곤충학자인 찰스 레스터 말렛 Charles Lester Marlatt은 17년 매미의 약충 집단에 I~XVII, 13년 매미의 약충 집단에는 XVIII~XXX라는 로마 숫자를 부여했다. 오늘날까지 살아남은 무리는 15개뿐이다. 이들을 추적하고 미래를 예측하려면 팀 단위의 노력이 필요하다. 결과적으로 주기매미 연구는 시민 과학이 시간이 지남에 따라 어떻게 변화했는지 보여주는 훌륭한 예다.

예를 들어 X 집단의 출현은 1715년부터 모두 문서로 기록됐다. 1851년 곤충학자 기드온 B. 스미스Gideon B. Smith는 신문을 통해 대중에게 매미 출현에 대한 보고를 요청하는 칼럼을 게재했다. 1902년 말렛과 미국 농무부에서 일하는 그의 동료들은 출현 기록을 요청하는 엽서 1만 5000장을 보냈다. 1987년에는 대학들이 전화 핫라인을 운영했다. 2004년에는 이메일이 최고의 해법이었다. 가장 최근인 2021년에는 사람들이 앱을 통해 정확한 지리적 위치와 함께 사진이나 영상 기록을 남길 수 있어 연구자들이 매미 종, 범위, 잠재적 위협을 식별할 수 있게 됐다.

주기적인 대량 출현은 그 자체로 생존 전략이다. 성충의 양이 너무 많다는 건 어떤 대량 포식자도 무리에 흠집조차 낼 수 없다는 사실을 의미한다. 한편 소수 번식주기로 인해 매미는 좀 더 규칙적인 패턴으로 번식하는 모든 동물에게 신뢰하기 어려운 식량 공급원이 된다. 이는 효과가 있는 듯하다. 매미의 이상한 주기성과 동기화하는 데 성공한 걸로 알려진 적수는 단 하나뿐이니 말이다. 그 주인공은 바로 진균fungs이다. 하지만 이 적수는 복수에 성공했다. 진균은 수컷 매미만 공격해 생식기를 파괴하는 동시에 동물을 이전보다 더 성관계에 목매게 만든다. 수컷은 암컷과 짝짓기를 시도할 뿐만 아니라(더 이상 번식할 수 없으므로 번식하는 게 아니라 진균 포자를 퍼뜨리게 된다) 암컷이 날개를 펄럭이는 소리를 흉내 내어 다른 수컷을 유인하고 감염이 퍼지게 만든다. 시끄럽고 흥분하고 어디서나 오줌을 싸대고 성병에 걸린 주기매미는 총각 파티만큼이나 견디기 어려운 존재다.

꿀빨이새

학명	*Anthochaera phrygia*
사는곳	호주 남동부의 숲
특징	언어가 사라져가면 다른 새의 언어를 따라함.

언어 능력의 핵심은 노출이다. 언어를 듣고 생활하고 호흡하는 것이다. 이는 새나 고래의 노래를 포함해 인간과 동물 모두의 음성 문화에 적용된다. 동물들은 서로의 악구와 음을 선택하고 쓰이지 않는 노래 요소는 잊혀서 사라진다. 화자가 거의 없는 희귀 언어는 소멸한다. 쓸모가 없어진 인간 언어의 죽음도 유감스럽긴 하지만, 새의 경우 언어의 소멸은 전체 종의 상실을 나타낼 수 있다.

이런 슬픈 추세는 현재 꿀빨이새의 마지막 피난처인 호주 남동부의 숲에서 우리 눈앞, 아니 정확히는 귀 앞에서 일어나고 있는 일이다. 찌르레기 크기에 금색 얼룩이 있는 이 검은 명금류는 20세기 중반까지 번성했으며, 꽃이 핀 유칼립투스 나무의 꿀을 찾아 수백 마리가 무리 지어 이동했었다. 이들의 부름은 도시와 마을 곳곳에서 정기적으로 들려왔다. 꿀빨이새는 1년 내내 꽃을 피운 나무가 가득해 엄청나게 많은 꿀 섭식 종들을 지탱해 온 박스-아이언바크 숲을 선호한다. 불행하게도 1940년대 이후 꿀빨이새 서식지의 약 75퍼센트가 주택 건설과 농지 개발을 위해 사라졌고, 한때 흔했던 종은 이제 절멸 위급종으로 분류된다. 전체 개체수는 200~400마리로 줄어들었으며, 이들은 대략 이탈리아 크기와 맞먹는 30만제곱킬로미터에 걸쳐 퍼져 있다.

번식기가 오면 수컷은 가창력으로 암컷에게 구애한다. 인간의 언어처럼 이들의 노래는 타고난 것이 아니라 학습된 것이다. 성체는 새끼가 자신의 영역에 머무르는 동안은 노래하지 않기 때문에 젊은 수컷은 아비로부터 발성법을 배우지 않는다. 대신에 젊은이들은 나중에 다른 성숙한 수컷을 흉내 내는 데 의존한다. 하지만 여기저기를 떠도는 생활방식과 극도로 낮은 개체군 밀도로 인해 꿀빨이새는 중요한 학습 기간 내에 언어 교사를 찾는 데 어려움을 겪는다. 가장 가까운 수컷이 수백 킬로미터 떨어져 있는 것은 드문 일이 아니다.

젊은 수컷이 찾은 대안은 다른 종을 모방하는 것이다. 이들은 장미앵무, 검은얼굴꿀빨이새, 얼룩까치, 붉은볏새의 노래를 레퍼토리에 포함한다. 괜찮은 움직임처럼 보인다. 어쨌든 많은 새들이 모든 종류의 소리를 흉내 낸다. 수컷 금조lyrebird는 웃는물총새부터 전기톱 소리까지 따라할 수 있다(암컷 금조의 감탄을 받기 때문이다). 집단 노래는 수컷의 자질을 알려주는 정직한 신호 역할을 할 수 있다. 더 야심 찬 독창의 경우 일부 종에서 더 높은 번식 성공률과 낮은 기생충 수와 관련이 있다. 노래가 정교할수록 한 개체가 부르는 쪽이 더 알맞다.

하지만 문제가 있다. 우리는 많은 언어를 구사하는 게 섹시하다고 여기지만, 암컷 꿀빨이새들은 이에 동의하지 않는다. 이들은 꿀빨이 문화 규범을 충족하고 전통적인 노래를 고수하는 짝을 찾고 있다. '외국어를 구사하는' 수컷은 짝을 찾을 가능성이 훨씬 낮다. 이는 싱글들에게 실망스러울 뿐만 아니라, 싱글 수컷들이 분명히 다른 이와 맺어졌는데도 암컷의 관심을 끌기를 바라면서 종종 둥지가 있는 곳을 휘젓기 때문에 꿀빨이새 커플에게도 해로울 수 있다.

사육 상태에서 자란 꿀빨이새에게도 비슷한 문제가 이어졌다. 야생으로 풀려날 때 '사육용' 전문 용어를 사용하는 새는 언어 순수주의자 사이에서 짝을 찾을 가능성이 더 낮을 수 있다. 그래서 사육 하의 번식 프로그램에서는 꿀빨이새 노래 녹음을 사용해 젊은 수컷을 지도하기 시작했다. 언어 훈련 캠프가 (아직 완전히 이해되지 않은 이유로) 야생에서 새의 생존 능력을 높여 주긴 했지만, 심사위원들은 이들이 이성을 유인하는 데에도 도움을 줬는지는 여전히 의문을 제기하고 있다.

노래 유형과 생식 적합성 사이에 상관관계가 있다는 사실은 명백하지만, 이것이 반드시 인과관계를 의미하는 것은 아니다. 여전히 꿀빨이새는 너무 드문드문 분포돼 있어서 수컷 선생님을 찾는 것은 건초 더미에서 바늘을 찾는 것과 같다. 노래의 특징을 분석하는 것은 이 새들의 밀도와 현재로서는 경악스러운 상태인 개체수를 예측하는 좋은 지표가 될 수 있다. 꿀빨이새 종의 생존을 보장하기 위해, 이들의 탄원에 침묵으로 응답해서는 안 된다.

THE MODERN BESTIARY

집단베짜기새

학명	*Philetairus socius*
사는 곳	칼라하리사막
특징	100년 뒤에도 재개발이 필요 없는 아파트 둥지를 만들어 생활함.

남부 아프리카 칼라하리사막 전역에 걸쳐 새로운 개발이 계속해서 이어지고 있다. 넓고 편안한 셋방을 갖춘 수많은 아파트가 건축 중이다. 기회가 있을 때 입주하시길!

이 투자 뒤에 있는 개발자 겸 건축업자는 참새만 한 갈색 새인 집단베짜기새다. 눈에 띄지 않게 생겼지만 모든 조류 공학자 중 가장 멋진 구조물, 즉 수백 개의 개별 방이 있는 거대하고 복잡한 둥지를 만들어낸다. 이 조류

단지는 (전신주와 같은 인공 지지대도 괜찮은 장소긴 하지만) 보통 나무 위에 자리 잡으며 최대 직경 6미터, 무게는 1톤에 이른다. 나뭇가지와 풀로 만든 둥지는 건초더미, 아니면 나무 위에 앉아 있는 커다란 털북숭이 곰처럼 보인다. 이들은 '초가지붕'으로 덮여 있으며, 아래에서 접근할 수 있는 작은 입구는 각각 약 5센티미터 너비의 벌집 모양 문으로 구성돼 개인 숙소로 연결된다. 이 영구 건축물은 100년 이상 지속된다. 이곳에는 여러 세대의 집단베짜기새들이 살고 있으며, 부드러운 소재로 장식된 개별 아파트는 베짜기새 부부가 번식하고 밤에 휴식을 취하는 곳이다.

이처럼 거대한 부동산을 건설하고 유지하는 것은 쉬운 일이 아니며 군집 내 협력이 필요하다. 하지만 일부 새들은 초가지붕과 같은 공동 구역에서 힘을 합치기보다는 각자의 아파트를 돌보는 데 노력을 집중하는 편이다. 공동의 책임을 회피하는 것은 간과되지 않는다. 공유 지붕 수리에 더 많은 시간과 에너지를 쏟는 베짜기새는 이기적인 군식구에게 매우 공격적으로 변해 그들을 쫓아낸다. 이런 괴롭힘, 즉 퇴거가 이루어진 뒤 게으른 새들은 공공장소 유지에 힘을 보태기 위해 더 큰 노력을 기울인다. 이처럼 각 개체가 퇴거에 대한 두려움 때문에 더욱 협력적으로 변하는 시스템을 '체재비 지불' 모델이라고 한다.

이들 건축 전문가는 '생태 공학자'라는 동물 범주에 속한다. 자신들이 사는 환경에서 먹이나 피난처와 같은 자원의 가용성에 큰 영향을 미치는 종을 말한다. 공동 둥지는 베짜기새뿐만 아니라 수많은 다른 생물들도 모여드는 지역 전체에 영향을 준다. 실제로 베짜기새 군집이 있는 나무는 그렇지 않은 나무보다 36배나 많은 종을 끌어들인다. 둥지 아래의 토양은 영양분이 매우 풍부하며(놀랍지도 않다, 엄청나게 많은 거주자가 매일 비료를 공급하니까), 이는 예측할 수 없는 기후에서 풍부한 식물 성장과 유제류를 위한 안정적인 먹이 공급을 이끈다. 대형 초식동물은 둥지 아래의 그늘을 찾는다. 치타나

표범과 같은 육식동물은 이를 감시 플랫폼으로 이용하고, 독수리와 같은 대형 맹금류는 초가지붕 위에 둥지를 짓는다. 풍경 내에서 눈에 띄기 때문에 베짜기새 군집이 있는 나무는 영역 행동의 일부인 냄새 마킹을 위한 랜드마크로 쓰이곤 한다.

알을 낳는 생물에게 특히 중요한 것은 둥지의 안정적인 온도다. 이는 혹독한 사막 환경에서는 귀한 존재다. 칼라하리사막은 섭씨 45도까지 뜨거워지지만, 단열이 잘 된 둥지는 알들이 과열되는 것을 방지한다. 마찬가지로 겨울에 기온이 영하로 떨어지면 저체온증에 걸릴 위험이 있는 새들에게 방은 피난처가 된다. 가장 깊숙이 있는 숙소는 가장 단열이 잘 되는 곳으로 여름에는 주변 온도보다 최대 24퍼센트 더 시원하고 겨울에는 3배 더 따뜻하기 때문에 군집에서 우세한 베짜기새가 차지한다. 그러나 둥지는 잉꼬, 부엉이, 핀치, 매를 포함한 다양한 종의 하숙인들을 끌어들인다.

이들 거주자 중 일부는 문제가 있다. 아프리카 피그미 매African pygmy falcon는 자신의 둥지를 짓는 데 전혀 신경 쓰지 않는다. 이들은 베짜기새 서식지에 그냥 밀고 들어가 그곳에 정착한다. 심지어 여러 군집에 여러 집을 마련하기도 한다. 설상가상으로 이 배은망덕한 세입자들은 친절한 집주인을 잡아먹기까지 한다. 베짜기새는 매가 나타날 때마다 경보를 울린다. 칼라하리나무도마뱀과 같이 맹금류의 위협을 받는 다른 하숙인은 이 신호를 엿듣고 그에 따라 반응한다. 베짜기새 둥지는 정말 완벽한 집이다. 단열이 잘 되어 있고 임대료도 없으며 심지어 도난 경보까지 제공된다.

뱀파이어핀치

학명	*Geospiza septentrionalis*
사는 곳	갈라파고스 제도
특징	새의 엉덩이를 쪼아 피를 빨아 먹음.

만약 혹독한 섬에 고립된다면 로빈슨 크루소의 예를 따르길 바란다. 주변에 있는 것을 최대한 활용하고 적응력을 갖추는 것이다. 다윈핀치darwin's finch 의 조상 격이 되는 새가 바로 그 일을 해냈다.

약 150만 년 전, 남아메리카에 살던 핀치의 조상이 대륙의 에콰도르에서 서쪽으로 거의 1000킬로미터 떨어진 갈라파고스 제도로 향했다. 조난자들은 현재 군도에 서식하는 18종의 다윈핀치(엄밀히 말해 진정한 핀치는 아니고 게오스피카아과Geospizinae로 분류되는 금화조다)를 탄생시켰다. 지금 살고 있는 다윈핀치들은 모두 작고 색이 칙칙하지만 부리 크기와 모양은 놀라울 정도로 다양하다. 크고 넓고 뭉툭한 큰 땅핀치의 부리부터 작고 좁다란 와블러핀치의 부리에 이르기까지 이들의 부리는 각자 다른 먹이에 적합하게 적응했다. 부리가 넓은 새는 견과류가 있는 섬에서 번성하는 반면 부리가 길고 가느다란 핀치는 선인장이 있는 곳을 이용하고 부리가 가장 작은 핀치는 곤충 먹기 전문이다. 핀치의 각 유형은 조금씩 다른 먹이를 찾는다. 생물학자들이라면 각 종이 서로 다른 생태적 지위를 차지한다고 할 것이다. 결과적으로 다른 핀치를 방해하는 길을 피하기 때문에 시간이 지남에 따라 뚜렷한 부리를 가진 개체군은 각각 별도의 종이 됐다. 다윈핀치는 종이 서로 다른 생태적 기회에 적응하면서 공통 조상에서 갈라지는 현상인 적응방산의 대표 사례다. 이 새들과 새의 다양한 부리를 표현한 도표는 진화론 교과서의 주된 고정 출연자다.

땅핀치는 씨앗을 먹고 나무핀치는 곤충을 먹는 반면 가장 외딴 두 섬인 울프섬과 다윈섬에 서식하는 한 종류의 핀치는 더 끔찍한 길을 택했다. 원래 식충성 뾰족부리땅핀치의 아종으로 여겨졌던 이 새는 최근에 뱀파이어핀치라는 고유종으로 승격했다. 먹이가 풍부한 우기에는 뱀파이어핀치도 곤충, 씨앗, 꿀을 마음 편히 찾아다닌다. 그러나 건기에는 먹이와 마실 물이 부족하여 새들이 더 소름 끼치는 자양물, 즉 피로 고개를 돌린다. 철분이 풍부한 이 간식은 뱀파이어핀치가 보통 육식성 조류와 파충류의 장에서 발견되는 박테리아를 포함하는 특수한 장내 세균총을 획득할 정도로 이들 식단의 중요한 부분을 차지한다.

이 대담한 작은 새는 유혈 낭자한 식사를 위해 더 큰 종, 특히 붉은발부비새와 나스카부비새를 목표로 삼는다. 앙증맞은 뱀파이어는 부비새의 엉덩이에 앉고는 수술용 메스 같은 부리로 날개 깃털 밑부분을 쪼아 피를 뽑는다. 흐르는 피가 더 많은 핀치를 끌어들이고 피해자 주위에 대기 행렬이 생겨난다. 모두 한 모금을 원한다. 부비새 성체는 이 상황에 기뻐하진 않지만, 상처로 끌려오는 파리보다 뱀파이어 핀치에 신경을 덜 쓰는 듯하다. 솜털로 뒤덮인 어린 부비새는 훨씬 더 힘든 시간을 보낸다. 핀치는 몸의 가장 부드러운 부분인 총배설강을 가차 없이 쪼아대고 간혹 새끼 부비새가 둥지에서 도망치게 만들어 치명적인 결과를 초래한다.

십중팔구 이 관계는 다른 식으로 시작됐다. 부비새가 자신의 등에 있는 파리와 이를 핀치에게 쪼아먹게 하는 상호주의적 합의였을 것이다. 양쪽 모두 행복했다. 청소놀래기와 그들의 고객처럼(140쪽 참고) 핀치는 먹이를 얻었고 부비새는 기생충을 제거했다. 그러나 어려운 조건은 새를 억세게 만든다. 그리고 핀치가 신뢰할 수 없는 먹이인 무척추동물 대신에 언제든 준비된 유동식을 먹을 수 있다는 사실을 깨닫고 나서 관계는 악화됐다. 새들은 유혹에 빠졌고, 마찬가지로 상호공생은 기생으로 변했다.

설상가상으로 뱀파이어핀치는 부비새의 알도 먹는다. 알의 무게가 20그램짜리 고객의 두 배 이상이라는 사실을 깨닫는 순간 이는 정말 놀라운 일이 된다. 작은 새는 매우 날카로운 부리로 껍데기를 뚫거나 잘 포장된 도시락을 뻥 차서 바위로 던지거나 낭떠러지로 떨어뜨려 열 수 있다. 알이 완벽한 영양을 공급하기 때문에 초기 노력은 결실을 맺는다.

다행히 로빈슨 크루소는 뱀파이어가 될 필요까진 없었다. 하지만 아마 수십만 년이 주어진다면 그의 후손들도 그렇게 되지 않았을까?

배추나비고치벌

THE MODERN BESTIARY

학명	*Cotesia glomerata*
사는 곳	유럽, 아시아, 아프리카 전역
특징	살아 있는 나비 애벌레 안에 알을 낳음.

SF나 공포물 같은 B급 영화의 줄거리를 찾고 있는 시나리오 작가인가? 멀리 볼 것 없다. 자연에 답이 있다.

　이야기는 피해자와 함께 시작된다. 바로 나비다. 특히 유럽, 아시아, 북아프리카 전역에서 흔히 발견되는 배추흰나비다. 더 정확하게는 화창한 날 정원에서 방울양배추를 우적우적 먹고 있는 유충 형태, 즉 애벌레다. 길이가 3~7밀리미터에 불과한, 날아다니는 개미처럼 생긴 순진해 보이는 검은 말벌은 무해해 보이지만 음악은 위협을 예고한다. 그리고 실제로 말벌은 애벌레 위에 착지하여 날카로운 산란관으로 애벌레를 뚫고 살아서 양배추를 먹고 있는 배추흰나비 안에 수십 개의 알을 낳는다. 주인공과 대적하는 악역으로 포식기생자인 배추나비고치벌 암컷이다. 일반적으로 숙주를 죽이지 않는 기생동물들과 달리 포식기생자는 자신이 선택한 애벌레가 살든 죽든 상관하지 않는다(스포일러: 죽는다). 배추나비고치벌은 살아 있는 숙주에 알을 낳는 포식기생자, 전문 용어로 코이노비온트koinobiont다. 애벌레를 바로 죽이지 않고 살려둔 채 자라게 하고 심지어 변태까지 하게 한다. 숙주가 클수록 어린 말벌들이 먹을 먹이도 늘어나기 때문이다. 2~3주 후에 말벌 유충이 나타나 애벌레를 죽이고 그 잔해 위에 고치를 짓는다. 감염되지 않은 애벌레는 아름답고 흰 나비로 변한다. 감염된 애벌레는 말벌 유충 주머니로 산산조각이 나 버린다.

포식기생은 말벌 사이에서 매우 흔하다(275쪽 에메랄드는쟁이벌 참고). 수십 종이 이러한 번식 전략을 사용한다. 그리고 공평을 기해 말하자면 이 모티브는 SF 영화에서도 드물지 않다(리들리 스콧의 〈에일리언〉 참고). 하지만 우리 줄거리에는 더 많은 내용이 있다. 일단 순진한 애벌레에 알을 낳고 나면 복수자가 등장한다. 또 다른 말벌인 리시비아 나나Lysibia nana로, 짐작했겠지만 배추나비고치벌의 유충에 알을 낳는다. 원래의 포식기생 말벌과는 달리, 포식기생자의 포식기생자인 이 초과포식기생자hyperparasitoid는 독 주입을 통해 숙주를 즉각 마비시키고 더 이상의 성장을 막는다. 그런 다음 원래 있던 말벌 유충에 알 하나를 낳아 유충 러시아 인형을 만든다. 알이 부화하면 초과포식기생말벌의 유충은 숙주의 피부를 뚫고는 내용물을 빨아들여 결국 모두 먹어 치운 뒤 고치 안으로 들어가 번데기가 된다. 사용 가능한 모든 공간을 차지하기 때문에 리시비아 나나와 배추나비고치벌의 성체는 놀라울 정도로 크기가 비슷하다.

이제 마지막 반전이다. 누가 이 모든 것을 조종했을까? 사이코패스 살인 사건의 숨은 주모자는 누구인가? 아무도 그 존재의 접근을 보지 못했기 때문에 이야기는 더 재밌어진다. 사악한 천재는 바로… 식물이다. 그렇다, 배추흰나비 애벌레에게 와작와작 씹히던 방울양배추(또는 솔직히 말해서 아무 양배추 친척이나 이 역할을 맡을 수 있다)는 도움을 청하는 화학적 비명을 지른다. 공격받은 식물은 식물계의 박쥐 신호라 할 수 있는 초식동물 유발 식물 휘발성 물질herbivore-induced plant volatile이라는 물질을 방출한다. 기생말벌은 이 냄새를 감지하고 날아가 배고픈 애벌레에 기생한다. 그러나 일단 기생자에 감염되면 애벌레는 변한다. 이 때, 구강 분비물의 구성도 변하는데 결과적으로 기생자에 감염된 초식동물이 씹어먹는 식물의 휘발성 물질은 감염되지 않은 동물이 방출하는 물질과 냄새가 다르다. 냄새의 차이는 초과 포식기생자에게 갓 낳은 말벌 알의 존재를 알리기에 충분하다. 결국 두 승자가 탄생한다. 바로 식물과 새롭게 등장한 초과포식기생말벌이다.

조너선 스위프트의 〈시에 대하여, 랩소디On Poetry: A Rhapsody〉가 생각난다.

자연주의자들은 벼룩을 관찰하노니
더 작은 벼룩들이 그를 잡아먹고 있고
그리고 더 작은 벼룩들이 이들을 물고 있으며
그리고 무한히 반복될지어다.

크레디트가 올라간다. 끝.

THE MODERN BESTIARY

벵골대머리수리

학명	*Gyps bengalensis*
사는 곳	인도 동남아시아 일대
특징	인간이 만든 약품으로 개체수가 97.4% 감소함.

마돈나가 미국에서 막 인기를 얻고 있었고 마가렛 대처가 영국의 총리였던 1980년대에, 믿을 수 없을 정도로 많은 수의 벵골대머리수리가 인도 위로 치솟았다. 이 덩치 큰 대머리 새들의 개체수는 천만 마리 이상으로 추산됐다. 실제로 이들은 세계에서 가장 흔한 대형 맹금류였다. 델리의 경우 제곱킬로미터당 평균 3개의 벵골대머리수리 둥지가 있었고 국립공원은 그보다 4배나 많았다. 큰 유제류를 주로 먹는 청소동물로서 새들은 소가 가득한 지

구상의 낙원 인도를 발견했다.

　수리의 존재는 사람들에게 유익하다. 각 개체가 하루에 0.5킬로그램의 고기를 먹는 새 무리는 죽은 소를 즉시 제거해 질병의 확산과 수원 오염을 예방한다. 독수리의 소화계는 무적에 가깝다. 감염된 사체를 먹음으로써 탄저병, 브루셀라증, 결핵과 같은 가축 질병을 통제하는 데 도움을 준다. 천만 마리의 새가 하루에 500만 킬로그램의 고기를 처리하는 셈인데 이는 엄청난 위생 활동이다. 또한 수리는 죽은 이의 시체를 새가 운반하도록 남겨두는 조로아스터교인과 티베트인의 장례 전통인 '풍장'에서 더욱 영적인 역할도 한다.

　그렇다. 1980년대는 아시아의 수리가 살기에 더할 나위 없던 시대였다.

　2003년으로 넘어가보자. 마돈나가 막 9집 앨범을 발표했고 토니 블레어 총리가 이끄는 영국은 이라크 침공을 시작했으며 벵골대머리수리의 개체수는 99.7퍼센트나 급감했다. 그러한 치명적인 감소의 원인은 수수께끼였다. 다른 독수리들도 큰 타격을 입었기 때문에 특히 더 그렇다. 예를 들어 가는부리대머리수리 개체수는 97.4퍼센트 감소했다. 놀란 과학자들은 질병, 먹이 부족, 박해, 살충제와 같은 환경 오염 물질 등 다양한 이유를 뒤져봤지만 맞아떨어지는 건 아무것도 없는 듯했다. 결국 전례 없는 폐사율의 원인은 소에 사용되는 비스테로이드성 소염제인 디클로페낙이라는 사실이 밝혀졌다. 포유류에게는 해롭지 않지만 수리에게는 신부전과 사망을 유발한다. 그리고 여러 마리의 새가 같은 사체를 먹기 때문에 디클로페낙을 섭취한 소 사체의 극히 일부만으로도 불균형적으로 많은 수의 청소동물을 죽이기에 충분하다.

　수리가 사라지며 들개나 쥐와 같은 다른 청소 생물종의 식량 자원이 확보됐다. 불행하게도 수리는 병원체의 막다른 골목인 반면, 포유류의 썩은 고기를 먹는 동물은 병원체의 저장소가 되어 광견병과 같은 질병을 추가로 옮긴다. 더욱이 도시에 늘어난 개들은 표범도 유인하기 때문에 인간과 야생 동물의 갈등이 발생하고 있다. 전반적으로 수리의 부재는 아대륙 전체의 공중 보건 문제를 악화시키고 있다.

2006년, 인도, 파키스탄, 네팔에서 디클로페낙을 소에 사용하는 것이 금지되었고, 2010년에 방글라데시가 뒤따랐다. 약물 사용이 줄어들긴 했지만 완전히는 아니었다. 수리는 여전히 약물로 인한 신부전으로 목숨을 잃었다(사망률이 이전보다 낮아지긴 했다). 이후 수리에게 안전한 새로운 대안인 멜록시캄이 개발됐다. 그러나 그 활용률은 여전히 낮다. 디클로페낙은 인간에게 처방되곤 하지만, 이제 사람에게 쓰이는 제품은 대량 구매의 수익성이 없도록 작은 병으로만 판매되고 있다.

한편 수리는 한 번에 한 개의 알을 낳고 느리게 번식하는 새로, 현재 그 수의 감소는 멈췄지만 아직 측정 가능할 정도로 회복되진 않았다. 벵골대머리수리는 여전히 절멸 위급종으로 분류돼 있으며, 약 3500~1만 5000마리가 존재한다.

걱정스럽게도 디클로페낙은 좀 더 세심한 사체 처리 방법을 사용하면 남부 유럽 전역에서 발견되는 4종의 수리 종 중 한 종의 감염을 방지할 수 있다는 근거 때문에 스페인과 이탈리아에서 수의학 용도로 허용됐다. 그리고 2021년, 독수리의 디클로페낙 사망에 대한 첫 번째 보고가 발표됐다. 수리가 영광스러운 시절로 돌아가기까지는 아직 갈 길이 먼 것 같다.

THE MODERN BESTIARY

금화조

학명	*Taeniopygia guttata*
사는 곳	포르투갈, 푸에르토리코
특징	알 속의 배아 시절부터 어미의 경고를 알아들음.

어린이들은 가끔, 선물이나 깜짝 생일 파티 같은 주제에 대해서 부모의 말을 엿듣는다. 금화조는 그보다 한발 앞선다. 이들은 알 안에 있는 동안 자기 부모의 말을 엿듣는다. 이 우아하고 작은 오랜지회색 빛깔의 새들은 호주와 인도네시아가 원산지인 씨앗을 먹는 작은 명금류다. 인기 있는 반려동물로서 전 세계적으로 알려져 있으며, 포르투갈과 푸에르토리코에 있는 자유 생활 개체군이 소개된 바 있다.

금화조는 최대 230마리의 대규모 군집을 이루고 번식한다. 이 정도 규모를 이루고 살면 육아 부담을 다른 이에게 지우고 싶은 유혹이 무럭무럭 생겨난다. 암컷 3분의 1에서 절반 정도가 가끔 다른 이의 둥지에 알을 낳으려 할 정도로 말이다. 결국 속은 부모는 여분의 알이 있다는 사실조차 알아차리지 못할 가능성이 있다. 모든 금화조 알은 표시가 없이 흰색이나 옅은 청회색을 띠고 있어 다 똑같아 보인다. 그러나 밝혀진 바에 따르면 새들은 후각으로 자신의 알을 인식할 수 있으며, 산란기 초기에 침입자의 알을 발견하면 둥지를 버릴 수도 있기는 하다.

한 배로 낳은 알무더기에 대해 의심스러운 점이 없고 마침내 알을 품기 시작하면 새끼에게 가능한 최고의 생존 기회를 제공하는 것이 목표다. 특히 온도가 심하게 오르내리는 곳에서는 작게 키우는 것이 더운 날씨에 유리하다. 몸이 작을수록 몸의 열을 식히기 더 쉽고 물도 덜 필요하니 말이다.

그런데 금화조의 경우, 날씨에 따라 알 속에서 성장 중인 새끼의 크기에 영향을 미치는 놀라운 능력이 있다. 알 속의 아기가 아무래도 너무 더운 폭염기에 태어날 것 같으면 그 능력을 발휘한다.

기온이 높을 때(보통 섭씨 35도 이상), 금화조 성체는 몸을 식히려고 헐떡이면서 빠르고 리드미컬한 노래인 '열 알림'을 부른다. 알 내부의 배아는 이 소리를 엿들을 수 있으며, 특히 부화날이 다가올수록 그에 따라 발달을 수정할 수 있다. 열 알림을 들은 새끼들은 배경에서 그런 소리가 나지 않았던 새끼들보다 더 작게 자란다. 이러한 변화는 유의미한 차이를 만들어내는 것으로 보인다. 더운 환경에서 자라나 몸집이 작은(또는 추운 환경에서 자라나 몸집이 큰) 암컷은 주변 온도에 적응하지 못한 암컷보다 첫 번식기 동안 더 많은 새끼를 낳는 경향이 있었다. 또한 배아 때 부모의 알림을 들었던 새들은 둥지에서 높은 온도를 느낄 때 스스로 소리를 낼 가능성이 더 높았다.

열 알림은 금화조 양육에 유용한 유일한 발성이 아니다. 금화조는 평생 짝짓기를 하고 꽤 성실하게 부모의 의무(둥지 짓기, 알 품기, 새끼에게 먹이 주기)를 분담하기 때문에 누가 언제 무엇을 하는지 협상할 수 있는 수단이 필요하다. 금화조 어미와 아비는 알 품기 업무를 교대하는 동안 부르는 특정 듀엣곡으로 소통한다. 서로의 둥지 업무를 덜어줄 때,

> **금화조 어미와 아비는 알 품기 업무를 교대하는 동안 부르는 특정 듀엣곡으로 소통한다.**

이들은 평소 지저귀는 소리보다 더 부드럽고 사적인 알림을 사용해 향후 작업량을 조정한다. 예를 들면 수컷이 둥지로 돌아오며 더 짧고 강렬하며 빠른 노래로 듀엣의 구조를 변경하자(아마도 가사로 치자면 '이번은! 당신! 차례! 라고! 대체! 어디! 있다! 온 거야?!'). 이후 암컷은 다음 교대 근무 동안 자신이 알을 품는 시간을 줄였다. 아주 공평하고 합리적인 소통을 하고 있는 것 같다!

마침내 세상에서 가장 이상하지만 사랑스러운 동물들의 이야기를 마쳤다. 『나를 닮은 동물 사전』을 쓰면서 야생동물의 놀라운 다양성에 대한 내 호들갑을 공유하고 싶었다. 하지만 동물이 하는 가장 이상하고 가장 충격적인 일에 관한 영광스러운 탐사를 계속할 수 있는지는 이들이 아직 주변에 있는지, 그리고 살 곳이 있는지에 달려 있다. 인구가 급증하고 야생동물 보호 구역의 침해가 늘어나는 세상에서 인간과 야생동물의 갈등은 불가피하다. 그리고 그런 일이 발생하면 야생동물의 상황은 대개 더 나빠진다. 인간과 야생동물 사이의 상호 작용이 점점 더 빈번해지면서 질병 확산 가능성 역시 더 커졌다.

　자연지역을 농경지, 도시, 농장, 광산으로 바꾸려는 압력이 커지면서 동물들의 서식지가 줄어든다. 이는 생물 다양성 감소의 주된 원인 중 하나다. 토지 이용의 변화(화석 연료 연소와 함께)는 또한 생물 다양성 손실의 또 다른 큰 원인인 기후 변화를 부르기도 한다. 기온 상승, 강우 패턴 변화, 해양 산성화, 기상 이변 등 기후 변화의 결과는 야생동물이 대처하기에는 너무 갑작스럽다. 추운 지역이나 높은 고도에 사는 동물은 온도가 생존 능력을 넘어서는 수준에 도달했을 때 이동할 곳이 없다. 수중 산성도의 변화에 직면한 해양 생물도 마찬가지다. 날씨는 번식기를 보장하기에는 너무 예측하기 어려워지고 있으며 화재, 가뭄, 폭풍의 빈도가 늘어나며 이전부터 위협에 노출됐던 야생동물들이 이미 피해를 입고 있다. (화학적, 빛, 소음) 공해는 번식 주기를 더욱 망가뜨린다. 사람들이 전 세계를 여행하고 물품을 이동할 때 의도적이든 아니든 동물도 함께 이동하며 이는 토종 동식물을 위협할 수 있다. 그리고 음식, 약, 장식품 또는 즐거움을 위한 야생동물의 과도한 포획은 더 많은 개체수 감소로 이어질 것이다.

비록 암울한 상황이지만, 눈에 띄는 몇 가지 해결책이 있다. 2012년 환경 경제학자 도날 P. 매카시와 동료들이 《사이언스》에 게재한 보고서에 따르면 전 세계에서 멸종 위기에 처한 모든 조류 종의 보존 상태를 개선하는 데 드는 비용은 10년 동안 매년 12억 3000만 달러에 달할 것으로 추정됐다. 계산은 기존의 활동과 이전의 성공적인 프로젝트를 기반으로 이루어졌다. 일부 비용은 사육 번식과 같은 단일 종을 위한 해결책에 할애됐다. 그 외의 비용에는 서식지 보전과 복원이 포함되어 있으며 이는 여러 종에게 도움이 될 것이다. 총 청구액이 어마어마하게 보일 수도 있지만, 전체 금액은 보고서가 출간된 해 영국인들이 과자와 아이스크림에 지출한 금액(152억 7000만 달러)으로 충분히 충당된다. 또 연간 비용은 유리하게 본다면 매년 최고 수익을 올린 영화가 거둬들이는 금액과 비교할 수준이다. 그러나 10년이 지난 지금까지도 이 문제를 해결하기 위한 체계적이고 집단적인 활동은 전혀 이루어지지 않았다. 어쩌면 최근 늘어나고 있는 환경에 초점을 맞춘 시민 운동들은 이 문제가 세계 정부의 우선순위가 되는 데 도움이 될 것이다.

한편 상향식 환경 보호 프로젝트의 긍정적인 사례를 보려면 긍정적인 변화를 강조하고 효과적인 조치를 장려하는 글로벌 커뮤니티 'Conservation Optimism'을 살펴보는 게 좋다. 이들의 기반 원리는 희망과 낙관주의가 변화를 위한 동기가 될 수 있다는 것이다. 아마도 압도적인 파멸과 우울보다 더 효과적일 터다. 그런 의미에서 이 책이 여러분에게 자연 세계의 즐거움을 발견하도록 영감을 주기를 바란다. 어쩌면 좀 더 실용적인 방법으로 자연을 도울 방법을 찾게 될 수도 있다. 시작하기 좋은 곳은 지역 야생동물 그룹에 가입하거나 조류나 꿀벌 조사와 같은 시민 과학 프로젝트에 참여하는 것이다. 주변 환경을 더욱 야생동물 친화적으로 만드는 방법을 배우는 것도 좋다. 이런 소규모 사업을 통해 자연과 연결되는 동시에 보존 연구에도 도움을 줄 수 있다. 이와 함께, 어디를 여행하고 무엇을 구입하는지부터 소셜 미디어에 게시하는 내용까지 자신의 생활방식에 대해 더 의식하도록 노력해보길 바란다(이게 왜 중요한지 알고 싶다면 107쪽의 슬로로리스 이야기를 다시 한번 읽어도 좋다). 우리가 사는 세상은 놀라울 정도로 긴밀히 연결되어 있으며 우리의 행동, 선택, 결정이 지구 반대편에 영향을 미칠 수 있다.

(마치며)

감사의 말

대중 과학 서적 집필은 단 한 명이 해내는 일이 아니며 동료, 친구, 친척, 완전히 모르는 사람의 공헌이 없었다면 『나를 닮은 동물 사전』은 현재의 형태로 등장하지 못했을 것이다. 이 과정에서 나는 다음 사람들에게 많은 빚을 졌다.

첫째, 청어 방귀 수를 세고 알바트로스 알을 맥주 캔으로 바꾸고 큰박쥐의 구강성교를 기록하고 개미를 위한 죽마를 만들고 아이아이를 취하게 만들고 그 외의 훨씬 더 많고 많은 일을 한, 내 작업에 인용한 수많은 연구자에게 감사드린다.

둘째, 직접적으로 연락을 주고받는 과정에서 모든 영감을 제공하고 지지해주며 무한한 인내심을 보여준 모든 동물학자, 생태학자, 생물학자들에게 감사를 전한다. 특히 마이클 브룩, 아만다 캘러한, 제이미 샤베스, 에이다 시드로브스카-장, 크리스 하솔, 스테프 홀트, 얀 카믈러, 프리야 반 케스테렌, 실비아 마시아, 루이스 핍스, 브라이언 피클스, 타라 피리, 로렌조 산토렐, 디파 산토파티, 에밀리아 스키르문트, 존 섬터, 리처드 월터스, 아론 왓슨과 안제이 볼니비츠에게 감사드린다.

셋째, 이 책에 큰 획을 그은 '정상적인', 즉 동물학자가 아닌 친구들에게 감사드린다. 우화 작업에 큰 도움을 주고 힘을 북돋아준 신학자 이그나시오 실바, 종종 우스꽝스러운 학명을 번역하는 데 도움을 준 고전학자 콘라드 슈더 채터지, 법적 질문에 답변해준 요안나 비스노브스카에게 감사드린다. 영감과 지원을 아끼지 않으며 나에게 요령을 알려주고 선구자가 된 앤드류 스틸도 잊지 못할 것이다.

이 책의 주인공들을 포착하는 훌륭한 일을 해냈을 뿐만 아니라, 쓸데없이 정확한 것들(부리의 곡률, 귀 모양, 기타 등등)과 아마 훨씬 더 답답하고 구체적이지 않은 요구('이 큰귀여우는 너무 균형적이에요, 좀 더 못생기게 수정해주세요', '이 웜뱃은 더 바보 같아 보여야 해요, 지금은 지식인의 느낌이라고요')를 지치지 않고 다뤄준 것에 대해서 뛰어난 삽화가인 제니 스미스에게 감사드린다. 제니는 내가 바랄 수 있는 전부였고, 그 이상이었다.

상세하고 귀중한 피드백을 주신 와일드파이어Wildfire의 편집자 린제이데이비스에게 감사드린다. 피드백은 매우 긍정적이고 격려에 가득 차 있어 때로는 이 모든 것이 일종의 사기극이 아닌가 하는 의심이 들 정도였다. 편집자의 일은 인생 코치의 일만큼이나 말에 능란해야 할 텐데 린제이는 이 두 가지를 모두 훌륭하게 해냈다. 그는 이 프로젝트에서 날치의 꼬리처럼 방향과 추진력, 양력을 부여했다.

나머지 와일드파이어 팀, 특히 알렉스 클락과 카피라이터 로레인 제람, 그리고 스미소니언 북스 팀에게 감사드린다. 담당 에이전트인 피오트르 바르켄스키와 북/랩 에이전시에게도 감사드린다.

피드백(해군 관련, 그리고 그 외의 것들)과 대규모 보육에 대해 아버지께 감사드린다. 변함없는 열정과 지지를 주시고 앞에서 언급한 대규모 보육을 위해 폴란드에서 아버지를 보내주신 어머니께 감사드린다.

다양하고 멋진 호주 동물의 뉴스 스크랩을 전달해준 시댁 식구들에게 감사드린다(모두 다 담지 못해 죄송해요!).

어린이집, 그리고 이후에는 학교 수업에서 동물 이야기를 공유함으로써 아이디어를 홍보하고 청중의 반응을 확인해준 내 딸 플로라에게 감사드린다. 선생님께 입이 열 개라도 할 말이 없다.

통잠을 자고 깨어 있을 땐 자신의 머리 위로 내가 타이핑을 하는 동안 참을성 있게 내 겨드랑이를 가만히 쳐다보는 느긋한 아기로 자라준 내 딸 안토니아에게 감사드린다.

마지막으로, 모든 이상한 동물들에 관한 이야기를 들어야 했고("이번만큼은 저녁 식사가 끝날 때까지 잠시만 기다려주면 안 될까?") 각 장을 읽으면서 의도한 구절에서 제대로 웃고 어려운 질문을 던졌던, 모든 과정에서 정말 놀라웠던 존재이자 언제나 나를 지지해주며 헌신해준 남편 이안에게 감사드린다.

지은이

요안나 바그니에프스카 Joanna Bagniewska

영국에서 활동하는 동물학자이자 과학 커뮤니케이터. 폴란드에서 태어나 이탈리아, 태국, 중국에서 자랐고, 독일 브레멘의 야콥스 대학교 생물학과를 졸업하고 영국 옥스퍼드대학교 동물학과에서 석·박사 학위를 받았다. 보존 생물학, 행동 생태학, 기술과 동물학의 교차점을 연구하고 웜뱃과 왈라비부터 두더지쥐, 자칼에 이르기까지 다양한 종에 대해 연구하고 있다. 현재 런던 브루넬대학교에서 강의를 하고 있으며 옥스퍼드대학교에서 대중 과학을 알리는 일에 힘쓰고 있다.

그린이

제니퍼 스미스 Jennifer N.R. Smith

자연계의 경이로움을 표현하는 과학 및 의학 전문 일러스트레이터. 영국예술대학교에서 그림을 전공했다. 현재 영국의 브리스톨에 있는 원더띠어리 스튜디오 WonderTheory Studio에서 아트디렉터로 일하고 있다.

옮긴이

김은영

서울대학교에서 지구시스템과학을 전공하고 동 대학원에서 고생물학으로 석사 학위를 받았다. 사람들에게 과학의 즐거움을 알리기 위해 과학책을 기획, 편집, 번역하고 있다. 『과학실험을 도와줘! 미션키트맨』, 『베어북』 등을 쓰고, 『노래하는 곤충도감』, 『진짜 진짜 재밌는 과학 그림책』, 『지구의 지배자들』, 『아찔하게 귀엽고 엉뚱하게 재미있는 공룡 도감』 등을 옮겼다.

왠지 익숙한 나를 닮은 동물 사전

펴낸날 초판 1쇄 2024년 12월 12일
지은이 요안나 바그니에프스카
그린이 제니퍼 스미스
옮긴이 김은영
펴낸이 이주애, 홍영완
편집장 최혜리
편집3팀 이소연, 강민우, 안형욱
편집 김하영, 박효주, 한수정, 홍은비, 김혜원, 최서영, 송현근, 이은일
디자인 기조숙, 김주연, 윤소정, 박정원, 박소현
콘텐츠 양혜영, 이태은, 조유진
홍보마케팅 김준영, 김태윤, 김민준, 백지혜
해외기획 정미현, 정수림
경영지원 박소현
펴낸곳 (주)윌북 출판등록 제2006-000017호
주소 10881 경기도 파주시 광인사길 217
홈페이지 willbookspub.com 전화 031-955-3777 팩스 031-955-3778
블로그 blog.naver.com/willbooks 포스트 post.naver.com/willbooks
트위터 @onwillbooks 인스타그램 @willbooks_pub

ISBN 979-11-5581-773-5 (03490)